发电生产"1000个为什么"系列书

汽轮机运行与检修
1000问

托克托发电公司 编

中国电力出版社
CHINA ELECTRIC POWER PRESS

内 容 提 要

本书为《汽轮机运行与检修1000问》分册，总结了600MW及以上火力发电机组运行和设备检修方面的经验，以问答的形式结合相关的案例，分为运行篇和检修篇两部分，详细解答了汽轮机运行和检修方面的问题。全书内容包括汽轮机基础知识、汽轮机本体系统、汽轮机调速系统、汽轮机辅助系统的运行知识和汽轮机本体设备、调节保安系统设备、水泵设备、汽轮机其他辅机设备的检修知识。本书着重解答大机组汽轮机运行与检修中遇到的实际问题，从而使读者达到学以致用的目的。

本书可作为火力发电工作运行、检修人员的培训教材和参考读物，也可作为电厂技术人员、管理人员和高等院校相关专业人员的参考用书。

图书在版编目（CIP）数据

汽轮机运行与检修1000问/托克托发电公司编 . —北京：中国电力出版社，2018.5
（发电生产"1000个为什么"系列书）
ISBN 978-7-5198-1799-2

Ⅰ.①汽… Ⅱ.①托… Ⅲ.①火电厂—汽轮机运行—问题解答 ②火电厂—蒸汽透平—检修—问题解答 Ⅳ.①TM621.4-44

中国版本图书馆CIP数据核字（2018）第039009号

出版发行：中国电力出版社
地　　址：北京市东城区北京站西街19号（邮政编码100005）
网　　址：http://www.cepp.sgcc.com.cn
责任编辑：宋红梅　董艳荣（010-63412383）
责任校对：王小鹏
装帧设计：赵姗姗
责任印制：蔺义舟

印　　刷：航远印刷有限公司
版　　次：2018年5月第一版
印　　次：2018年5月北京第一次印刷
开　　本：880毫米×1230毫米　32开本
印　　张：15.125
字　　数：418千字
印　　数：0001—2000册
定　　价：60.00元

编审委员会

前　言

　　超临界、超超临界发电技术是目前广泛应用的一种成熟、先进、高效的发电技术，可以大幅提高机组的热效率。自 20 世纪 90 年代起，我国陆续投建了大批的大容量 600MW 级及以上的超临界、超超临界机组。目前 600MW 级火力发电机组已成为我国电力系统的主力机组，对优化电网结构和节能减排起到了关键的作用。随着发电机组单机容量的不断增大，对机组运行可靠性的要求也越来越高，由此对电厂的运行、维护、检修、管理等技术人员提出了更高的要求。内蒙古大唐国际托克托发电有限责任公司目前是世界上最大的火力发电厂，包括了多种机组类型，为适应运行工作需要，非常注重对专业人员进行多角度、多种途径的培训工作；并以立足岗位成才，争做大国工匠为目标，内外部竞赛体系有机衔接，使大量的高技能人才快速成长、脱颖而出。在近几年的集控运行技能大赛中取得了优异的成绩。

　　基于此，在总结多年来大型机组运行与检修维护经验的基础上，结合培训工作，编写了"发电生产 1000 个为什么系列书"的《集控运行 1000 问》《锅炉运行与检修 1000 问》《汽轮机运行与检修 1000 问》。

　　本丛书以亚临界、超临界、超超临界压力的火力发电机组为介绍对象，以搞好基层发电企业运行培训，提高运行人员技术水平为主要目的，采取简洁明了的问答形式，将大型机组新设备的原理结构知识、机组的正常运行、运行中的监视与调整、异常运行分析、事故处理等关键知识点进行了总结归纳，便于读者有针对性地掌握知识要点，解决实际生产中的问题。

　　本书为《汽轮机运行与检修 1000 问》分册，通过总结多年来大机组汽轮机运行与检修的实践经验，根据汽轮机运行的理论知识和检修的实践经验，将汽轮机运行与检修中诸多实际生产知识贯穿其中，实现理论与实际的紧密结合，力求满足当前大型发电厂生产一线人员学习和掌握汽轮机运行技能和检修工艺的迫切需求。本书由内蒙古托克托电厂汤金明、夏尊宇主要编写，李建成、原振东、郎建全、张春玉参与编写，全书由内蒙古托克托电厂总工程师李兴旺审阅并提出了完善意见。

限于编者的水平所限，对于书中的疏漏之处，恳请广大读者提出宝贵意见，以便今后改正。

编　者

2017 年 12 月

目　录

7

18

20

24

第一篇

运 行 技 术 篇

第一章 基 础 知 识

1. 什么是工质？工质应具备什么特性？

答：工质是能实现热能和机械能相互转换的媒介质，如燃气、蒸汽。工质应具备良好的膨胀性和流动性。

2. 什么是工质的状态参数？

答：表示工质状态特性的物理量叫工质的状态参数，如工质在某状态下的温度、压力、比体积、焓、熵、内动能及内位能等。

3. 什么是内动能？什么是内位能？

答：气体内部分子运行所能形成的能称为内动能。气体内部分子之间的相互吸引力所形成的能称为内位能。内动能和内位能之和称为内能。

4. 什么是热能？什么是机械能？

答：物体内部分子不规则的运动称为热运动，热运动所具有的能量称为热能。热能与物体的温度有关，温度越高，热能越大。

动能与势能之和称为机械能。势能分为重力势能和弹性势能。动能的大小由质量与速度决定；重力势能的大小由高度和质量决定；弹性势能的大小由弹簧的劲度系数与形变量决定。动能与势能可相互转化。

5. 什么是真空？什么是真空度？

答：当容器中的压力低于大气压力时的状态称为真空。

真空度是真空值与当地大气压力的比值的百分数，即

真空度＝真空值/大气压力×100％

工质在完全真空时，真空度为 100％；若工质的绝对压力与大气压力相等，则真空度为零。

6. 什么是比热容？什么是热容量？

答：单位质量的物质温度升高或降低 1℃ 所吸收或放出的热量，称为该物质的比热容。比热容表示单位质量的物质容纳和储存热量的能力。影响比热容的主要因素有温度和加热条件。一般来说，随着温度的升高，物质的比热容也增大；定压加热时的比热容大于定容加热时的比热容。另外，分子中原子数目、物质性质及气体压力等因素也会对比热容产生影响。

质量为 $m$kg 的物质温度升高或降低 1℃ 所吸收或放出的热量称为该物质的热容量。热容量的大小等于物体质量与比热容的乘积。热容量与质量有关，而比热容与质量无关。对于相同质量的物体，比热容大的热容量大；对于同一物质，质量大的热容量大。

7. 什么是动态平衡？

答：在一定压力下的密闭容器内汽、水共存，液体和蒸汽的分子不停地运动，相互碰撞，有飞出液面的，也有返回液面的。当从水中飞出的分子与返回水中的分子数相等时，这种状态称为动态平衡。

8. 什么是湿饱和蒸汽？什么是干饱和蒸汽？什么是过热蒸汽？

答：容器中水在定压下被加热，当水和蒸汽平衡共存时，称为湿饱和蒸汽。

容器中水在定压下被加热，当最后一点水全部变成蒸汽而温度仍为饱和温度时，称为干饱和蒸汽。

干饱和蒸汽继续在定压下加热，温度继续升高并超过饱和温度，就是过热蒸汽。过热蒸汽的过热度越高，含热量就越大，做功的能力就越大。

9. 水蒸气的形成经过哪几个过程？

答：水蒸气的形成经过未饱和水、饱和水、湿饱和蒸汽、干饱和蒸汽、过热蒸汽 5 个过程。

10. 什么是预热热？什么是汽化热？什么是过热度？什么是过热热？

答：把 1kg 0℃的水定压加热为饱和水所加入的热量称为预热热（或液体热）。

把 1kg 饱和水变成 1kg 干饱和蒸汽所需要的热量称为汽化潜热（简称汽化热）。

过热蒸汽的温度超出该蒸汽压力下对应的饱和温度的数值称为过热度。

干饱和蒸汽在定压下加热成过热蒸汽所需要的热量称为过热热。

11. 什么是干度？什么是湿度？

答：1kg 湿蒸汽中含有干蒸汽的质量百分数称为干度。

1kg 湿蒸汽中含有饱和水的质量百分数称为湿度。

12. 什么是汽化？什么是蒸发？

答：物质从液态转变成汽态的过程称为汽化。汽化有蒸发与沸腾两种形式。

在液体表面出现的汽化现象称为蒸发。

13. 什么是沸腾？沸腾有哪些特点？

答：在液体表面和液体内部同时进行的剧烈汽化现象称为沸腾。

沸腾有以下特点：

（1）在一定的外部压力下，液体升高到一定温度时才开始沸腾，这个温度称为沸点。

（2）沸腾时气体和液体同时存在，且气体和液体温度相等，这个温度是该压力下对应的饱和温度。

（3）整个沸腾阶段虽然吸热，但温度始终保持沸点温度。

14. 水蒸气的凝结有什么特点？

答：一定压力下的水蒸气必须降低到一定的温度才能开始凝

结成液体，这个温度就是该压力所对应的饱和温度。如果压力降低，则饱和温度也随之降低；压力升高，对应的饱和温度也升高。另外，在凝结温度下，从蒸汽中不断放出热量，使蒸汽不断地凝结成水并保持温度不变。

15. 什么是临界点？水蒸气的临界状态参数为多少？

答：随着压力的增高，饱和水线与干饱和蒸汽线逐渐接近。当压力增加到某一值时，两线相交，相交点为临界点。临界点的状态参数为临界参数。水蒸气临界压力为 22.192MPa，临界温度为 374.15℃，临界比体积为 0.003147m³/kg。

16. 为什么饱和压力随饱和温度升高而升高？

答：因为温度越高，分子的平均动能越大，能从水中飞出的分子越多，使得汽侧分子密度增加；同时，温度的升高使分子运动速度也随之增大，蒸汽分子对器壁的撞击增强，结果使压力增大。所以，饱和压力随饱和温度的升高而升高。

17. 什么是焓？什么是熵？什么是熵的增量？

答：工质的内能与压力位能之和称为焓。

熵是热力系统中工质的热力状态参数之一。在可逆微变化过程中，熵的变化等于系统从热源吸收的热量与热源的热力学温度之比，可用于度量热量转变为功的程度。

在没有摩擦的平衡过程中，单位质量的工质吸收的热量与工质吸热时的绝对温度的比值称为熵的增量。

18. 熵对热力过程和热力循环有何意义？

答：熵的变化（增大或减小）可以反映热力过程是吸热还是放热，这在很大程度上简化了许多问题的分析研究。在理想过程中，气体得到热量则熵增加，气体放出热量则熵减少，没有热交换则熵不变。另外，可以根据熵的变化来判断气体与外界热量交换的方向。

熵还可以表示热变功的程度。具有相同热量的气体，温度高则熵小，熵小则热变功的程度就高；温度低则熵大，熵大则热变功的程度就低。

19. 什么是平衡状态？

答：在没有外界影响的条件下，气体的状态不随时间的变化而变化称为平衡状态。工质只有在平衡状态下才能用确定的状态参数去描述。只有当工质内部及工质与外界之间达到热的平衡及力的平衡时，才出现平衡状态。

20. 什么是理想气体？什么是实际气体？在火力发电厂中，哪些气体可当作理想气体？哪些气体可当作实际气体？

答：气体分子之间不存在吸引力，分子本身不占有体积的气体称为理想气体。

气体分子之间存在吸引力，分子本身也占有体积的气体称为实际气体。

在火力发电厂中，空气、燃气和烟气可当作理想气体，水蒸气则是实际气体。

21. 什么是不可逆进程？

答：在过程变化中存在摩擦、涡流等能量损失，只能单方向进行而不可逆转的过程称为不可逆过程。

22. 什么是绝热过程？

答：在与外界没有热量交换的情况下进行的过程是绝热过程。如在凝结水泵、给水泵、汽轮机中，工质经过时停留的时间很短，如果忽略向外界的散热和摩擦等产生的热量，就是绝热过程。

23. 什么是等熵过程？

答：在过程进行中熵不变的过程是等熵过程。可逆的绝热过程，即没有能量损失的绝热过程为等熵过程。在有能量损耗的不可逆过程中，虽然与外界没有热量交换，但由于摩擦等产生的热使工质的熵增加，这时的绝热过程不是等熵过程。

24. 朗肯循环的热效率如何计算？影响其热效率的主要因素是什么？

答：朗肯循环的热效率计算公式为

$$\eta = (H_1 - H_2)/(H_1 - H_2')$$

式中　H_1——过热蒸汽焓;

　　　H_2——汽轮机排汽焓;

　　　H_2'——凝结水焓。

从朗肯循环的效率公式看,其热效率取决于过热蒸汽焓、汽轮机排汽焓和凝结水焓。而过热蒸汽焓取决于过热蒸汽压力和温度,排汽焓和凝结水焓取决于排汽压力。因此,在其他条件不变的情况下提高蒸汽初参数(压力、温度),热效率将提高。在初参数不变的情况下,降低蒸汽终参数(排汽压力),可提高循环热效率;反之,热效率将下降。

25. 什么是中间再热循环?

答:中间再热循环就是把在高压缸内做了部分功的蒸汽再引入锅炉的再热器,重新进行加热,使蒸汽温度提高;然后再引入汽轮机中、低压缸进行做功,排入凝汽器,这样的循环就是中间再热循环。

26. 中间再热循环有什么优、缺点?

答:优点:

(1)高压机组由于初压力的提高,使排汽的湿度增加,对末几级叶片侵蚀增大。虽然提高初参数温度能降低排汽湿度,但提高初参数温度受金属材料性能的限制,因此不能很好地改善末几级叶片的工作环境。采用中间再热降低了排汽温度,减轻了末几级叶片的湿汽冲刷,改善了末几级叶片的工作环境。

(2)选择正确的再热压力,能提高循环热效率4%~5%。

缺点:

(1)投资费用大。原因是管道阀门及换热面积增多。

(2)运行管理复杂。在正常运行中加、减负荷时,应注意到中压缸进汽量的变化是存在明显滞后性的。在甩负荷时,即使主汽门、高压调速汽门关闭,也有可能因为中压调速汽门没有关闭,而使再热系统中的余汽引起超速。

(3)机组的调速保安系统复杂。

(4)加装旁路系统,便于机组启、停时再热器通有一定蒸汽以免干烧，同时也有利于机组事故处理。

27. 什么是给水回热循环？为什么要采用给水回热循环？

答：把在汽轮机中部分做过功的蒸汽抽出来，去加热器加热给水的循环称为给水回热循环。

采用给水回热循环后，一方面从汽轮机中间抽出一部分蒸汽去加热给水，提高了锅炉给水温度，这样可使这部分抽汽不在蒸汽器中凝结放热，即减少冷源损失；另一方面提高给水温度，使给水在锅炉中的吸热量减少。因此，在蒸汽初、终参数不变的情况下，采用给水回热循环比朗肯循环热效率高。

28. 什么是层流？什么是紊流？

答：各流体微团彼此平行地分层流动，互不干扰和混杂的流动状态称为层流。在层流状态下，流体间互不干扰，流体质点的运动轨迹是直线或有规则的平滑曲线。

各流体微团之间有强烈的混合干扰，不仅有主流方向的流动，而且还垂直于主流方向的流动，这种流动状态称为紊流。

在紊流状态下，流体间互相干扰，流体质点呈现紊乱状态，流体质点的运动轨迹不规则。

29. 什么是流体的雷诺数？

答：流体的雷诺数是用来判断流体流动状态的，用公式可表示为

$$Re = cd/\nu$$

式中　　Re——雷诺数；

　　　　c——流体的流速；

　　　　d——管道内径；

　　　　ν——流体的运动黏度。

雷诺数大于 10000 时，表明流体的流动状态为紊流；雷诺数小于 2320 时，表明流体的流动状态为层流。在实际应用中，雷诺数大于 2300 时为紊流，雷诺数小于 2300 时为层流。

30. 什么是流体的黏滞性？

答：当流体运动时，在流体层间产生内摩擦力的特性称为流

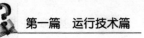

体的黏滞性。

31. 什么是流体的压缩性和膨胀性？

答：当流体的温度保持不变，而其所承受的压力增加时，流体体积会缩小的特性称为流体的压缩性。

当流体的压力保持不变时，流体的体积随温度的升高而增大的特性称为流体的膨胀性。

32. 流体在管道内流动有哪些流动阻力？有哪些压力损失？

答：流体在管道内流动时的流动阻力有沿程阻力和局部阻力。

流体在管道中流动克服阻力产生的能量损失为压力损失。压力损失包括沿程压力损失和局部压力损失。

（1）沿程阻力损失：指液体在直管中流动时因液体具有的黏性而产生的压力损失。

（2）局部压力损失：指液体流经如阀口、弯管、通流截面变化等局部阻力引起的压力损失。

局部压力损失产生的原因：液体流过局部装置时形成死水区或涡旋区，液体在此区域并不参加主流动，而是不断的打旋，加速液体摩擦或造成质点碰撞，产生局部能量损失；液体流过局部装置时流速的大小和方向发生急剧变化，各截面上的速度分布规律也不断变化，引起附加摩擦而消耗能量。

33. 减小汽水流动损失的措施主要有哪些？

答：（1）保持汽水管道上阀门的全开状态，减少不必要的阀门和节流元件。

（2）合理选择管道的直径尺寸和布置方式。

（3）采取适当的技术措施，减小局部阻力。

（4）减小涡流损失。

34. 什么是流体的动力黏度和运动黏度？

答：流体的动力黏度是指流体单位接触面积上的内摩擦力与垂直于运动方向的速度变化率的比值。

流体的运动黏度是指动力黏度与同温度、同压力下流体密度的比值。

35. 什么是水锤现象？

答： 在有压力的管道中，由于某一管道部分工作状态突然改变，使液体的流速发生急剧变化，从而引起液体压强突然大幅度波动，这种现象称为水锤现象。

36. 水锤产生的原因有哪些？

答： 产生水锤的内因是液体的惯性和压缩性；外因是外部扰动，如阀门的开关、水泵的启停等。

37. 什么是流体？它与固体有什么区别？

答： 具有流动性的物体称为流体。气体与液体均为流体。流体没有一定的形状，而固体具有一定的形状。

38. 什么是流量？体积流量的单位是什么？

答： 流量是指单位时间内流体流过某一断面的量。

体积流量的单位是 m^3/s。

39. 什么是液体的静压力？它有何特性？

答： 液体的静压力是指作用在单位面积上的力。它有两个特性：

（1）液体静压力的方向与作用面垂直，并指向作用面。

（2）液体内部任何一点的各个方向的静压力相等。

40. 水锤对管道与设备有何危害？

答： 水锤现象发生时，引起压力升高的数值，有可能达到正常工作压力几十倍或几百倍，这样管壁及管道上的其他设备就会受到很大的压力，产生严重的变形以致破坏。液体压力的反复变化，会使管道和设备受到反复的冲击，产生强烈的噪声及振动。这种反复的冲击会使金属表面受损，打出许多麻点，轻者会增加流动阻力，重者将损坏管道及设备。

41. 换热的三种形式分别是什么？

答： （1）**热传导**。在同一物体中，热量从高温部分传至低温部分；或两个不同的固体彼此接触时，热量从高温部分传至低温部分的过程。

（2）对流换热。流体和固体表面接触时，相互之间的热传递过程。

（3）辐射换热。高温物质通过电磁波等把热量传递给低温物质的过程。辐射换热与热传导、对流换热有本质上的区别，它不仅产生能量转移，而且还伴有能量形式的转换，即由热能变为辐射能，再由辐射能转变为热能。

42. 什么是导热系数？导热系数与哪些因素有关？

答：壁厚为 1m 的两壁面温差为 1℃时，单位面积上每秒钟所传递的热量称为导热系数。

导热系数是表征材料导热能力大小的一个物理量，它与材料种类、物质结构及湿度有关。对同一种材料，导热系数还与材料所处的温度有关。

43. 什么是热阻叠加原则？

答：热传递是通过一系列传热方式进行的，串联传递过程的总热阻等于串联各环节的分热阻之和，这就是热阻叠加原则。

44. 影响辐射换热的因素有哪些？

答：（1）黑度大小影响辐射能力及吸收率。

（2）温度高低影响辐射能力及传热量的大小。

（3）角系数由形状及位置而定，它影响有效辐射面积。

（4）物质不同影响辐射传热，如气体与固体不同，气体辐射受到有效辐射层厚度的影响。

45. 影响对流放热的因素有哪些？

答：（1）流体流动。强制对流使流体的流速高，放热效果好；自然对流流速低，放热效果不好。

（2）流体有无相态变化。对同一种流体，有相变时的对流放热比无相变时的对流放热强烈。

（3）流体的流动状态。对同一种流体，紊流时放热系数比层流时的放热系数大。

（4）几何因素。流体所能触及的固体表面的几何形状、大小及流体与固体表面间的相对位置对放热都有影响。

（5）流体的物理性质。如密度、动力黏性系数、导热系数、体积膨胀系数及汽化潜热等。

46. 影响凝结放热的因素有哪些？

答：（1）蒸汽中含有不凝结气体。当蒸汽中含有空气时，空气附着在冷却表面，造成热阻，影响蒸汽与冷却表面的接触，使蒸汽凝结放热减弱。

（2）蒸汽流动的速度和方向。当蒸汽流动方向与水膜流动方向相同时，因摩擦作用会使水膜变薄，水膜的热阻减小，凝结放热系数增大；当蒸汽流动方向与水膜流动方向不同时，凝结放热系数减小。蒸汽流动速度较高时，将会把水膜吹离冷却水表面，使蒸汽与冷却表面直接接触，凝结放热系数会大大增加。

（3）冷却表面的情况。冷却表面粗糙不平、不清洁时，会使凝结水膜向下流动阻力增加，从而增加了水膜厚度，增加了热阻，凝结放热系数减小。

（4）管子排列方式。管子的排列方式有顺排、叉排和辐排等。当管子排数相同时，下排管子受上排管子的凝结水膜下落影响为顺排最大、叉排最小，因此，管子叉排时的放热系数最大。

47. 蒸汽对汽轮机金属表面的热传递有哪几种方式？

答：（1）当金属温度低于蒸汽的饱和温度时，热量以凝结放热的方式对金属表面传热。

（2）当金属温度等于或高于蒸汽的饱和温度时，热量以对流方式对金属表面传热。

48. 减少散热损失的方法有哪些？

答：（1）增加绝热层厚度，以增大导热热阻。

（2）设法减少设备外表面与空气间的总换热系数。

49. 什么是表面式换热器？

答：冷、热两种流体被壁面隔开，在换热过程中，两种流体互不接触，热量由热流体通过壁面传给冷流体，如冷油器、高压加热器和低压加热器等。

50. 什么是混合式换热器？

答： 冷、热流体直接接触和互相混合将产生热量交换，在热量传递的同时，伴随着质量的混合，这种加热器叫混合式加热器，如冷水塔、除氧器等。

51. 电厂中的哪些设备是采用对流换热方式的？

答： 在电厂中，利用对流换热的设备较多。例如，烟气流过对流过热器与管壁发生的热交换；在凝汽器中，铜管内壁与冷却水及铜管外壁与汽轮机排汽之间发生的热交换；表面式加热器及冷油器等设备。

52. 什么是金属的物理性能？具体有哪些性能？

答： 金属的物理性能是指金属材料在固态下所表现出来的一系列物理现象。金属的物理性能有：

(1) 密度。物质单位体积所具有的质量。

(2) 熔点。金属由固态转变为液态时的温度。

(3) 导热性。金属传导热量的能力。

(4) 导电性。金属传导电流的能力。

(5) 磁性。金属能导磁的性能。

(6) 耐磨性。金属低抗磨损的性能。

(7) 热膨胀性。金属变热时体积发生膨胀的性能。

53. 什么是金属的化学性能？具体有哪些性能？

答： 金属抵抗外界化学介质侵蚀的能力称为金属的化学性能。金属的化学性能有：

(1) 耐蚀性。金属材料在常温下抵抗各种介质侵蚀的能力。

(2) 抗氧化性。金属在高温下抵抗氧腐蚀的能力。

54. 什么是金属的力学性能？具体有哪些性能？

答： 金属在外力作用下所表现出来的一系列特性和抵抗破坏的能力称为金属的力学性能。金属的力学性能有：

(1) 强度。金属材料在外力作用下抵抗塑性变形而不被破坏的能力。

(2) 塑性。金属材料在外力作用下产生塑性变形而不被破坏的能力。

（3）硬度。金属材料抵抗其他物质压入表面的能力，是金属抵抗表面产生局部变形而不被破坏的能力。

（4）冲击韧性。金属材料抵抗冲击载荷而不被破坏的能力。

（5）疲劳和疲劳极限。金属材料在交变应力作用下断裂损坏的现象是金属的疲劳现象。金属在多次重复的交变应力作用下而不被破坏的最大应力称为材料的疲劳极限。

55. 什么是热应力？

答：当物体的温度发生变化时，由于物体内部存在温差，使其在膨胀或收缩时受到约束，而在物体内部产生的应力称为热应力。

56. 什么是蠕变？

答：金属材料长期在高温环境和一定应力作用下工作，逐渐产生塑性变形的过程称为蠕变。

57. 什么是变形？变形过程分哪几个阶段？

答：金属材料在外力作用下引起的大小和形状的变化称为变形。

变形过程可分为三个阶段：

（1）弹性变形阶段。在应力不大的情况下，变形量随应力值正比增加；当应力去除后，变形完全消失。

（2）弹-塑性变形阶段。应力超过材料的屈服极限时，在应力去除后变形不能完全消失，而有残留的变形存在，这部分残留变形为塑性变形。

（3）断裂。当应力超过屈服极限后继续增大时，金属在大量的塑性变形之后发生断裂。

58. 什么是热冲击？

答：金属材料受到急剧的加热或冷却时，在其内部产生很大的温差，从而产生很大的冲击热应力，这种现象称为热冲击。热冲击对金属的破坏性很大。

59. 什么是应力松弛？

答：金属材料在高温和某一初始应力作用下，若维持总变形不变，随时间的延长，其应力逐渐降低，这种现象称为应力松弛。

60. 什么是金属的低温脆性转变温度？

答：金属在某些工作温度下有较高的冲击韧性，但随着温度的降低，其冲击韧性将有所下降。冲击韧性显著下降时的温度称为金属的低温脆性转变温度。

61. 什么是金属的热疲劳？

答：金属材料长期受交变应力的作用，在最大应力远低于材料的强度极限时就会发生断裂，这种现象就是金属材料的疲劳破坏。热疲劳是指金属在交变热应力的反复作用下最终产生裂纹或破坏的现象。

62. 金属的超温与过热有什么关系？

答：金属的超温与过热在概念上是相同的，所不同的是，超温是指在运行中由于各种原因使金属的管壁温度超过它所允许的温度；而过热是指因为超温而导致金属发生不同程度的损坏。也就是说，超温是过热的原因，过热是超温的结果。

63. 对高温条件下工作的紧固件材料有什么要求？

答：在高温环境下工作的紧固件材料首先应有较好的抗松弛性能，其次是应力集中敏感性和热脆性要小，而且要有良好的抗氧化性能。

64. 钢材在高温下的性能变化主要有哪些？

答：钢材在高温下的性能变化主要有蠕变、持久断裂、应力松弛、热脆性、热疲劳，以及钢材在高温腐蚀中的氧化、腐蚀和失去组织稳定性。

65. 什么是金属的化学腐蚀？

答：金属和周围介质直接发生化学作用，使金属损坏的现象称为化学腐蚀。如，金属与干燥气体（O_2、H_2O、SO_2、Cl_2等）相接触时，在金属表面上生成相应的化合物（氧化物、硫化物、氯化物等），使金属腐蚀损坏。还有锻造时钢件表面形成的氧化皮、铜或铜合金与橡胶制品接触时，铜与橡胶中的硫发生化学反应，变为硫化铜，而使铜制品损坏。

66. 什么是金属的电化学腐蚀？

答：金属与电解质溶液相接触，形成原电池而引起的腐蚀称为电化学腐蚀。如，金属在电解质溶液（酸、碱、盐水溶液）及海水中发生的腐蚀，地下金属管道的土壤腐蚀，以及在潮湿空气中的大气腐蚀等，均属于电化学腐蚀。

67. 常用的金属防腐蚀方法有哪些？

答：常用的金属防腐蚀方法如下：

（1）提高金属本身的耐腐蚀性。在冶炼金属的过程中，加入一些合金元素，如铬、镍、锰等，使铁与这些元素作用，增强抗腐蚀能力；也可利用表面热处理，使金属表面产生一层抗腐蚀的表面层。

（2）覆盖法防腐。即把金属与腐蚀介质隔开，以达到防腐目的。一是用电镀、喷镀等方法镀上一层或多层金属；二是用油漆、搪瓷、合成树脂等非金属材料覆盖在金属表面；三是用磷化等氧化方法，使金属表面自身形成一层坚固的氧化膜。

（3）电化学防腐法。经常采用的为牺牲阳极法，即用电极电位较低的金属与被保护的金属接触，使被保护的金属成阴极而不被腐蚀。

（4）改善腐蚀环境。使环境湿度控制在35％以内。

68. 什么是热处理？它在生产上有什么意义？

答：热处理是将金属或合金在固定范围内，通过加热、保温、冷却的有机配合，使金属或合金改变内部组织而得到所需要的性能的操作工艺。通过热处理，可充分发挥金属材料的潜力，延长零件和工具的使用寿命，节约金属材料的消耗。

69. 什么是金属材料的使用性能和工艺性能？

答：金属材料的使用性能是指金属材料在使用条件下所表现的性能。金属材料的工艺性能是指金属材料在冷、热加工过程中

15

所表现的性能，即铸造性能、锻造性能、热处理性能及切削加工性能等。

70. 为什么钢在淬火后要紧接着回火？

答：钢在淬火后紧接着回火，其目的是减少或消除淬火后存在钢中的热应力、稳定组织、提高钢的韧性、适当降低钢的硬度。

71. 什么是碳钢？按含碳量如何分类？按用途如何分类？

答：碳钢是含碳量为 0.02%～2.11% 的铁碳合金。按含碳量可分为低碳钢（含碳量小于 0.25%）、中碳钢（含碳量为 0.25%～0.6%）、高碳钢（含碳量大于 0.6%）。按用途分为碳素结构钢（用于制造机械零件和工程结构，含碳量小于 0.7%）、碳素工具钢（用于制造各种加工工具及量具，含碳量一般在 0.7% 以上）。

72. 什么是金属材料的机械强度？

答：机械强度是指金属材料在受到外力作用时的抵抗变形和损坏的能力。

73. 什么是调质处理？它的目的是什么？电厂中哪些结构零件需进行调质处理？

答：把淬火后的钢件再进行高温回火的热处理方法称为调质处理。

调质处理的目的：①细化组织；②获得良好的综合力学性能。

调质处理主要用于各种重要的结构零件，特别是在交变载荷下工作的转动部件，如轴类、齿轮、叶轮、螺栓、螺母及阀门门杆等。

74. 对发电厂的高温高压管道进行焊接后热处理时，应选用何种工艺？

答：一般采用高温回火工艺。焊接接头经热处理后，可使焊接接头的残余应力减小，改善组织，淬硬区软化，降低含氢量，以防止焊接接头产生裂纹，提高力学性能。

75. 什么是应力集中？

答：在变截面处，其附近小范围内应力局部增大；离开该区域稍远的地方，应力迅速减小，并趋于均匀。这种应力局部增大的现象称为应力集中。

76. 什么是汽轮机的重热现象？

答：对多级汽轮机级的损失能提高它下一级的蒸汽温度，使下一级的等熵焓降在相同的压差下比前级无损失时等熵焓降略有增加，这种现象称为汽轮机的重热现象。

77. 热工信号仪表由哪几部分组成？

答：热工信号仪表在工作原理和结构上各有不同，但基本都由三部分组成，即传感器、变换器和显示器。

（1）传感器。是将被测量的某物理量按照一定的规律转化成能检测出来的物理量的转换装置，又称为敏感元件、一次元件或发送器。热工测量用的传感器，都是将非电量的物理量转换成电量，如热电偶等。

（2）变换器。变换器的作用是将传感器输出的信号传送给显示器。根据不同的应用场合，变换器具有远距离传送、放大、线性化和转换信号形式等功能。

（3）显示器。显示器的作用是反映被测量参数在数量上的变化。常见的显示器有指示式、记录式、累积式及接点式（声光报警）等。

78. 温度测量仪表按工作原理分为哪几种？

答：温度测量仪表按工作原理分为以下五种：

（1）膨胀式温度计。利用液体或固体膨胀的性质而实现测温的目的，如玻璃管内充汞或酒精的温度计、双金属式温度计等。

（2）压力表式温度计。在测温元件内充以气体、液体或某种液体的蒸汽，利用受热后工作介质的体积膨胀引起压力变化或某种液体的蒸汽，利用受热后工作介质的体积膨胀引起压力变化或蒸汽的饱和压力变化的性质来实现测温。显示表就是一个压力表头，但刻度是温度。

（3）热电阻温度计。利用导体或半导体受热后电阻值变化的性质来实现测温。测量电阻值的变化，就可知温度的变化。

（4）热电偶温度计。利用物质的热电性质来实现测温。当被

17

测温度变化时，热电偶产生的热电动势也变化，测量热电动势便可知温度。

（5）热辐射式温度计。利用物体热辐射的性质来实现测温。

79. 简述差压式流量计的组成及工作原理。

答：差压式流量计由节流装置、差压信号管路和差压测量仪表组成。

工作原理：

（1）当流体通过节流装置时，其流量与节流装置前、后的压差有一定关系。

（2）对压差变送器的输出进行开方运算，使其输出和流量呈线性比例关系。

（3）对瞬时流量进行积累，求累计流量。

80. 热工自动调节过程有哪些品质指标？

答：热工自动调节过程有以下三个品质指标：

（1）稳定性。是指被调参数从受到干扰偏离给定值至通过调节而恢复到新的稳定值的过渡过程结束后，系统能够恢复平衡。

（2）准确性。是对被调量实际值与给定值之间的动态偏差和静态偏差的要求。

（3）快速性。是对调节过程所经历的时间的要求。调节的过渡时间越短，调节作用进行得越快，说明调节系统克服干扰的能力强。

81. 热工信号与热工保护各有什么作用？

答：热工信号是当参数偏离固定范围或出现某些异常时，用声、光形式引起运行人员注意，以便及时采取措施，避免事故的发生。

热工保护是为了保证不出现人身伤亡或设备损坏事故而执行的最后手段，即保护动作的自动化装置或系统。

82. 火力发电厂主要生产系统有哪些？

答：火力发电厂主要生产系统有汽水系统、燃烧系统和电气系统。

83. 简述火力发电厂的生产过程。

答：火力发电厂的生产过程概括起来就是：通过高温燃烧把燃料的化学能转变为热能，从而将水加热成高温高压的蒸汽；利用蒸汽推动汽轮机转动，将热能转变为机械能；汽轮机带动发电机转子转动，把机械能转变成电能。

84. 简述火力发电厂的汽水流程。

答：水在锅炉中被加热成蒸汽。经过过热器，使蒸汽进一步加热，变成过热蒸汽。过热蒸汽通过主蒸汽管道进入汽轮机。过热蒸汽在汽轮机中不断膨胀，高速流动的蒸汽冲动汽轮机动叶片，使汽轮机转子转动。汽轮机转子带动发电机转子（同步）旋转，使发电机发电。蒸汽通过汽轮机后排入凝汽器，并被冷却水冷却凝结成水。凝结水由凝结水泵打至低压加热器和除氧器。凝结水在低压加热器和除氧器中经加热脱氧后，由给水泵打至高压加热器，经高压加热器加热后进入锅炉。

85. 汽轮发电机是如何将机械能变为电能的？

答：蒸汽进入汽轮机后，推动汽轮机转子旋转，因为汽轮机转子连接着发电机转子，所以汽轮机带动发电机转子同步旋转。根据电磁感应原理，导体相对磁场运动，当导体切割磁力线时，导体上将产生感应电动势。发电机的转子就是磁场，定子内放置的绕组就是导体。转子在定子内旋转，定子绕组切割转子磁场激发出磁力线，于是定子绕组上就产生了感应电动势。将三个定子绕组的始端（A、B、C三相）引出，接通用电设备，绕组中就有电流流过。这样，发电机就把汽轮机输入的机械能变为发电机输出的电能。

86. 汽轮机是如何将热能变为机械能的？

答：在汽轮机中，能量转换的主要部件是喷嘴和动叶片。以冲动式汽轮机为例，蒸汽流过固定的喷嘴后，压力和温度降低，体积膨胀，流速增加，热能转变成动能。高速蒸汽冲击装在叶轮上的动叶片，叶片受力带动转子转动，蒸汽从叶片流出后流速降低，动能变成机械能。这就是蒸汽通过汽轮机做功，把热能转变成机械能。

87. 简述汽轮机的基本工作原理。

答：汽轮机的基本工作原理是具有一定温度和压力的蒸汽通过汽轮机时，首先在喷嘴叶栅中将蒸汽所具有的热能转变成为动能，喷嘴截面形状沿汽流方向变化，使蒸汽的压力、温度降低，比体积增大，流速增加，即蒸汽在喷嘴中膨胀加速，将热能转变成动能，然后在动叶栅中将其动能转变为机械能。蒸汽的动能转变成机械能，主要是利用蒸汽通过动叶栅时，发生动量变化对该叶栅产生冲力，使动叶栅转动而获得的。

88. 什么是反动作用原理？

答：蒸汽流经动叶片时发生膨胀，压力降低，速度增加，汽流对动叶片产生一个由于加速而引起的反动力，使转子在蒸汽冲动力和反动力的共同作用下旋转做功。这种利用反动力做功的原理称为反动作用原理。

89. 什么是冲动作用原理？

答：蒸汽在喷嘴中膨胀，压力降低，速度增加，热能转变成动能，高速汽流流经叶片时，产生对叶片的冲动力，推动叶轮旋转做功。这种利用冲动力做功的原理称为冲动作用原理。

第二章

汽轮机本体相关知识

90. 简述汽轮机的分类方法。

答：汽轮机的分类方法见表 2-1

表 2-1　　　　　　　　　　汽轮机的分类方法

分类	类型	简要说明
按工作原理分	冲动式	由冲动级组成，蒸汽主要在喷嘴中膨胀，在动叶栅中只有少量膨胀
	反动式	由反动级组成，蒸汽在喷嘴和动叶中膨胀程度相同，由于反动级不能做成部分进汽，故调节级采用单列冲动级或复速级
按热力特性分	凝汽式	排汽在高度真空状态下进入凝汽器凝结成水。有些小汽轮机没有回热系统，称为纯凝汽式汽轮机
	背压式	排汽直接用于供热，没有凝汽器。当排汽作为其他中低压汽轮机的工作蒸气时，成为前置式汽轮机
	调节抽汽式	从汽轮机某级后抽出一定压力的蒸汽对外供热，其余排汽仍进入凝汽器。由于热用户对供热蒸汽压力有一定要求，需要对抽汽供热压力进行自动调节，称为调节抽汽。根据供热需求，有一次调节抽汽和二次调节抽汽
	抽汽背压式	具有调节抽汽的背压式汽轮机
	中间再热式	进入汽轮机的蒸汽膨胀到某一压力后，被全部抽出送往锅炉再热器进行再热，再返回汽轮机继续膨胀做功
	混压式	利用其他来源的蒸汽引入汽轮机相应的中间级，与原来的蒸汽一起工作。通常用于工业生产的流程中，作为蒸汽热能的综合利用

续表

分类	类型	简要说明
按汽流方向分	轴流式	组成汽轮机的各级叶栅沿轴向依次排列，汽流方向的总趋势是轴向的，绝大多数的汽轮机都是轴流式汽轮机
	辐流式	组成汽轮机的各级叶栅沿半径方向依次排列，汽流方向的总趋势是半径方向
按用途分	电站汽轮机	用于拖动发电机，汽轮发电机组需按供电频率定转速运行，也称为定转速汽轮机，主要采用凝汽式汽轮机。也采用同时供热供电（抽汽式、背压式）汽轮机，通常称它们为热电汽轮机或供热汽轮机
	工业汽轮机	用于拖动风机、水泵等转动机械，其运行速度经常是变动的
	船用汽轮机	用于船舶推进动力装置，驱动螺旋桨。为适应倒车的需要，其转动方向是可变的
	凝汽式供暖汽轮机	在中低压联通管上加装蝶阀来调节供暖抽汽量，抽汽压力不像调节抽汽式汽轮机那样维持规定的数值，而是随流量大小基本上按直线规律变化的
按进汽参数分	低压汽轮机	新蒸汽压力小于 1.5MPa
	中压汽轮机	新蒸汽压力为 2~4MPa
	高压汽轮机	新蒸汽压力为 6~10MPa
	超高压汽轮机	新蒸汽压力为 12~14MPa
	亚临界汽轮机	新蒸汽压力为 16~18MPa
	超临界、超超临界汽轮机	新蒸汽压力超过 22.16MPa

91. 简述汽轮机型号中参数的表示方法。

答：汽轮机型号中参数的表示方法见表 2-2。

表 2-2　　　　　　　　汽轮机型号中参数的表示方法

汽轮机类型	蒸汽参数表示方法	示例
凝汽式	主蒸汽压力/主蒸汽温度	N50-8.82/535
中间再热式	主蒸汽压力/主蒸汽温度/再热蒸汽温度	N300-16.7/537/537
一次调节抽汽式	主蒸汽压力/调节抽汽压力	C50-8.82/0.118
二次调节抽汽式	主汽压力/高压抽汽压力/低压抽汽压力	CB25-8.82/0.98/0.118
背压式	主蒸汽压力/背压	B50-8.82/0.98

92. 汽轮机主要由哪些部件组成？

答：汽轮机主要由静止部分和转动部分两大部分组成。静止部分主要包括汽缸、喷嘴、隔板、汽封、轴承等；转动部分主要包括主轴、叶轮、动叶片、联轴器及盘车装置等。

93. 何谓汽轮机的调节级和压力级？

答：因为汽轮机进汽方式为喷嘴调节时，高压第一级的进汽截面积是随负荷变化而变化的，所以第一级称为调节级，以后的各级称为压力级。

94. 汽轮机的型号如何表示？

答：在汽轮机型号表示中，其形式的代号见表 2-3。

表 2-3　　　　　　　　汽轮机形式代号

汽轮机形式	我国汽轮机新型号中形式代号
	第一个拼音字母
凝汽式	N
一次调整抽汽式	C
二次调整抽汽式	CC
背压式	B
调整抽汽背压式	CB

在我国汽轮机新型号中，蒸汽参数的表示方法见表 2-4。

表 2-4　　　　　　　　蒸汽参数表示方法

汽轮机形式	蒸汽参数表示方法
凝汽式	进汽压力/进汽温度
中间再热式	进汽压力/进汽温度/中间再热温度
一次调整抽汽式	进汽压力/调整抽汽压力
二次调整抽汽式	进汽压力/高压调整抽汽压力/低压调整抽汽压力
背压式	进汽压力/排汽压力

95. 什么是凝汽式汽轮机?

答: 进入汽轮机做功后的蒸汽,除少量漏汽外,全部或大部分排入凝汽器凝结成水又返回锅炉的汽轮机称为凝汽式汽轮机。蒸汽全部排入凝汽器的汽轮机称为纯凝汽式汽轮机;采用回热加热系统,除部分抽汽外,大部分蒸汽排入凝汽器的汽轮机称为凝汽式汽轮机。凝汽式汽轮机的排汽热被冷却水带走,排汽热损失较大,经济性不高。

96. 什么是背压式汽轮机?

答: 进入汽轮机做功后的蒸汽全部排给其他用户使用(如取暖、工厂生产等),不设凝汽器,这样蒸汽的排汽热可得到利用。由于用户要求的排汽压力、温度较高,所以汽轮机的排汽压力高于大气压,这就叫背压式汽轮机。背压式汽轮机的优点是蒸汽热量全部利用,也节省了设备;缺点是进汽量受用户用汽量的限制。因此,一般背压式汽轮机与调整抽汽式汽轮机联合使用。

97. 什么是调整抽汽式汽轮机?

答: 从汽轮机某一级中抽出大量已经做了部分功的一定压力的蒸汽供给其他工厂及用户使用,机组仍设有凝汽器,这种形式的机组称为调整抽汽式汽轮机。它一方面能使蒸汽中的热量得到充分利用;另一方面因设有凝汽器,故当用户用汽量减少时,仍能根据低压缸的容量保证汽轮机带一定负荷。

24

98. 供热式汽轮机有什么特点？

答：供热式汽轮机有以下特点：

（1）热效率高。供热式汽轮机向热用户供应一定要求的蒸汽，同时也向用户供应电力。部分或全部蒸汽在汽轮机内做过一定功后，从抽汽点抽出供给热用户，而不排向凝汽器，冷源损失大大减少，因此，其效率要比纯凝汽式汽轮机高得多。

（2）主蒸汽流量大。供热机组要求同时满足用户对热和电的需求，为弥补因抽汽而少发的电功率，必须增大汽轮机的进汽量，一般为同功率纯凝汽式汽轮机的 1.4～1.6 倍。但对于大型供热机组，常以"以热定电"原则设计，只要满足热用户要求，少发的电量由其他机组补充，机组的主蒸汽流量与同功率的纯凝汽式机组相同，这样可以大大提高设备的利用率，特别是对采暖供热机组更有利。

（3）调速保安系统复杂。供热式汽轮机除了调节系统以外还设置了调压设备及系统。同时由于供热机组有较多引起动态超速的因素，使得保安系统也变得复杂。

（4）轴向推力变化复杂。供热式汽轮机的轴向推力变化比纯凝汽式汽轮机复杂，除了电功率变化、参数变化引起轴向推力变化外，抽汽压力的变化也会使轴向推力发生变化，甚至可能由正轴向推力变为负轴向推力，使推力瓦受到冲击。

（5）低压缸蒸汽流量小。低压缸的流量取决于机组进汽量和抽汽量的大小。当处于热负荷大、电负荷小的工况时，低压缸流量可能小于其最小流量，不能满足低压缸中叶片鼓风摩擦热的冷却，因此，为了保证供热机组低压缸冷却流量，供热和供电的某些工况受到限制。

99. 什么是中间再热式汽轮机？采用蒸汽中间再热的方式有几种？

答：新蒸汽进入汽轮机高压缸做一部分功，中间排出又通过锅炉的再热器提高温度后，再回到汽轮机中、低压缸继续做功，最后排到凝汽器，这就是中间再热式汽轮机。其再热的次数可以是一次、两次或多次。

中间再热的经济性在很大程度上取决于中间再热的系统和再热的方法，按其采用的加热介质可分为用锅炉烟气使蒸汽再热、用新蒸汽使蒸汽再热、用中间载热质使蒸汽再热三种。

100. 采用中间再热式汽轮机有什么优、缺点？

答： 采用中间再热式汽轮机，主要是为了提高机组的经济性。在同样的初参数下，采用再热的机组效率比不采用再热机组的效率提高 4% 左右。另外，采用再热式机组能提高末几级叶片的蒸汽干度，对防止大型汽轮机低压末几级叶片水蚀有改善作用。

缺点是再热式机组会给机组调速系统的调节带来一定的困难。

101. 简述汽轮机的基本工作原理。

答： 具有一定温度和压力的蒸汽通过汽轮机级时，首先在喷嘴叶栅中将蒸汽所具有的热能转变成为动能，因喷嘴截面形状沿汽流方向变化，蒸汽的压力、温度降低，比体积增大，流速增加，即蒸汽在喷嘴中膨胀加速，将热能转变成动能，然后在动叶栅中将其动能转变为机械能。蒸汽的动能转变成机械能，主要是利用蒸汽通过动叶栅时，发生动量变化对该叶栅产生冲力，使动叶栅转动而获得的。

102. 什么是汽轮机的冲动级和反动级？

答： 当汽流在动叶汽道内不膨胀加速，而只随汽道形状改变其流动方向时，汽流改变流动方向对汽道所产生的离心力即为冲动力。这时蒸汽所做的机械功等于它在动叶栅中动能的变化量，这种级就称为冲动级。

当汽流在动叶汽道内随汽道改变流动方向的同时仍继续膨胀、加速，汽流不仅改变方向，而且因膨胀使其流速也有较大的增加，加速的汽流流出汽道时，对动叶栅将产生一个与汽流流出方向相反的反作用力，这个作用力即为反动力。依靠反动力推动的级就称为反动级。

103. 什么是汽轮机的调节级和压力级？

答： 汽轮机进汽方式为喷嘴调节时，高压第一级的进汽截面积是随负荷变化而变化的，所以第一级称为调节级，以后的各级称为压力级。

104. 汽轮机配汽调节有哪几种方式？它们各有哪些优、缺点？

答：汽轮机的配汽调节有节流调节、喷嘴调节和节流-喷嘴调节三种方式。

（1）节流调节。就是全部蒸汽都经过一个或几个同时开、关的调节汽阀，然后流向第一级喷嘴。这种配汽方式主要是改变调节汽阀的开度对蒸汽进行节流以改变进汽压力，使蒸汽的焓降发生变化，并相应地改变蒸汽量，来调节汽轮机的功率。采用节流调节时，减少汽轮机功率主要是借助节流作用，负荷越低节流损失越大，造成汽轮机相对内效率降低。但节流调节与喷嘴调节比较，在负荷变化时级前温度变化较小，对负荷的适应性能较好。但只有带额定负荷且调节汽阀全开时，效率最高。

（2）喷嘴调节。蒸汽经过几个依次开、关的调速汽阀通向汽轮机的第一级，每个汽阀分别控制一组调节级喷嘴。调节级都是做成部分进汽，在设计工况下，除最后一个汽阀外，其他调节汽阀都在全开状态，因此无节流损失。在低负荷运行时，喷嘴调节比节流调节效率高，且比较稳定；但在工况变化时，喷嘴调节使机组高压部分的温度变化较大，容易使调节级处产生热应力，从而使汽轮机负荷适应性降低。

（3）节流-喷嘴调节。为了同时发挥节流和喷嘴调节的优点，可采用节流-喷嘴联合调节的方式。

105. 汽轮机有哪些内部损失和外部损失？

答：汽轮机的内部损失有：

（1）进汽机构的节流损失。蒸汽通过主汽阀和调速汽阀时，受汽阀的节流作用，压力下降，节流前后的焓值基本不变，但汽轮机的理想焓降减少，造成损失。

（2）排汽管压力损失。汽轮机内做完功的乏汽从最末级动叶片排出后，经排汽管引至凝汽器。排汽在排汽管中流动，会因摩擦和涡流而造成压力降。这部分压力降用于克服排汽管的阻力，没有做功，所以称为排汽管的压力损失。

(3) 汽轮机的级内损失。

1) 叶高损失。指喷嘴和动叶栅根部与顶部由于产生涡流所造成的损失，其大小与叶高有关。

2) 扇形损失。由于叶片沿轮缘成环形布置，使流道截面成扇形，因而沿叶高方向各处的节距、圆周速度和进汽角都不同于叶片平均直径处的数值。这样不仅在叶顶和叶根附近产生汽流撞击叶片进口的能量损失，而且汽流将产生半径方向的流动，引起附加流动损失，这些损失称为扇形损失。

3) 叶栅损失。由相同叶型的静叶或动叶片排列成的栅状汽流通道称为叶栅，叶栅损失是蒸汽在流道内发生摩擦等造成的动能减少。

4) 余速损失。因离开动叶的蒸汽仍具有一定的速度所引起动能的损失称为余速损失。

5) 叶轮摩擦损失。高速转动的叶轮与其四周的蒸汽相互摩擦，带动这些蒸汽旋转将消耗一部分叶轮有用功；此外，黏附在叶轮表面的蒸汽受离心力的作用被甩向叶轮外缘，靠近喷嘴或隔板的汽流则向叶轮中心移动，形成涡流，从而增加了叶轮有用功的消耗。这两种损失称为叶轮摩擦损失。

6) 撞击损失。当汽轮机工作情况变化时，蒸汽进入动叶栅的相对进汽角相应变化，从而与实际的动叶片进汽角不相符，汽流不能平滑进入动叶槽道，而是撞击在动叶进汽边的背弧或内弧上，引起附加的能量损失称为撞击损失。

7) 部分进汽损失。若喷嘴连续布满隔板的整个圆周，称为全周进汽；若喷嘴只布置在某个弧段内，其余部分不装喷嘴，则称为部分进汽。在实际运行中，通过汽阀控制某一段或几段喷嘴的进汽造成部分进汽，由于部分进汽引起的损失称为部分进汽损失。部分进汽损失由动叶经过不装喷嘴弧段时发生的鼓风损失和动叶由非工作弧段进入喷嘴的工作弧段时发生斥汽损失组成。

8) 湿气损失。在湿气工作的级，湿气的水滴不能在喷嘴中膨胀加速，不仅减少了做功的蒸汽量，而且消耗携带它的气流的动力；此外，气流从喷嘴中流出时，水滴的速度比蒸汽的速度小，因而进入动叶时，它将打在叶片入口的背弧上，不仅对叶片产生制动作用，而且冲蚀叶片，这些损失为湿气损失。在设计上，采用提高排汽干度、增加去湿装置等措施可减少湿气损失。

9）漏汽损失。由于喷嘴和动叶前存在压差，故会有一部分蒸汽不经过喷嘴和动叶的流道，而经过各种间隙绕过隔板和动叶流走，不参与主流做功。由此形成的能量损失为漏汽损失，绕过隔板产生的损失为隔板漏汽损失，绕过叶片产生的损失为叶顶损失。

汽轮机的外部损失有：

（1）外部漏汽损失。汽轮机的主轴在穿出汽缸两端时，为了防止动静部分摩擦，总要留有一定间隙，虽然装上端部汽封后这个间隙很小，但由于压差的存在，在高压端总有部分漏汽向外漏出。在汽轮机低压汽封处，由于级内压力低于大气压力，为了防止空气漏入汽轮机内，向低压汽封处通入蒸汽密封，这部分蒸汽大部分漏入汽缸，也有少部分漏向大气，漏出的蒸汽不做功，其所造成的损失为外部漏汽损失。

（2）机械损失。汽轮机运行时，要克服支撑轴承和推力轴承的摩擦阻力及带动主油泵、调速器等，都将消耗一部分有用功而造成损失，这些损失即为机械损失。

106. 汽轮发电机组各转子的临界转速有什么特点？

答：汽轮机转子与发电机转子（包括多缸汽轮机的各转子之间）是用联轴器连接起来的，从而构成了一个多支点的转子系统，称为轴系。此时，临界转速的概念仍与两支点的单转子相同，但由于各转子连接后，增加了各转子刚性，因而它们在轴系中的临界转速比各自单独存在时要高。虽然组成轴系的各个转子的临界转速不同，但都属轴系的临界转速。当转子的工作转速与轴系中任一临界转速相等时，轴系都会发生共振而引起机组的剧烈振动。

107. 汽轮机的调节级为什么有单列级和双列级之分？

答：容量较小的冲动式汽轮机，一般采用双列调节级，其热降选用的较大，这样可使汽轮机级数减少，构造简单，且调节级后的压力和温度较低，节省了后几级优质钢材的使用。由于调节级后压力较低，故使前轴封漏汽损失减少。对于大容量机组，因不用加大调节级热降来简化汽轮机的构造，所以采用单列调节级。

108. 发电厂汽轮机正常运行时做功最多的是哪一级？为什么？

答：发电厂汽轮机正常运行时做功最多的是低压缸末级。级的做功多少取决于叶片的长短。叶片越长，做功越多。因为末级叶片最长所以做功也最多，所占份额也最大。而且末级叶片越长，形成的圆周越大，也就是排汽口大，排汽能力越大，就使得整机的流量增大，增大了出力。由于材料的限制叶片无法做得太长，要满足排汽量，就设置两个低压缸，使用新型材料和改变叶形，变扭叶片可以做得很长，所以现在出现了很多单低压缸的 600MW 机组。

109. 汽轮机的进汽部分指的是哪些部分？

答：高压缸前部分从调节汽阀到调节级喷嘴这段区域称为汽轮机的进汽部分，包括调节汽阀的汽室和喷嘴室，是汽缸中承受压力和温度最高的部分。

110. 什么是汽轮机相对内效率？

答：蒸汽在汽轮机内的有效焓降与理想焓降的比值称为汽轮机相对内效率。

111. 多级汽轮机的轴向推力主要由哪些部分组成？平衡轴向推力的主要方法有哪些？

答：多级汽轮机轴向推力的主要组成有作用在动叶栅上的轴向推力、作用在叶轮面上的轴向推力、作用在汽封肩上的轴向推力。

平衡轴向推力的主要方法有开平衡孔法、平衡活塞法、汽缸对置法。

112. 汽轮机轴向推力增大的原因有哪些？

答：汽轮机轴向推力增大的原因有：

（1）叶片结垢；

（2）汽轮机过负荷运行；

（3）蒸汽参数变化；

（4）水冲击；

（5）蒸汽压差过大；

（6）真空恶化；

（7）发电机转子轴向窜动；

（8）隔板径向汽封严重磨损而漏气；

（9）可调整抽汽式汽轮机纯凝汽运行而低压缸过负荷。

113. 轴位移与哪些因素有关？

答：轴位移与叶片结垢、蒸汽带水、通流部分过负荷、真空降低、推力轴承损坏、汽温汽压变化、负荷变化或机组突然甩负荷、回热加热器停止、高压轴封严重磨损等因素有关。

114. 汽轮机高压段为什么采用等截面叶片？部分级段为什么要采用扭曲叶片？

答：在汽轮机高压段，蒸汽流量相对较小，叶片短，叶高较大，沿整个叶高的圆周速度及汽流参数差别相对较小。此时，依靠改变不同叶高处的断面型线不能显著地提高叶片工作效率，因此，多将叶身断面型线沿叶高做成相同的，即做成等截面叶片。这样做虽使效率略受影响，但加工方便，制造成本低，而强度也可得到保证，有利用于实现部分级叶片的通用化。

大型机组为增加功率，叶片往往做得很长。随着叶片高度的增加，当叶高比较小时，不同叶高处圆周速度与汽流参数的差异不可忽视。此时，叶身断面型线必须沿叶高相应变化，使叶片扭曲变形，以适应汽流参数沿叶高的变化规律，减小流动损失。同时，从强度方面考虑，为改善离心力所引起的拉应力沿叶高的分布，叶身断面面积也应由根部到顶部逐渐减小。

115. 什么是汽轮机的旁路系统？

答：汽轮机的旁路系统是指从锅炉来的蒸汽绕过汽轮机，经过与汽轮机并联的减温减压装置，到参数较低的蒸汽管道或凝汽器中的连接系统。主蒸汽绕过汽轮机高压缸，经过减温减压后进入再热器冷段蒸汽管道的系统称为高压旁路或Ⅰ级旁路。再热后的蒸汽绕过汽轮机中压缸或低压缸，而经过减温减压后直接排入凝汽器的系统称为低压旁路或Ⅱ级旁路。主蒸汽绕过汽轮机经减压减温直接进入凝汽器的系统为整机旁路或一级大旁路。旁路系统的容量一般选定为30%～70%额定流量。

116. 汽轮机旁路系统的作用是什么？

答：（1）保护再热器。机组正常运行中，汽轮机高压缸排汽进入再热器，再热器可以得到充分冷却。但在启动过程中，汽轮机升速前，或在机组甩负荷而高压缸无排汽时，再热器因无蒸汽流过或蒸汽流量不足，就有超温烧坏的危险。设置旁路系统，使蒸汽流过再热器，便能达到冷却再热器的目的。

（2）改善启动条件，加快启动速度。单元机组普遍采用滑参数启动方式，为了适应汽轮机启动过程中在不同阶段（暖管、升速、暖机、升速、带负荷）对蒸汽参数的要求，锅炉要不断地调整汽压、汽温和蒸汽流量。单纯调整锅炉燃烧或运行压力，很难达到上述要求。采用旁路系统就可改善启动条件，尤其在机组热态启动时，利用旁路系统能很快地提高新蒸汽和再热蒸汽的温度，缩短启动时间，延长汽轮机寿命。对于大容量机组，当发电机负荷减少、解列或只带厂用电负荷，以及汽轮机甩负荷时，旁路系统能在几秒钟内完全打开，使锅炉逐渐调整负荷，并保持在最低稳定燃烧负荷下运行，而不必停炉，在故障消除后可快速恢复发电，从而减少停机时间和锅炉的启停次数，大大缩短了单元机组的重新启动时间，有利于系统稳定。

（3）回收工质，消除噪声。机组在启停过程中，锅炉的蒸发量在于汽轮机的消耗量，在负荷突降和甩负荷时，有大量的蒸汽需要排出。多余的蒸汽若直接排向大气，不仅损失了工质，而且对环境产生很大的噪声污染。设置旁路系统，可以达到回收工质和消除噪声的目的。另外，在机组突降负荷或甩负荷时，利用旁路系统排入蒸汽，可减少锅炉安全阀的动作。

117. 汽轮机旁路系统有哪几种形式？

答：（1）两级串联旁路系统。由锅炉来的新蒸汽绕过汽轮机高压缸，经高压旁路减温减压后进入锅炉再热器，由再热器出来的再热蒸汽绕过汽轮机的中、低压缸，经过低压旁路减温减压后排入凝汽器。由于阀门少、系统简单，且具有保护再热器的功能，广泛应用于再热机组。

（2）一级大旁路。由锅炉来的新蒸汽绕过全部汽轮机，经过大旁路减温减压后排入凝汽器。一级大旁路应用于再热器不需要保护的机组。采用一级大旁路，可以提高机组的可靠性；但在低负荷运行和机组热态启动时，再热汽温的调节比较困难。

（3）两级并联旁路系统。是由高压旁路和整机旁路并联组成的系统。高压旁路的容量为 17%，主要用于保护再热器，只有在再热器可能超温时才开启，机组热态启动时也可用它来向空排汽以提高再热汽温。整机旁路的容量为 20%，其作用是在机组启、停或甩负荷时，将多余的蒸汽排入凝汽器，在锅炉超压时起到安全阀的作用。

（4）三级旁路系统。是由两级串联旁路系统和整机旁路组成的系统。旁路系统的总容量为 45%，其中整机旁路为 30%，串联旁路为 15%。三级旁路功效齐全；但系统复杂，旁路装置多，投资和运行费用高。

118. 汽轮机蒸汽流量的变化对汽轮机各级焓降有什么影响？

答：对凝汽式汽轮机，其中间各级蒸汽流量的变化与压力变化呈正比关系。但当工况变化时，中间级的焓降近似不变。对调节级，级前压力为新汽压力，其压力近似不变；级后压力为调节级汽室压力，流量增加时调节级汽室压力升高，因而调节级焓降减少。对末几级，级后压力为排汽压力，近似不变；级前压力为中间级组后压力，它随流量增加而升高，因而末几级焓降增加；反之，流量减少时，调节焓降增加，末几级焓降减少。因此，汽轮机变工况时，流量增加，末几级焓降增加，容易出现过负荷；流量减少时，调节级焓降增加，容易出现过负荷。

119. 汽轮机工况的变化对其内效率有什么影响？

答：汽轮机各级的效率主要取决于速比。在设计工况下，汽轮机各级均在最佳速比下工作，因而效率最高。变工况时，中间级由于焓降基本不变，各级速比也近似不变，因而级的内效率也基本不变；调节级和末几级由于焓降发生变化，级的速比发生变化，偏离最佳工况，因而级的内效率下降。

120. 汽轮机蒸汽流量的变化对轴向推力有什么影响？

答：汽轮机的轴向推力主要取决于叶轮前后的压力差。但蒸汽流量改变时，虽然占大多数的中间级压力比基本不变，但中间各级的级前、后压力却随之变化，因而级前后的压力差将发生变化，使得轴向推力发生变化。如果蒸汽流量增加，则级前、后压力随之升高，级前后的压力差增大，轴向推力增加；反之，流量减少，则级前、后压力降低，级前后的压力差减小，中间各级轴向推力减小。调节级和末几级的压力差变化情况正好相反，且伴随有焓降和反动度的变化，因而轴向推力变化情况比较复杂。但由于中间级占大多数，因此一般来说，多级汽轮机的轴向推力随蒸汽流量的增加而增加，随蒸汽流量的减少而减小。

121. 汽轮机本体的主要组成部分有哪些？

答：汽轮机本体的主要组成部分有转子和定子。其中转子由主轴、叶轮、动叶片、联轴器等组成；定子由汽轮机基础、台板、轴承座及汽缸内部的喷嘴室、喷嘴、隔板套、隔板、汽封等部件组成，另外，有前箱调速系统、各主汽阀、调速汽阀、盘车等。

122. 大容量机组为什么要采用双层结构的汽缸？采用双层结构的汽缸有什么优点？

答：随着机组参数的提高，汽缸壁需要加厚，汽缸内、外壁温差则会增大，很容易发生汽缸裂纹的问题。为了尽量使高、中压汽缸形状简单，节省优质钢，以减少热应力、热变形，对于高参数、大容量机组，不仅要采用多个汽缸，而且还要采用内外分层汽缸。把汽轮机的某级抽汽通入内外缸的夹层，使内外缸所承受的压差、温差大大减小。多层缸可使汽缸厚度减薄，有利于汽轮机的快速启动。

123. 汽轮机低压排汽缸为什么要装设喷水降温装置？

答：汽轮机在启动、空载及低负荷时，蒸汽流量很小，不能全部带走蒸汽与叶轮摩擦产生的热量，从而引起排汽温度升高。排汽温度高会引起排汽缸变形，破坏汽轮机动静中心线一致，引起机组振动，因此，要给排汽缸装设喷水降温装置。

124. 大型机组的低压缸为什么采用内外缸结构？

答：因为低压缸的排汽容积流量较大，要求排汽缸尺寸大，所以一般采用钢板焊接结构代替铸造结构。但是，再热机组低压缸的蒸汽温度一般都超过 230℃，与排汽温度相差近 200℃，为了改善低压缸的膨胀，因此低压缸也采用双层结构。低压内缸用高强度的铸铁铸造；而兼作排汽缸的整个低压外缸仍为焊接结构，采用双层缸结构。这样更有利于设计成径向排汽，减少排汽损失，缩短轴向尺寸。

125. 汽轮机的进汽部分有几种结构？各有什么特点？

答：汽轮机的进汽部分有整体结构、螺栓连接结构、焊接结构及双层套管结构（四种结构）。前三种为单层汽缸进汽部分结构，最后一种为双层缸进汽部分结构。所谓进汽部分，是指从调速汽阀到调节级喷嘴的这段区域，它包括调速汽阀的汽室和喷嘴室。一般中小型功率、低参数机组采用汽室、喷嘴室与汽缸铸为一体的整体结构。其优点是制造的加工工作量较小；缺点是工作时喷嘴室与汽缸有较大的温差，产生较大的热应力，且汽室到汽缸使用同等材料，对材料的利用不合理。

对于功率稍大的机组，汽室、喷嘴室另行制造后，用螺栓与汽缸连接在一起，属螺栓连接结构。

螺栓连接结构和焊接结构的优点是不但能够简化汽缸的形状，减少工作时的热应力，而且对高压参数汽轮机还可以更合理地利用材料。

对于超高压机组，由于采用了双层汽缸结构，所以进入喷嘴室的蒸汽管要穿过外缸再接到内缸上。运行中因内缸存在着温差将产生相对膨胀，这样进汽管就不能同时固定在内、外缸上，而且还不能避免大量高温、高压蒸汽外漏，所以采用了滑动密封式的连接结构。进汽管与调速汽阀相连的短管往往采用双层套管结构，外层套管通过法兰螺栓与外缸连在一起，内管的一端插入喷嘴室的进汽管中，用活塞环来密封。这样既保证了高压蒸汽的密封，又允许喷嘴室进汽管与双层套管之间有相对膨胀。

126. 为什么高参数汽轮机的高压部分常采用热紧方式？

答： 因为法兰螺栓是在高温下工作的，且必须考虑应力松弛问题，为了保证在两次大修间不致因应力松弛而造成汽缸结合面不严，所以必须使螺栓有足够的紧力。因此，高参数机组高压部分采用加热或专用的螺栓加热装置（电加热）来加热。

127. 汽轮机的滑销系统起什么作用？

答： 汽轮机在启、停机过程及运行中，汽缸的温度变化很大。随着汽缸各部温度的变化，各部件将产生膨胀和收缩。为了保证汽轮机自由地膨胀，以免发生过大的热应力、热变形，并且保持汽缸、转子中心一致及动静间隙符合要求，因此设有滑销系统。

128. 汽轮机滑销分哪几类？

答： （1）横销。其作用是允许汽缸在横向能自由膨胀。

（2）纵销。其作用是允许汽缸沿纵向中心能自由膨胀，限制汽缸纵向中心线的横向移动。

（3）死点。纵销中心线与横销中心线的交点称为死点。其作用是汽缸膨胀时既不能进行横向移动，也不允许进行纵向移动。死点多布置在低压排汽缸的中心线上或其附近，这样在汽缸受热膨胀时，对凝汽器影响较小。

（4）立销。其作用是保证汽缸在垂直方向能自由膨胀，并与纵销保持机组的纵向中心不变。

（5）猫爪横销。其作用是保证汽缸能横向膨胀，同时随着汽缸在轴向的膨胀和收缩，推动轴承座向前或向后移动，以保持转子与汽缸的轴向相对位置。

（6）角销。其作用是代替连接轴承座与台板的螺栓，但允许轴承座纵向移动。

（7）斜销。这是一种辅助滑销，起纵销和横销的双重导向作用。

129. 汽轮机法兰、螺栓加热装置有何作用？

答：为了减小机组在启动过程中出现的不正常胀差，可在高、中压内外缸夹层内通入蒸汽加热汽缸，但是仅有这一措施还不够。由于法兰比汽缸壁厚，螺栓与法兰又是局部接触，所以在启动时汽缸壁温度比法兰温度高，法兰温度又比螺栓温度高，三者之间将存在一定的温差，造成膨胀不一致，在这些部件中产生热应力，严重时将会引起塑性变形或拉断螺栓，以及造成水平结合面翘起和汽缸裂纹现象。为了减小汽缸、法兰、螺栓之间的温差，缩短启动时间，汽轮机设有法兰、螺栓加热装置，在启、停机过程中对法兰和螺栓进行加热或冷却，以减小各金属部件间的温差和热应力。

130. 汽轮机转子有哪几种类型？

答：汽轮机转子有以下几种类型：

（1）套装转子。叶轮（用来装置动叶片）与轴分别制造，然后将叶轮热套在主轴上。这种转子不易在高温条件下工作。

（2）整锻转子。由叶轮、联轴器、推力盘和主轴整体锻造加工而成，能在高温条件下工作而不会松弛。

（3）焊接转子。由若干实心轮盘的端轴拼焊而成。其优点是强度高、结构紧凑、刚度大，而且能适应低压部分需要大直径的要求。

131. 大功率汽轮机的转子为什么要采用蒸汽冷却？

答：大功率汽轮机采用整锻转子或焊接转子。随着转子整体直径的增大，离心应力和同一变工况速度下热应力增大。在高温条件下，受离心力作用而产生的金属微观缺陷发展及脆变危险也增大。因此，为防止转子在高温、高转速状况下无蒸汽流过带走摩擦产生的热量，而使转子和汽缸温度过高、热应力过大，设置了转子蒸汽冷却装置。在转子的高温区段对转子进行蒸汽冷却，可减小转子的金属蠕变变形和降低启动工况下的热应力。

132. 汽轮机抽汽管道上装设止回阀的作用是什么？

答：当主汽阀因故关闭或甩负荷时，控制抽汽阀联动装置的电磁阀动作，使止回阀关闭，这时抽汽就不会顺抽汽管道倒流入汽轮机而引起超速及大轴弯曲事故。另外，某一加热器满水使保护动作，也可使止回阀关闭，以免加热器满水倒入汽缸内造成水冲击。

133. 什么是刚性轴和挠性轴？

答：汽轮发电机组的工作转速低于转子一阶临界转速的转轴为刚性轴，高于一阶临界转速的轴为挠性轴。

134. 汽轮机联轴器的作用是什么？联轴器有哪几种？

答：联轴器的作用是连接汽轮机各个转子、发电机转子并传递扭矩。联轴器有以下几种：

（1）刚性联轴器。刚性联轴器的对轮对准中心后再一起铰孔，并配以螺栓紧固，以保证两连接转子同心。刚性联轴器尺寸小，工作时不需润滑且无噪声；但它的缺点是传递振动和轴向位移，找中心要求高。

（2）半挠性联轴器。两对轮之间用一波形套筒连接起来，并配以螺栓紧固。波形套筒具有一定弹性，可以吸收部分振动。允许两连接转子的轴线有少许的中心偏差。

（3）挠性联轴器。挠性联轴器有齿轮式和蛇形弹簧式两种。挠性联轴器允许转子间有稍大的偏心，可以避免传递振动和轴向推力；但其结构复杂，需要润滑，容易磨损，磨损后或装配质量不好时运行中有噪声。

135. 汽轮机轴承分哪几种？其作用分别是什么？

答：汽轮机轴承分为支撑轴承和推力轴承两种。支撑轴承的作用是支撑转子的质量和承受由于转子质量不平衡引起的离心力，并确定转子的径向位置，使其中心与汽缸中心保持一致。推力轴承的作用是承受作用在转子上的轴向推力，并确定转子的轴向位置，使转子和定子保持一定的间隙。

136. 汽轮机汽封的作用是什么？

答： 由于汽缸内部、隔板前后及带反动度的动叶片两侧存在着压差，而相应各动、静部分之间必须保持一定的间隙，这就造成有一定蒸汽漏出或空气漏入汽缸内。为了减少泄漏，就在这些相应的位置安装了汽封。

137. 汽轮机盘车装置的作用是什么？

答： （1）防止转子受热不均匀产生热弯曲而影响再次启动或损坏设备。

（2）启动前盘动转子，可以用来检查汽轮机是否具备运行条件。

138. 汽轮机轴承的作用是什么？

答： 汽轮机轴承也称为径向轴承，它承载转子的全部质量以及由于转子质量不平衡引起的离心力，并确定转子在汽缸中的正确径向位置。由于每个轴承都要承受较高的载荷，而且轴转速很高，所以，汽轮机的轴承都采用液体摩擦的轴瓦式滑动轴承，使有一定压力的润滑油在轴颈与轴瓦之间形成油膜，建立液体摩擦。

139. 汽轮机轴承主要有哪几种结构形式？

答： 汽轮机轴承主要有圆筒瓦支撑轴承、椭圆瓦支撑轴承、三油楔支撑轴承、可倾瓦支撑轴承四种。

140. 简述汽轮机滑动轴承的工作原理。

答： 以圆轴承为例，汽轮机轴颈半径略小于支撑轴承半径，这样两滑动表面之间形成楔形间隙。当转子在轴承中定向旋转时，转子轴颈的圆周速度即为轴颈与轴瓦的相对速度。润滑油黏附在旋转着的轴颈表面并被带入楔形间隙，形成动压油膜及承受载荷，且润滑、冷却轴颈和轴瓦。

141. 什么是油膜振荡现象？什么情况下会发生油膜振荡？

答： 旋转的轴颈在滑动的轴承中带动润滑油高速流动，在一定条件下，高速油流反过来激励轴颈，产生一种强烈的自激振动现象，这种现象即为油膜振荡现象。

油膜振荡只在转速高于第一临界转速的 2 倍时才能发生。因此，转子的第一临界转速越低，其支撑轴承发生油膜振荡的可能性越大。

142. 汽轮机本体疏水系统由哪些部分组成?

答：汽轮机本体疏水系统由自动主汽门前的疏水、再热汽管道的疏水、各调速汽门前蒸汽管道的疏水、中压联合汽阀前的疏水、导汽管道的疏水、高压汽缸的疏水、抽汽管道及止回门前后的疏水及轴封管道的疏水等组成。

143. 什么情况下禁止启动汽轮机?

答：在下列情况下，禁止启动汽轮机：

（1）汽轮机转子挠度超过原始值的 0.02mm。

（2）调速系统不能维持汽轮机空负荷运行，或机组甩负荷后不能维持转速在超速保安器动作转速内。

（3）超速保安器动作不正常，高压主汽门、中压主汽门、调速汽门、抽汽止回门及排汽止回门卡涩不能严密关闭。

（4）高压或中压外缸上、下温差大于 50℃，内缸上、下温差大于 35℃。

（5）汽轮机保护试验不合格，汽轮机保护或主要辅机保护不能正确投入。

（6）任何一台油泵故障或盘车装置不能投入。

（7）主油箱油位在低限或油质不合格。

（8）盘车状态下，机组内有明显的金属摩擦声。

（9）主要自动不能投入，主要仪表（包括转速表、汽温表、汽压表、胀差表、轴承和转子振动表、轴向位移表、油压表、真空表及轴承温度表）失灵。

（10）汽水管道有泄漏。

144. 什么是汽轮机的合理启动方式?

答：汽轮机的启动过程是一个对汽轮机各金属部件的加热过程。在启动过程中，如果温升率控制不好，使金属部件急剧加热，就会使各部件产生较大热应力、热变形，使动、静部分膨胀不均而产生胀差，造成部件寿命降低，甚至损坏部件。所谓合理的启动方式，就是寻求合理的加热方式，使机组各部件的热应力、热变形、汽缸和转子的胀差、有转动部分的振动均控制在允许的范围内，尽快地把机组的金属温度均匀地升高到工作温度。

145. 按新蒸汽参数分，汽轮机启动方式有哪几种？

答：按新蒸汽参数分，汽轮机的启动方式有额定参数启动和滑参数启动两种。额定参数启动是指在整个启动过程中，汽轮机升速至带额定负荷，汽轮机自动主汽门前的蒸汽参数始终保持额定值。滑参数启动是指在整个启动过程中，汽轮机自动主汽门前的蒸汽参数随机组的转速和负荷的增加而逐渐升高。滑参数启动有真空法和压力法两种方式。

146. 按汽轮机汽缸金属温度分，汽轮机启动方式有哪几种？

答：按汽轮机高压缸内壁上部温度分，此温度在150℃以下为冷态启动，150～300℃为温态启动，300℃以上为热态启动（其中，300～400℃为热态启动，400℃以上为极热态启动）。

147. 按汽轮机升速时的进汽方式分，汽轮机启动方式有哪几种？

答：按汽轮机升速时的进汽方式分，汽轮机启动方式有高中压缸联合启动和中压缸启动两种。

148. 什么是滑参数启动？滑参数启动有哪些优、缺点？

答：滑参数启动是指在整个启动过程中，主汽门前的新蒸汽参数随机组的转速和负荷的变化而升高。

滑参数启动有以下优点：

（1）使汽轮机与锅炉同步启动。锅炉点火后就可以用低参数蒸汽预热汽轮机和锅炉间的管道，锅炉压力、温度升至一定值后，汽轮机就可升速、带负荷。随着锅炉参数的不断提高，机组负荷不断增加直至额定负荷，因而大大缩短了启动时间，提高了机组的机动性。

（2）在滑参数启动过程中，各部件的金属加热过程是在低参数下进行的，加热温差小，热应力小，并且升速都是全周进汽，因此加热均匀，金属温升率比较好控制。另外，由于低参数蒸汽在启动时容积流量大、流速高，放热系数也就大，即滑参数启动可在较小的热冲击下得到较大的金属加热速度，从而改善了机组的加热条件。

（3）容积流量大。可较方便地控制和调整汽轮机的转速和负荷，且不致造成金属温度超限。

（4）锅炉不对空排汽，几乎所有的蒸汽及其热能都用于暖管和暖机，减少汽水损失和热能损失。

（5）通过汽轮机的蒸汽流量大，可有效地冷却排汽缸，使排汽缸温度不致升高，有利于排汽缸的正常工作。

滑参数启动的缺点是用主蒸汽参数的变化来控制汽轮机金属部件的加热，调整控制比较困难。

149. 什么是压力法滑参数启动？

答：采用压力法滑参数启动时，锅炉点火前汽轮机的主汽门和调速汽门处于关闭状态，只对汽轮机抽真空。锅炉点火后，首先进行主蒸汽和再热蒸汽管道的暖管，待蒸汽参数升到一定值后，开启主汽门，用调速汽门控制进汽量来冲转子。在整个升速过程中，蒸汽参数基本保持不变。

150. 什么是真空法滑参数启动？

答：采用真空法滑参数启动时，锅炉点火前从锅炉汽包到汽轮机喷嘴前所有阀门都开启，汽轮机在盘车状态下抽真空，一直抽到锅炉汽包。锅炉点火后产生的蒸汽直接进入汽轮机，暖管、暖机同时进行，参数升到一定数值后自动冲动转子，然后再根据升速、带负荷的要求继续提高蒸汽参数，直到额定参数、额定负荷。

151. 汽轮机冷态启动时，金属部件的热应力如何变化？

答：对汽轮机转子和汽缸金属部件来说，汽轮机冷态启动过程是一个加热过程，随着汽轮机升速、并网及带负荷，金属部件的温度不断升高。对于汽缸来说，随着蒸汽温度的升高，汽缸内壁温度首先升高，内壁温度要高于外壁温度，内壁的热膨胀由于受到外壁的制约而产生压应力，而外壁由于受到内壁热膨胀的影响而产生拉应力。同样，对于转子，当蒸汽温度升高时，外表面首先被加热，使得外表面和中心孔面形成温差，外表面产生压应力，中心孔表面产生拉应力。

152. 汽轮机热态启动时，金属的热应力如何变化？

答：汽轮机热态启动时，如果由于旁路系统容量的限制，主蒸汽温度升不太高，或者由于升速前暖管、暖阀不充分，那么，升速时进入调节级处的蒸汽温度可能比该处的金属温度低，使其先受到冷却，在转子表面和汽缸的内表面产生拉应力。随着转速的升高及接带负荷，该处的蒸汽温度将迅速提高，并高出金属温度，并在随后的过程保持该趋势直至启动过程结束。在后一阶段，由于蒸汽温度比金属温度高，转子表面及汽缸内壁将产生压应力。这样在整个热态启动过程中，汽轮机金属部件的热应力要经过一拉一压的循环，对汽轮机寿命影响较大。对于配备了足够容量旁路系统的机组，启动前蒸汽温度可以提高足够高，这就避免或减轻了热态启动时的热冲击。

153. 额定参数启动时，为什么必须对蒸汽管道进行暖管？

答：额定参数启动时，如果预先不进行充分暖管及排放疏水，就保证不了汽轮机升速时额定参数值；同时管道中的凝结水随蒸汽进入汽轮机，造成水冲击。进行暖管，可避免蒸汽管道突然受热产生过大的热应力，以致管道产生变形与破裂。新蒸汽管道的暖管一般分低压暖管和升压暖管。

154. 采用额定蒸汽参数启动有什么缺点？

答：采用额定参数启动汽轮机，使用的新蒸汽压力和温度都很高，新蒸汽与汽轮机的汽缸和转子等金属部件的温差很大，而高温高压机组启动中又不允许有过大温升速度，为了设备的安全，在这种条件下只能将蒸汽的进汽量控制很小。但即使如此，新蒸汽管道、阀门和机体的金属部件仍然产生很大热应力、热变形和热冲击，使转子和汽缸的胀差增加，对金属部件的寿命影响较大。因此，对于采用额定参数下启动的汽轮机，必须延长升速和暖机的时间，启动所需的时间长，所耗的经济费用高。额定参数下启动汽轮机时，锅炉需将参数提高到额定值才能冲动转子。在提高参数的过程中，将损失大量燃料，降低电厂的经济效益。由于上述缺点，大容量汽轮机几乎不采用额定参数启动汽轮机。

155. 为什么要用汽轮机高压内壁上部温度 150℃ 来划分机组的冷、热态启动？

答：高压汽轮机停机时，汽缸转子及其他金属部件的温度比较高，随后逐渐冷却下来，若在未达到全冷却状态启动汽轮机时，就必须注意此时与全冷状态下启动的不同点，一般把汽轮机金属温度高于冷态启动达额定转速时的金属温度状态规定为热态。大型机组冷态启动达额定转速时，下汽缸外壁金属温度为120～200℃。这时高压缸各部的温度、膨胀都已达到或超过空负荷运行的水平，高、中压转子中心孔的温度已超过材料的脆性转变温度，机组不必暖机而直接在短时间内升到定速并带一定负荷。因此，高压内缸内壁温度 150℃ 为划分冷、热态启动的依据。

156. 大容量机组冷态启动参数应满足什么要求？

答：大容量机组冷态启动参数的选择，原则上应满足汽轮机顺利达到额定转速和进行超速试验的要求，并应有一定的富裕量（考虑汽缸加热装置用汽等），即汽压稍高一些；另外，又希望启动时部分进汽度和容积流量多一些，以利于机组金属部件的加热，即希望汽压尽可能低一些。冷态启动参数还要求蒸汽温度有 50℃ 的过热度。

157. 汽轮机采用高、中压缸同时进汽的启动方式有什么优、缺点？

答：汽轮机采用新蒸汽同时进入高、中压缸冲动转子，这种方式可使高中压合缸的机组分缸处加热均匀，减小热应力，并能缩短启动时间。其缺点是汽缸转子的膨胀情况较复杂，胀差比较难控制。

158. 什么是汽轮机的中压缸启动方式？它有什么优点？

答：汽轮机启动中，由中压缸进汽冲动转子，而高压缸只有在机组带 10%～13% 负荷时才进汽，这种启动方式即为中压缸启动方式。

中压缸启动方式有以下优点：

（1）缩短启动时间。由于冲转前进行高压缸倒暖，热应力、胀差可控制在允许范围内，故启动初期的启动速度不受高压缸热应力和胀差的控制。另外，由于高压缸不进汽做功，同样工况下，中压缸进汽量大，暖机更充分、迅速，从而缩短了整个启动过程的时间。

（2）汽缸加热均匀。中压缸启动时，高中压缸加热均匀，温升合理，汽缸易于胀出，胀差小。与常规的高、中压缸联合启动相比，虽然多一项切换操作，但从整体上可提高启动的安全性和灵活性。

（3）提前越过脆性转变温度。中压缸启动时，高压缸进汽倒暖。启动初期中压缸进汽量大，可使高、中压转子尽早越过脆性转变温度，提高机组运转的安全可靠性。

（4）对特殊工况具有良好的适应性。主要体现在空负荷和极低负荷运行方面。机组在启动并网过程中，有时遇到故障等处理，或并网前要进行电气试验或其他试验，就常常遇到要在额定转速下长时间空负荷运行的情况。在采用高、中压缸联合启动方式时，即使是冷态启动，也会带来很多问题，如高压缸超温。然而，采用中压缸启动方式，只要关闭高压排汽止回门，维持高压缸真空，汽轮机即可以安全地长时间空负荷运行。同样，采用中压缸启动方式，只要打开旁路，隔离高压缸，汽轮机就能在很低的负荷下长时间运行。

（5）抑制低压缸尾部受热。启动初期流经低压缸的蒸汽量较大，有效地带走低压缸尾部因鼓风摩擦而产生的热量，保持低压缸尾部温度在较低的水平。

159. 什么是汽缸的预热?

答:汽轮机在冷态启动时,由于进汽量少,调节级处于真空状态,汽缸和转子金属温度很低,此时蒸汽接触金属就要发生凝结放热,引起热冲击,减少转子寿命。为了使蒸汽温度与转子温度、汽缸温度相匹配,汽轮机采用盘车预热的方式。即在盘车状态下,通入蒸汽或热空气,预暖汽缸、转子金属部件,使其温度尽可能升高到其冷态脆性转变温度以上。

160. 在盘车状态下对汽缸预热有什么好处?

答:在盘车状态下对汽缸预热有以下好处:

(1)盘车状态下,控制汽量加热,可以控制金属温升率,减小热冲击。另外,高压缸金属温度加热到一定水平后再升速,减小了蒸汽与金属壁的温差,使得启动热应力减小。

(2)盘车状态下将转子加热到脆性转变温度以上,有利于避免转子脆性断裂现象的发生。

(3)因为经过盘车预热后,转子和汽缸的温度都比较高,所以根据情况可缩短或取消中速暖机。

(4)盘车预热可以在锅炉点火以前,用辅助汽源蒸汽进行预热,缩短了启动时间。

161. 为防止热应力过大和产生热变形,汽轮机启动中应控制哪些指标?

答:在汽轮机启动过程中,为了保证启动顺利进行,防止由于加热不均使金属产生过大的热应力、热变形及由此而引起的动静摩擦,应按规定控制以下指标:

(1)蒸汽温升率为 $1\sim1.5℃/min$,金属温升率为 $1.5\sim2℃/min$。

(2)上、下缸温差不大于 $50℃$。

(3)汽缸内、外壁温差不大于 $35℃$。

(4)法兰内、外壁温差不大于 $80℃$。

(5)汽缸与转子的胀差在制造厂规定范围。

162. 汽轮机升速时真空应维持多少?为什么?

答:汽轮机升速时,凝汽器真空应维持在 $60\sim70kPa$。

因为真空过高，升速时汽轮机进汽量少，不利于启动中的暖机，使得转速不好控制；但真空太低，则不利于疏水的畅通，同时升速时可能引起排汽缸安全门破裂。

163. 升速后为什么要适当关小主蒸汽管道的疏水门？

答：主蒸汽管道从暖管到升速这一段时间内，暖管已经基本结束，主蒸汽管与主蒸汽温度基本接近，不会形成多少疏水。另外，升速后汽缸内要形成疏水，如果这时主蒸汽管道疏水门还全开，可能排挤汽缸的疏水，这是很危险的。因疏水扩容器下部水管与凝汽器连接，此时主蒸汽疏水量大，故使扩容器管内汽、水共流，造成水冲击和管道振动，热损失也大。

164. 汽轮机在启动过程中分为哪几个暖机过程？

答：汽轮机在启动过程中分为低速暖机（300～500r/min）、中速暖机（1000～1400r/min）和高速暖机（2200～2400r/min）三个暖机过程。

165. 为什么高压汽轮机要采用中速暖机？

答：因为大多数高压汽轮机都采用挠性轴，如果不进行充分中速暖机，汽轮机中速后转速升到额定值，进汽量增加使金属温度急剧加热，热膨胀猛增，可能使材料脆性破坏并产成较大的热应力，影响机组的正常运行，所以高压汽轮机要采用中速暖机。

166. 汽轮机启动时对盘车有何要求？

答：在汽轮机升速前，盘车必须连续运行 4h 以上，对汽轮机转子进行预热，并且在盘车运行时，汽轮机转速、盘车电流要正常、稳定。在汽轮机升速时，盘车要正常脱开。

167. 为什么汽轮机在启动中要进行暖管、疏水？

答：汽轮机在启动中进行暖管、疏水的目的是均匀地加热低温管道，使金属管道温度升高到接近升速时的蒸汽温度，以免产生较大的热应力。但在暖管的过程中，要及时排出管道中的凝结水，这样才能使管道的温度不断升高。如果管道中的凝结水不及时疏出，则使得蒸汽温度提升较慢，甚至升速时将水带入汽缸内而造成水冲击。

168. 什么是负温差启动？为什么尽量避免负温差启动？

答：汽轮机升速时，蒸汽温度低于汽轮机最热部位金属温度的启动方式称为负温差启动。负温差启动时，转子与汽缸先被冷却，而后又被加热，经历一次热交变循环，增加了机组疲劳寿命损耗。当进汽温度太低时，在汽缸内壁和转子表面形成较大的拉应力，而金属承受拉应力的极限低于承受压应力的极限。从而引起汽缸变形、动静间隙减小，并因产生摩擦而损坏设备。因此，应尽量避免负温差启动。

169. 为什么汽轮机启动前要保持一定的油温？

答：汽轮机启动前应先投入油系统，油温控制在 $35\sim45℃$。维持适当的油温是为了能使润滑油在轴瓦中建立正常的油膜。如果油温过低，油的黏度增大，会使油膜过厚，使油膜不但承载能力下降，而且工作不稳定；但如果油温过高，油黏度降低，难以建立油膜，起不到润滑作用。

170. 汽轮机启动与停机时，为什么要加强汽轮机本体、主蒸汽管道和再热蒸汽管道的疏水？

答：汽轮机在启动过程中，汽缸金属温度较低，进入汽轮机的蒸汽温度与汽缸温度相差很多，因此在暖机的最初阶段，蒸汽对汽缸进行凝结放热，产生大量凝结水，直到金属温度达到蒸汽压力下的饱和温度时，凝结放热才结束。在停机过程中，蒸汽参数逐渐降低，特别是滑参数停机，蒸汽在前几级做功后，蒸汽内含有湿蒸汽。另外，打闸停机后汽缸和蒸汽管道内仍有余汽凝结成水。

汽轮机启动和停机时，由于疏水的存在，会造成叶片水蚀，机组振动，上、下缸温差大，以及金属腐蚀等，因此要加强疏水。

171. 机组启动时，怎样才能缩短暖管、升压及启动的时间？

答：为了缩短暖管及升压时间，在暖管开始不久，就可投入汽轮机辅助设备（如射汽抽气器及启动油泵），增加暖管的蒸汽量。为了缩短启动时间并保证启动正常，在暖管过程中应进行投入油系统、投入盘车装置、投入凝汽设备，以及启动轴封系统等工作。

172. 汽轮机升速前应具备哪些条件？

答：汽轮机升速前，蒸汽参数应符合启动要求；盘车状态下检查大轴晃动值在规定范围内；上、下缸温差在 $30\sim50℃$ 范围内；润滑油温不低于 $35℃$；凝汽器真空达 $60\sim70kPa$；该投的保护在投入位置，发电机和励磁机同时具备启动条件。

173. 汽轮机启动时的低速暖机有什么意义？

答：在升速阶段，高温蒸汽与低温汽轮机金属接触，急剧放热，汽轮机金属温度变化较剧烈。此时，转子、汽缸沿径向截面受热不均匀，容易产生过大的热应力，因此升速后应限制进汽量，维持低转速暖机，以防热冲击过大。之所以需要低速暖机阶段，还在于此阶段可以进一步消除转子的热弯曲，及时排出升速后在汽缸内形成的大量凝结水。另外，还可以在此阶段对机组进行全面检查。

174. 汽轮机定速后，为什么要尽早停辅助高压油泵？

答：机组在启动升速过程中，主油泵未达正常工作时，高压油泵代替主油泵工作。随着转速升高，主油泵逐渐进入正常工作状态，转速达 $3000r/min$ 时，主油泵达到正常工作转速，此时高压油泵和主油泵都运行。若高压油泵出口油压比主油泵出口油压低，则高压油泵运行会发热，严重时烧坏泵。如果高压油泵出口压力比主油泵出口压力高，主油泵出口油受阻，会引起转子窜动，推力轴承和叶轮口可能发生摩擦，还会引起漏油。因此，汽轮机定速后就应尽快停止高压油泵。

175. 为什么机组启动刚并网后要带规定的基本负荷？

答：机组刚并网时，如果带负荷太低，蒸汽流量小，对暖机的效果不好，还会使排汽缸温度升高，且工况不好稳定。但是，若刚并网就带高负荷或加负荷太快，则汽轮机进汽量大，对各金属部件又进行一次剧烈的加热，引起较大的热应力，胀差增大，严重时造成动静摩擦。因此，机组刚并网后要带规定的基本负荷。

176. 为什么汽轮机在定速后要尽快并网并带一定负荷？

答：汽轮机在定速后要尽快并网并带一定负荷，这样做的原因如下：

（1）汽轮机定速后，各部件仍处于一个不稳定的热膨胀阶段，转子和汽缸仍有一定的温差，转子表面和转子中心还存在着相当大的温差，新蒸汽与汽缸和转子都存在着温差，因此汽缸和转子还需要增加热量进一步膨胀，以消除由此而引起的热应力。

（2）汽轮机定速后，各系统处于一个极不稳定的阶段，给运行操作带来困难。

（3）空负荷运行时间长将会引起排汽缸温度升高，并由此引起排汽缸与汽轮机中心发生位移，尤其是汽缸与转子尚未达到膨胀值时更为明显。

177. 在汽轮机定速后或刚并网带少量负荷时，应注意些什么？

答：在机组定速后或并网刚带负荷时，注意机组的油温、油压，各轴承的振动，凝汽器真空，汽缸的绝对膨胀值，汽缸与转子的相对胀差，以及发电机定子和转子的温度；同时严密监视凝汽器水位，以防满水，因为此时最容易发生凝汽器满水现象。

178. 怎样消除机组热态启动时的转子相对收缩及转子和汽缸的热挠曲？

答：对于具有又重又大的高压缸的高压和超高压大容量机组，在停机后的冷却过程中，高压转子具有较大的相对收缩和热挠曲。减少转子相对收缩的有效措施，就是在盘车状态下向高压缸的前端轴封供高温蒸汽。

在停机后冷却过程中和启动前合理地使用盘车，可以消除转子的热挠曲。减少汽缸的热挠曲通常只有改善汽缸的保温情况，采用较好的保温材料，加装挡风板，以及提高保温工艺等，基本能满足机组热态启动的要求。

179. 机组热态启动时应注意什么问题？

答：（1）严格控制上、下缸温差不得超过 50℃，双层汽缸的内缸上、下缸温差不得超过 35℃。

（2）测量转子挠度不超过允许值，升速前 4h 加强盘车。

（3）启动前先向汽封供汽，后抽真空。高压机组还应备有高温汽源，使轴封供汽温度与金属温度尽量相匹配，并有一定的过热度。

（4）凝汽器保持较高的真空，冷油器出口油温不得低于 38℃。

（5）启动过程中应特别注意监视上缸与下缸的温差、胀差及振动。在中速暖机时，若汽轮机任一轴承振动超过 0.03mm，则应立即打闸停机。

180. 为什么规定高、中压汽缸上下温差超过 50℃ 时不允许汽轮机升速？

答：汽缸上下温差会引起汽缸变形，使汽缸向上弯曲，动静间隙减小甚至消失，造成动静摩擦、设备损坏。从计算和实测得出，当汽缸上下温差为 100℃ 时，汽缸向上弯曲挠度值为 1mm，一般汽轮机的动静径向间隙为 0.5～0.6mm；当汽缸上下温差为 50℃ 时，径向间隙几乎消失，这时升速会造成动静摩擦，以致损坏设备。

181. 说明汽缸和转子产生最大热应力的部位和时间。

答：汽缸和转子产生最大热应力的部位有高压缸的调节级处，再热机组中压缸的进汽区，高压转子在调节级前、后的汽封处，以及中压转子的前汽封处。在机组启、停和工况变化时，上述部位的工作温度高，温度变化大引起温差大，故而热应力也就最大。

182. 机组启动中向轴封送汽应注意什么问题？

答：（1）送汽前应对汽封管道进行暖管，使管道内疏水排尽。

（2）送汽应在连续盘车状态下进行，而且热态启动时应先送汽后抽真空。

（3）送汽的时间要恰当，冲车前过早地向轴封供汽，可能造成上、下缸温差增大，或使胀差正值增大。

（4）供汽温度要与金属温度相匹配，在汽封源切换时也一定要注意匹配，否则会使胀差不好控制，还可能在轴封处产生不均匀的热变形，从而导致摩擦、振动。

183. 为什么在转子静止状态下严禁向轴封送汽？

答：在转子静止状态下向轴封送汽，不仅使转子轴封段局部受热不均而产生热变形，还会使热汽从轴封处漏入汽缸，造成汽缸、转子的不均匀膨胀，产生较大的热应力、热变形。所以，在转子静止状态下严禁向轴封送汽。

184. 汽轮机启动升速和空负荷时，为什么排汽缸温度比正常运行时高？如何降低排汽缸温度？

答：在汽轮机升速过程和空负荷状态下，汽缸进汽量少，所以蒸汽进入汽缸后主要在高压段膨胀做功，至低压段时已经降至接近排汽压力数值，低压级叶片几乎不做功，形成较大的鼓风摩擦损失，加热排汽，使排汽缸温度升高。此外，此时调节汽门开度很小，新蒸汽受到节流，节流后蒸汽熵值增加，焓降减小，以致做功后排汽温度升高，真空与排汽温度不对应，即排汽温度高于真空对应下的饱和温度。如果排汽缸温度过高，应投入低压缸喷水降温装置，控制排汽缸温度不超过 80℃。

185. 汽轮机启动过程中汽缸膨胀不出来的原因有哪些？

答：汽轮机启动过程中汽缸膨胀不出来的原因有：
（1）主蒸汽参数、凝汽器真空选择不当。
（2）汽缸、法兰螺栓加热装置使用不当或操作错误。
（3）滑销系统有卡涩。
（4）加负荷速度快，暖机不充分。
（5）缸体及有关抽汽管道的疏水不畅。

186. 汽轮机启动中过临界转速时应注意什么？

答：汽轮机启动升速中过临界转速时，要快速、平稳，但也不能飞速越过临界转速。一般过临界转速时，升速率为 600r/min 左右为好。

187. 为什么说胀差是大型机组启、停时的关键性控制指标？

答： 大功率机组由于长度增加，机组膨胀死点增多，采用双层缸、高中压合缸及分流缸等结构，故增加了汽缸、转子相对膨胀的复杂性；特别在启动、停止和甩负荷的特殊工况下，若胀差的监视控制不好，则往往是限制机组启动速度的主要因素，甚至造成威胁设备安全的严重后果。因此，胀差是大型机组启、停时的关键性控制指标。

188. 汽轮机启动过程中胀差大如何处理？

答： 汽轮机启动过程中胀差大处理方法如下：

（1）检查主蒸汽温度是否过高，联系锅炉运行人员稳定或适当降低蒸汽温度。

（2）在稳定转速下暖机，如果已带负荷，则要稳定负荷进行暖机。

（3）适当提高凝汽真空，减少进汽量。

（4）增加法兰加热进汽量，使汽缸尽快胀出。

189. 机组冷态启动中胀差是如何变化的？

答： 汽轮机冷态启动前，汽缸一般要进行预热，轴封要供汽，此时汽轮机胀差总体表现为正胀差。从升速到定速阶段，汽缸和转子温度要发生变化，由于转子加热快，故汽轮机的正胀差呈上升趋势。但这一阶段蒸汽流量小，高压缸主要是调节级做功，金属的加热也主要在该级范围内，只要进汽温度无剧烈变化，相对胀差上升就是均匀的；对采用中压缸启动的机组，这阶段胀差变化则主要发生在中压缸。低压缸胀差还要受摩擦鼓风热量、离心力等因素的影响。机组并网接带负荷后，由于蒸汽温度的进一步提高，以及通过汽轮机的蒸汽流量的增加，使得蒸汽与汽缸转子的热交换加剧，正胀差大幅度增加。对于启动性能较差的机组，在启动过程中要完成多次暖机，以缓解胀差大的矛盾。当汽轮机进入准稳态区或启动过程结束时，正胀差值达到最大。

190. 汽轮机在冷态启动中如何控制胀差？

答：汽轮机在冷态启动时，主要是控制机组的高、中压正胀差，应采取以下措施：

（1）合理使用汽缸的加热装置，使汽缸的膨胀与转子的膨胀相应。

（2）缩短汽轮机启动前轴封供汽时间，在保证真空的前提下，最好能控制在 30min，并采用较低温度的汽源。

（3）控制好温升率和升速率，控制好加负荷速度，使机组均匀加热，延长中速暖机。

（4）采用有利于降低高压胀差的暖机方式。

（5）带负荷后，若高、中压胀差大，对于双层缸，可中断夹层间的冷却汽流。

（6）如果是低压胀差大，可适当提高排汽缸温度。

191. 汽轮机热态启动时胀差如何变化？应采取哪些措施？

答：汽轮机热态启动前，胀差往往为负值。启动时转子和汽缸金属温度高，若升速时蒸汽温度偏低，则蒸汽进入汽轮机后对转子和汽缸起冷却作用，使胀差负值增大。因此，在启动的前一阶段，主要是控制负胀差过大；而在后一阶段，则应注意胀差向正的方向变化。在启动过程中，应采取以下措施来控制胀差过大：

（1）升速前，应保持蒸汽温度高于汽缸金属温度 $50\sim100℃$；如果蒸汽压力较高时，温度还应适当再提高，以防转子过度收缩。

（2）轴封供汽采用高温汽源，以补偿转子的过度收缩。

（3）真空维持高一些，升速要快一些，避免在低速时停留时间长而导致机组冷却，使负胀差增大。

192. 为什么机组热态启动、并网后要尽快带负荷？

答：因为机组热态时金属温度较高，金属温度的提高取决于蒸汽参数和进汽量的多少，在蒸汽参数一定时，进汽量增大会快速提高金属温度，减小金属部件间的温差和热应力，所以机组热态启动、并网后要尽快带负荷。

193. 汽轮机在临界转速下产生共振的原因是什么？

答：由于转子材料内部质量不均匀，加工、制造及安装的误差使转子的中心和它的旋转中心产生偏差，故转子旋转时产生离心力，而这个离心力使转子产生强迫振动。在临界转速下，此离心力的频率等于或几倍于转子的自振频率，因此发生共振。

194. 高、低压加热器随汽轮机一起启动有什么优点？

答：高、低压加热器在汽水侧严密的情况下，应随凝汽器一起抽真空，并随主机一起启动。这样既有利于排出汽缸下部的疏水，从而减少启动时上、下缸的温差，也有利于加热器及所属管件的均匀加热，更可简化带负荷过程中的操作。

195. 汽轮机的停机方式有哪几种？

答：汽轮机的停机分正常停机和故障停机。正常停机是根据电网的需要，有计划地停机；故障停机是机组发生异常情况，而保护动作停机或人为手动打闸停机，以使故障或事故不扩大。按停机过程中蒸汽参数是否变化，正常停机又可分为额定参数停机和滑参数停机两种方式。按发生事故的性质和范围，故障停机又可分为紧急故障停机和一般故障停机两种方式。

196. 什么是额定参数停机？它有什么优、缺点？

答：停机过程中，蒸汽的压力和温度保持额定值，用汽轮机调速汽门控制，以较快的速度减负荷停机，这就是额定参数停机。采用额定参数停机，汽轮机的冷却作用是仅来自于通流部分蒸汽流量的减少和蒸汽节流降温。使得减负荷时间缩短，停机后汽缸温度能保持在较高的水平。但在容量大的再热机组减负荷过程中，锅炉始终维持额定参数，这给运行调整带来很大困难，同时也造成燃料浪费。

197. 正常停机前应做好哪些准备工作?

答：正常停机前应做好下列准备工作:

(1) 试验辅助油泵。停机过程中,主要通过辅助油泵来确保转子惰走及盘车时轴承润滑和轴颈冷却的用油,因此,停机前要对交、直流润滑油泵进行试验和油压联动回路的试验,发现问题要及时处理,否则不允许停机。

(2) 进行盘车装置电动机和顶轴油泵试验。盘车装置电动机应转动正常,顶轴油泵运转正常,以保证停机后能顺利投入盘车。

(3) 检查各主蒸汽门、调速汽门无卡涩。用活动试验阀对主蒸汽门和调速汽门进行活动试验,确保无卡涩现象。

(4) 检查旁路系统。滑参数停机过程中,要用旁路系统调整锅炉蒸汽参数及维持锅炉最低稳定燃烧负荷,因此要检查旁路系统动作正常。

(5) 切换密封油泵。如果是射油器供给发电机密封油时,应提前切换为密封油泵运行,并检查密封油自动调整装置工作正常。

198. 在汽轮机停机过程中,热应力是如何变化的?

答：汽轮机停机过程实际上是各零部件冷却的过程。随着蒸汽温度降低和流量的减小,汽缸内壁和转子表面首先被冷却,而汽缸外壁和转子中心（孔）表面冷却相对滞后,致使汽缸内壁温度低于外壁,转子表面温度低于中心孔。所以,汽缸内壁和转子外表面产生拉应力,汽缸外壁和转子中心孔则产生压应力。

199. 当机组负荷减到零、发电机解列时,应注意哪些问题?

答：当机组负荷减到零时,应注意检查和调整汽封压力、凝汽器热水井水位,注意汽轮机的绝对膨胀和相对膨胀,注意观察调速系统的动作情况。当发电机解列后,应注意观察机组转速变化,确认调速系统能否维持空转,以防转速剧升而造成超速。

200. 汽轮机停机打闸后,应注意的事项及需要的操作有哪些?

答：汽轮机停机打闸后,首先应注意转速变化情况,检查主油泵出口压力,并根据主油泵出口油压及早启动辅助油泵,以保证停机过程中的润滑油压。在低转速时对汽轮机进行听声检查,特别是轴端轴封区域。对氢冷发电机，随着转速的降低，应调整其轴端密封油压；对双水内冷发电机，则应注意在转速降低时调整转子水压。测绘惰走曲线，记录惰走时间。

201. 汽轮机停机后，转子在惰走阶段为什么要维持一定的真空？

答： 汽轮机停机后，转子在惰走阶段维持一定的真空，主要是为了减少后几级叶轮轮毂摩擦损失所产生的热量，以利于控制排汽缸的温度；使汽缸内部积水真空干燥，对防止汽轮机金属的静止腐蚀有一定作用。

202. 为什么停机时真空未到零就不能中断轴封供汽？

答： 若停机时真空未到零，则不能中断轴封供汽，否则冷空气自轴端进入汽缸，转子轴封将急剧冷却，引起轴封变形、摩擦，甚至导致大轴弯曲。因此，只有当转子静止且真空到零后，才能切断轴封供汽，否则会造成上、下缸温差增大，转子受热不均而产生弯曲等不良后果。

203. 为什么规定在滑参数停机过程中严禁进行汽轮机超速试验？

答： 在蒸汽的低参数下进行超速试验是非常危险，因为滑参数停机至发电机解列时，主汽门前的蒸汽参数已经很低，此时若进行超速试验，就必须采用关小调速汽门的方法来提高压力，随着压力的提高，蒸汽的过热度相应地减小，以至有可能低于该压力下的饱和温度而使蒸汽带水，此时若开大调速汽门升速并进行超速试验，就会造成汽轮机超速事故。所以，在滑参数停机过程中严禁进行汽轮机超速试验。

204. 中间再热机组进行滑参数停机时应注意什么？

答： 中间再热机组进行滑参数停机时，应注意再热蒸汽温度与主蒸汽温度变化一致，不允许两者相差很大；对于高中压合缸的机组，两者温差应小于 30℃。此外，应合理地使用旁路系统，保证高中压缸进汽均匀，严防无蒸汽运行。

205. 为了缩短转子惰走时间，在停机过程中是否能用破坏真空的方法来达到此目的？

答：破坏真空停机的目的是借助增加摩擦损失来减少转子的惰走时间，而那时汽轮机转子的摩擦阻力和制动力矩将增加好多倍，转子停止转动的时间将缩短 2 倍以上。但破坏真空的缺点是冷空气进入处于转动中的汽轮机，将引起转子和汽缸内表面的急剧冷却，对汽轮机转子和汽缸将造成一定的热应力，尤其是对高压和超高压机组更为明显。因此，破坏真空停机方式仅应用于事故状态下的紧急停机。

206. 什么是汽轮机惰走曲线？其重要性是什么？

答：从汽轮机打闸到转子完全静止这段时间为汽轮机惰走时间，而在这段时间内转速与时间的关系曲线即为汽轮机转子惰走曲线。

机组新投产或大修后，要绘制汽轮机正常的惰走曲线。利用汽轮机惰走曲线，可以判断停机时转子惰走是否正常，分析汽轮机内部各部件是否有异常。如果转子惰走时间急剧减少，可能是轴瓦已经磨损，或是机组动静部分发生轴向或径向摩擦；如果转子惰走时间太长，则说明可能阀门不严有蒸汽漏入汽轮机或者真空过高、顶轴油泵启动过早。

207. 画出汽轮机停机时正常的转子惰走曲线，并分析各阶段惰走情况。

答：汽轮机停机时正常的转子惰走曲线如图 2-1 所示。

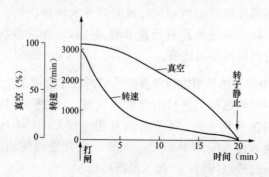

图 2-1　汽轮机停机时正常的转子惰走曲线

惰走曲线可分为以下三个阶段：

（1）刚打闸停机。在这一阶段中，转速下降得很快，因为刚打闸后，转子在惯性转动中的转速仍比较高，鼓风摩擦损失的能量很大。这部分能量的损失与转速的三次方成正比，所以 3000～1000r/min 这个阶段需要很短的时间。

（2）转速较低（500r/min 以下）。在这一阶段中，因为转子的能量主要用于克服调速器、主油泵及轴承等摩擦阻力，比鼓风摩擦损失小得多，并且此摩擦阻力随转速的降低而减小，所以，转速下降缓慢，需要时间较长。

（3）转子即将静止。在这一阶段中，由于轴承中的油膜已经破坏，轴承处的阻力迅速增大，所以转速迅速下降到静止状态。

208. 在停机后盘车状态下，对氢冷发电机的密封油系统运行有何要求？

答：氢冷发电机的密封油系统在盘车时或停止转动而内部又充压时，都应保持正常运行方式。因为密封油与润滑油系统相通，这时含氢的密封油有可能从连接的管路进入主油箱中积聚，就有发生氢气爆炸的危险和主油箱失火的可能，因此油系统和主油箱系统使用的排烟风机和防爆风机也必须保持连续运行。

209. 汽轮机停机后，什么时候停润滑油泵？

答：汽轮机停机后，盘车也停止后，汽轮机转子金属温度仍然很高，顺轴颈向轴承传热。如没有润滑油冷却轴颈，轴瓦温度会升高，严重时熔化轴承钨金，损坏轴承；另外，还会造成轴承中的剩油积聚氧化，甚至冒烟着火。因为需要靠润滑油泵运行来冷却轴颈和轴瓦，故在高压汽轮机停机后，润滑油泵至少运行 8h 以上，再根据轴瓦温度停润滑油泵。

210. 汽轮机停机后，转子发生最大弯曲可能在什么地方？在哪段时间内启动比较危险？

答：汽轮机停机后，如果盘车故障不能运行，上、下缸温差或冷却不均匀将造成转子发生弯曲，最大弯曲部位发生在调节级附近。

因为最大弯曲值一般在停机后 2～10h 之间，所以在这段时间内启动比较危险。

211. 如何做好汽轮机停机后的防腐工作？

答：汽轮机停机后，其内部的空气和水蒸气混合物对叶片、叶轮造成氧腐蚀。因此，停机后必须关严各汽水系统的阀门。开启防腐门和导汽管、蒸汽管上排大气的疏水门，疏尽汽缸低洼处的积水，必要时对汽缸通入热空气进行干燥防腐。

212. 为什么在停机后要检查高压缸排汽止回门关闭是否严密？

答：因为停机后高压缸排汽止回门关闭不严，可使再热器及再热器管道内余汽或再热器减温水倒入汽缸，使汽缸下部急剧冷却，造成汽缸变形、大轴弯曲、汽封及各动静部分摩擦，损坏设备，所以在停机后要检查高压缸排汽止回门关闭是否严密。

213. 汽轮机运行中的日常维护工作主要有哪些内容？

答：汽轮机运行中的日常维护工作主要有以下内容：

（1）通过监盘、定期抄表、巡回检查及定期测振等方式，监视设备仪表，进行仪表分析，检查运行经济性、安全性。

（2）通过经常检查，监视和调整发现设备的缺陷，及时消除、提高设备的健康水平，预防事故的发生和扩大，提高设备的利用率，保证设备长期安全运行。

（3）通过经常性的检查、监视及经济调度，尽可能使设备在最佳工况下工作，降低汽耗率、热耗率和厂用电率，提高设备运行的经济性。

（4）定期进行各种保护试验及辅助设备的正常试验和切换工作，保证设备的安全可靠性。

214. 大型机组在运行中维持哪些指标正常才能保证机组的经济运行？

答：大型机组在运行中应维持以下指标正常才能保证机组的

经济运行：

(1) 设计的主蒸汽和再热蒸汽的温度。

(2) 凝汽器的最佳真空。

(3) 设计的给水温度。

(4) 给水在加热器中的最小端差。

(5) 凝结水在凝汽器中的最小过冷度。

(6) 除氧器和热网加热器的合理工况。

(7) 最小的热损失和凝结水损失。

(8) 运行机组间电热负荷的合理分配。

(9) 保证设备完好的技术状态和高度的自动化水平。

215. 什么是汽轮机的定压运行？它有何优、缺点？

答： 蒸汽在额定参数下，利用调速汽门开度的大小调整负荷的方式称为汽轮机的定压运行。

优点：定压运行的适应负荷变化的速度快。

定压运行的缺点：采用定压运行方式调整负荷时，因为汽轮机内部的温度变化较大，且在低负荷时调速汽门对蒸汽的节流损失较大，所以不经济。

216. 什么是汽轮机的变压运行？它有何优、缺点？

答： 在调速汽门全开的状态下，锅炉基本维持新蒸汽温度，并且不超过额定压力、额定负荷，利用新蒸汽压力变化来调整负荷变化的方式为汽轮机的变压运行。

变压运行的优点：采用变压运行方式时，在汽缸内调节级处温度变化很小，不会使金属部件产生较大的热应力；低负荷时保持较高的热效率，因为主蒸汽压力随负荷降低而降低，温度不变，此时进汽量少，但容积流量基本不变，使汽流在叶片通流部分偏离设计工况少；另外，在调速汽门处节流损失小。

变压运行的缺点是因炉侧汽压变化有一定的滞后，所以负荷适应性差。

217. 汽轮机的变压运行有哪几种方式？

答： 汽轮机的变压运行有以下方式：

(1) 纯变压运行。即在整个负荷变化的范围内，调速汽门全开，负荷变化全由锅炉压力来控制的运行方式。

(2) 节流变压运行。为了弥补完全变压运行时负荷调整速度缓慢的缺点，在正常情况下调速汽门不全开，对主蒸汽压力保持一定的节流。当负荷突然增加时，原未开大的调速汽门迅速全开，以满足突然增加负荷的需要。此后，随锅炉蒸汽压力的升高，调速汽门又重新关小，直到原滑压运行的调速汽门开度。

(3) 复合变压运行。这是一种变压运行和定压运行相结合的运行方式，具体有以下三种方式。

1) 低负荷时变压运行，高负荷时定压运行。在低负荷时，最后一个或两个调速汽门关闭，而其他调速汽门全开，随着负荷逐渐增大，蒸汽压力到额定压力后，维持主蒸汽压力不变，改用开大最后一个或两个调速汽门，继续增加负荷。这种方式在低负荷时，机组显示出变压运行的特性，而在高负荷时，机组又有一定的容量参与调频，是一种比较理想的运行方式。

2) 高负荷时变压运行，低负荷时定压运行。大容量机组采用变速给水泵，尽管其转速变化范围较宽，但也有最低转速的限制，另外，锅炉在低压力、高温度时，吸热比例发生较大的变化，给维持主蒸汽温度带来一定的困难，因而锅炉最低运行压力受到限制。这种方式可以满足以上要求，并且在高负荷下具有变压运行的特性。

3) 高负荷和低负荷时定压运行，中间负荷区变压运行。在高负荷区时，用调速汽门调节负荷，保持定压运行；在中间负荷时，一个或两个调速汽门关闭，处于滑压运行状态；在低负荷区时，又维持在一个较低压力水平的定压运行。这种运行方式也称为定压-滑压-定压运行方式，它综合了以上两种方式的优点。

218. 变压运行对汽轮机内效率有什么影响？

答：变压运行汽轮机由于没有部分进汽的调节，也就没有部分进汽损失。另外，由于压力降低，而蒸流温度保持不变，进入汽轮机的容积流量近似不变，这样可以保证各级喷嘴出口速度基本不变，各级速比仍在最佳速比范围内。因此，在部分负荷下高压缸的效率基本保持不变。

219. 汽轮机各监视段压力有何重要性？

答： 汽轮机各监视段压力即各段抽汽压力，因为除末级和次末级外，各段抽汽压力均与汽轮机的主蒸汽流量成正比。根据这个关系，在运行中通过监视调节级压力和各段抽汽压力，可有效地监督通流部分工作是否正常。每台机组都有额定负荷下对应的各段抽汽压力，且机组安装或大修后，应在正常工况下通过试验得出负荷、主蒸汽流量及各监视段压力的对应关系，以作为平时运行监督的标准。

在正常运行中及某一负荷下，如果监视段压力升高，则说明该段以后通流部分有可能结垢或其他金属部件脱落堵塞；当然，如果某段抽汽压力对应的高、低压加热器汽门关闭、停运，也会造成监视段压力高。如果调节级压力和高压缸抽汽压力同时升高，则可能是中压调速汽门开度受阻或中压缸某级抽汽停运。

监视段压力不但要看其绝对值增高是否超过规定值，还要监视各段之间压差是否超过规定值。若某个级段的压差过大，则可能导致叶片等设备损坏事故。

220. 汽轮机通流部分结垢的原因有哪些？

答： 汽轮机内沉积盐垢都是蒸汽离开锅炉时携带造成的。蒸汽携带杂质主要是汽、水分离不好而携带水分的结果。此外，蒸汽在不同压力下对某些物质具有溶解能力不同，造成蒸汽带水的原因可能是水工况恶化，也可能是锅炉产生了汽水共腾现象。另外，某些原因会使锅炉给水或汽轮机凝结水及化学补水品质恶化。当携带杂质的蒸汽在汽轮机内膨胀做功时，由于压力、温度的变化会引起溶解于蒸汽中的各种杂质的溶解度发生变化，这样当蒸汽流动方向和速度发生变化时，不同杂质就会在不同部位被分离出来，沉积在通流部分上。

221. 汽轮机通流部分结垢对其有什么影响？汽轮机通流部分结垢如何清除？

答：通流部分结垢对机组的安全、经济运行危害极大。汽轮机喷嘴和叶片槽道结垢，将减小蒸汽通流面积，在初压不变的情况下，汽轮机进汽量减少，使机组出力降低。此外，当通流部分结垢严重时，由于隔板和推力轴承有损坏的危险，而不得不限制负荷。如果配汽机构结垢严重，将破坏配汽机构的正常工作，并且容易造成自动主汽门、调速汽门卡涩的事故隐患，有可能导致在事故状态下紧急停机时主汽门、调速汽门动作不灵活或拒动严重后果，以至损坏设备。

汽轮机通流部分结垢有以下清除方法：

（1）汽轮机停机揭缸，用机械方法清除。

（2）盘车状态下热水冲洗。

（3）低转速下热湿蒸汽冲洗。

（4）带负荷湿蒸汽冲洗。

222. 机组运行中引起汽缸膨胀值变化的原因有哪些？

答：运行中引起汽缸膨胀值变化的原因有：

（1）负荷发生变化。

（2）进汽温度变化。

（3）汽缸加热装置投运或停运，或加热装置阀门不严。

（4）滑销系统或轴承台板滑动面卡涩。

（5）汽缸保温脱落不全。

223. 汽轮机为什么会产生轴向推力？

答：汽轮机产生轴向推力的原因有以下三个方面：

（1）蒸汽作用在动叶上的轴向推力。蒸汽流经动叶片时，产生两种作用于动叶的轴向力，其一是蒸汽轴向分速度变化产生对叶片的冲击力。其二是级内反动度造成动叶片前、后的压力差而产生的轴向推力。显然，反动度越大，动叶片前、后的压力差越大，轴向推力也越大。蒸汽作用在动叶上的轴向力等于上述两个轴向力之和。

（2）蒸汽作用在叶轮面上的轴向推力。当叶轮前、后存在压力差时，它将作用于叶轮轮面而产生轴向推力。由于叶轮轮面的面积较大，即使前、后压差不很大，也会产生很大的轴向推力。

（3）蒸汽作用在汽封凸肩、转轴凸肩上的轴向推力。对于采用高低齿形式的隔板汽封的机组，其转子汽封也相应做成凸肩结构。由于每个汽封凸肩前、后存在压差，所以产生轴向推力；同样，汽轮机转子上各凸肩，也由于各面上压力不等，所以产生同方向的轴向推力。这些力之和，就是作用在转轴凸肩上的轴向推力。

224. 汽轮机的轴向推力是如何平衡的？

答：汽轮机的轴向推力是靠推力轴承来承担，同时采取以下方法来平衡轴向推力的。

（1）开设平衡孔。在叶轮上开设平衡孔，以均衡叶轮前、后的压力差，减小轴向推力。对于反动式汽轮机，由于动叶前、后压差大，故将叶片直接安装在轮毂上，尽量减小作用面积，以减小轴向推力。

（2）采用平衡活塞。将多级汽轮机的高压端轴封的第一轴封套直径适当地加大，以便在端面上产生与轴向推力相反的轴向力，起平衡轴力的作用。

（3）采用相反流动的布置。将多缸机组的汽缸相互对称布置，使蒸汽在汽轮机内的流动方向相反，使各缸轴向推力互相抵消。

225. 运行中轴向推力增大的主要原因有哪些？

答：运行中轴向推力的大小基本与蒸汽流量成正比，方向向低压侧。运行中使轴向推力增大的原因有：

（1）蒸汽温度、蒸汽压力的下降。

（2）汽轮机隔板轴封间隙因磨损而增大。

（3）蒸汽品质不好，使通流部分结垢。

（4）汽轮机发生水冲击。

（5）汽轮机负荷变化较大。

226. 运行中主蒸汽压力变化对机组运行工况和经济性有什么影响?

答:当主蒸汽压力升高时,如果保持机组的负荷不变,则要相应地关小调速汽门。这样蒸汽流量减少了,汽轮机的汽耗率降低,热耗率也必然降低,因而提高了机组的经济性。蒸汽量减少,使再热蒸汽压力降低,在保持再热蒸汽温度不变的情况下,低压缸后几级的湿度也减小了。

当主蒸汽压力降低时,汽轮机的理想焓降减小,将引起经济性降低。在调速汽门开度不变时,汽压降低将引起蒸汽流量成比例地减少,这时机组负荷减少。如果保持负荷不变,则要开大调速汽门,其结果使蒸汽流量增加,并使锅炉压力进一步降低。如果汽压降低太多,使机组带不到额定负荷。

227. 引起汽轮机进汽压力变化的原因有哪些?

答:引起汽轮机进汽压力变化的原因有:

(1) 锅炉出力变化或发生熄火等事故。

(2) 锅炉调节不当或自动调节失灵。

(3) 主蒸汽系统运行方式变化。

(4) 机组负荷突然变化或失去负荷。

(5) 锅炉再热蒸汽系统或旁路系统阀门误动作。

(6) 电网频率变化。

(7) 主蒸汽门、调速汽门误操作。

(8) 汽动给水泵进汽减压装置调节不当,或用汽轮机抽汽进汽时汽轮机负荷变化。

228. 汽轮机进汽温度变化有哪些原因?

答:引起汽轮机进汽温度变化的原因有:

(1) 锅炉燃烧调节不当或锅炉热负荷变化。

(2) 减温装置自动失灵或锅炉主蒸汽、再热蒸汽旁路减温水门泄漏。

(3) 给水压力变化,减温水量改变。

(4) 锅炉启动时,因主蒸汽管疏水未疏尽,或运行时过热器、再热器带水，导致蒸汽温度急剧下降或发生水冲击。

（5）给水温度突然变化。

（6）联合汽门故障。

229. 在汽轮机运行过程中，主蒸汽温度升高对机组有什么影响？

答：主蒸汽温度升高，在其他参数不变的情况下，热耗有所降低。但当主蒸汽温度升高并超过允许范围时，对汽轮机的安全运行会造成以下危害：

（1）使调节级处热降增大，调节级叶片过负荷。

（2）使金属材料的机械强度降低，增加蠕变速度。主蒸汽管道、汽缸、汽门及轴封等金属部件的工作温度超过允许范围，会使其紧固部件松弛，降低使用寿命或损坏设备。

（3）使受热部件热膨胀、热变形增加。

230. 在汽轮机运行过程中，主蒸汽温度降低对机组有什么影响？

答：主蒸汽温度降低，使机组热效率降低；更主要的是当蒸汽温度降低至允许范围以下时，会严重威胁设备的安全运行。

（1）当主蒸汽温度缓慢下降时，温度应力不严重，但蒸汽温度下降要保持负荷、进汽量增加，使热耗增加。同时，如果主蒸汽压力不变，蒸汽温度下降会使末几级湿度增加、冲刷严重。

（2）当蒸汽温度急剧下降时，汽缸等高温部件会产生很大的热应力、热变形，严重时会使动、静部分产生摩擦损坏事故。另外，蒸汽温度急剧下降有可能造成水冲击事故，还会使轴向推力增加。

231. 蒸汽初压的改变对中间再热循环热效率及排汽干度有什么影响？

答：从蒸汽在焓-熵图上的膨胀过程线可以看出，在其他条件不变的情况下，初压的变化将使蒸汽在高压缸中的焓降随之变化。当初压升高时，焓降增加；反之，焓降下降。而在排汽压力一定的情况下，中、低压缸蒸汽的焓降及排汽干度仅取决于再热蒸汽的压力和温度。当再热蒸汽的压力和温度不变时，中、低压缸的焓降将保持不变。由此可见，初压升高将使中间再热循环效率提高；初压降低将使中间再热循环效率降低。但是无论初压升高或降低，都不会使排汽干度发生变化。

232. 再热蒸汽温度的变化对中间再热机组的工况有什么影响？

答：当主蒸汽温度不变而再热蒸汽温度变化时，不仅中、低压缸的工况要受到影响，高压缸工况也要受到影响。当再热蒸汽温度升高时，汽轮机总的焓降将增加，若保持汽轮机出力不变，汽轮机总的进汽量将减少。根据机组变工况原理的分析：再热蒸汽温度升高时，高压缸的出力将降低，而中、低缸的功率有所增加；反之，当再热蒸汽温度降低时，再热系统流动阻力减小，此时高压缸的功率增大，特别是末级超载，而中、低压缸各级焓降减小，这又会导致反动度及轴向推力的变化。另外，再热蒸汽温度降低也导致低压缸末级叶片湿度增大，影响整个机组的经济性。

233. 轴封间隙过大或过小对机组运行有何影响？

答：轴封间隙过大或过小对机组运行有以下影响：

（1）如果轴封间隙过大，则轴封漏汽量大，当轴封压力高时，轴封漏汽沿轴向漏入轴承油中，使油中带水，造成油质乳化。

（2）如果轴封间隙过小，则在工况变化时容易造成动静摩擦，导致转子弯曲和振动。

234. 调节汽室压力异常升高有何原因？

答：调节汽室压力是指调节级与第一压力级之间的蒸汽压力。在同一负荷下，该压力与机组安装、大修后首次启动或正常运行中相比较异常升高，说明调节级后的压力级通流面积因结垢或零部件松动脱落、堵塞而减小。对于中间再热机组，当该压力与高压缸排汽压力同时升高时，可能是中压联合汽门开度不足或高压止回门卡涩未全开。

235. 如何保持汽轮机油系统的油质良好？

答：为了保持汽轮机油系统的油质良好，应做到以下几点：

（1）机组大修后，油箱、油管路必须清洁，机组启动前进行油循环，冲洗油系统、清理油滤网，直至油质合格。

（2）负荷变化时，及时调整汽封，避免轴封蒸汽压力高使蒸汽进入轴承箱中，导致轴承进水。

（3）冷油器冷却水压低于油压，防止冷却水漏入油中。

（4）油箱排烟风机运行正常，经常对油箱滤网进行清理。

（5）加强油质监督，定期对油箱底部进行放水。

236. 影响汽轮机轴承油膜不稳定的因素有哪些？

答： 影响汽轮机轴承油膜不稳定的因素有：

（1）汽轮机转速。

（2）各轴承载荷。

（3）轴颈与轴承的尺寸及两者之间的间隙。

（4）润滑油温及油的黏度。

（5）轴承进油孔的直径。

237. 在机组运行过程中，当一台主冷油器检修后投入时，为什么要进行放空气？

答： 冷油器检修时，因为在冷油器内部积聚了很多空气，如果不放尽空气，则油流不畅通，造成油压波动，严重时可能使轴承油压很低或断油而造成事故。另外，水侧不放尽空气会影响冷却效果。所以，即便是对于停机检修后的冷油器，在其投入时也一定要放尽空气。

238. 提高机组循环热效率有哪些措施？

答： 提高机组循环热效率的措施如下：

（1）维持额定蒸汽参数。

（2）保持最佳真空，提高真空系统的严密性。

（3）充分利用回热器设备，提高加热器的投入率，提高给水温度。

（4）再热蒸汽参数应与负荷相适应，努力降低机组热耗率。

239. 汽轮机转速升高的原因有哪些？汽轮机超速的原因有哪些？

答： 汽轮机发生超速的原因主要是调速系统不能正常工作，

而起不到控制转速的作用。

下列原因可造成汽轮机转速升高：

（1）汽轮发电机运行中，由于电力系统线路故障，使发电机跳闸，汽轮机负荷突然甩到零。

（2）单个机组带负荷运行时，负荷骤然下降。

（3）正常停机过程中，解列的时候或解列后空负荷运行。

（4）汽轮机启动过程中通过临界转速后应定速时或定速后，空负荷运行。

（5）危急保安器超速试验。

（6）运行操作不当。如运行中同步器超过高限位置，停机过程中带负荷解列。

调速系统工作不正常造成汽轮机超速的原因有：

（1）调速器同步器的下限太高，当汽轮机甩负荷时，致使调速汽门不能关闭。

（2）速度变动率大，在负荷骤然由满负荷降至零时，转速上升速度太快以致超速。

（3）调速系统迟缓率大，在甩负荷时，调速汽门不能迅速关闭，立即切断汽源。

（4）由于油质和蒸汽品质不好，使调速系统部件或调速汽门卡涩，失去控制转速的作用。

240. 汽轮机超速的危害及保护措施有哪些？

答：汽轮机高速旋转时，各转动部件会产生很大的离心力。这个离心力直接与材料承受的应力有关，而离心力与转速的平方成正比。在设计中，转动部件的强度是有限的，与叶轮等紧力配合的旋转部件的松动转速是按高于额定转速 20％来考虑的，所以超速时会造成叶片甩脱、轴承损坏、大轴断裂及飞车，甚至整个机组报废。

为了防止汽轮机超速，必须严格监视汽轮机转速，在转子的不同位置设两套测转速装置及三套超速保安装置（包括危害保安器、超速保护装置和电气式超速保护装置）。运行人员在超速保护拒动的情况下，应立即执行手动打闸，破坏真空，紧急停机。

241. 蒸汽带水为什么会使转子的轴向推力增大?

答: 进入汽轮机的蒸汽作用在动叶片上的力,可分解为沿圆周方向和沿轴向的两个力。沿圆周方向的力是推动转子转动的力,而沿轴向的力只产生轴向推力。这两个力的大小比例取决于蒸汽进入动叶片的进汽角,进汽角越小,圆周方向的分解力就越大,轴向的分解力就越小。湿蒸汽进入动叶片的进汽角比过热蒸汽的进汽角大得多,因此,蒸汽带水进入汽轮机会使转子轴向推力增大。

242. 汽轮机单缸进汽会造成什么危害?如何处理?

答: 对于多缸汽轮机,如果是单缸进汽,会引起轴向推力增大,造成推力瓦烧坏,产生动静摩擦,所以单缸进汽时应立即停机。

243. 汽轮机转子轴向推力增大有哪些危害?保护措施有哪些?

答: 汽轮机转子轴向推力增大,将使推力轴承过负荷,破坏油膜,致使推力瓦块钨金烧熔。这时,转子发生串动,轴向位移增大,汽轮机内动、静部分间的轴向间隙消失,而使动、静部分发生摩擦和碰撞,造成叶片折断、大轴弯曲及隔板和叶轮碎裂等严重的设备损坏事故。因此,为了防止推力瓦块烧熔和设备损坏事故,设轴向位移监视和保护装置。在运行中监视转子的轴向位移变化情况,一旦轴向位移超过极限时,保护动作、发报警信号,立即紧急停机,避免造成设备损坏事故。

244. 汽轮机胀差过大的原因有哪些?

答: 汽轮机正胀差过大的原因有:

(1) 暖机时间不够,升速过快。

(2) 加负荷速度过快。

汽轮机负胀差过大的原因有:

(1) 减负荷速度太快或由满负荷突然甩到零。

(2) 空负荷或低负荷运行时间太长。

(3) 发生水冲击或蒸汽温度太低。

（4）停机过程中，用轴封蒸汽冷却汽轮机速度太快。

（5）真空急剧下降，排汽缸温度上升时，使低压负胀差增大。

245. 汽轮机轴瓦烧损的原因有哪些？

答：汽轮机轴瓦烧损的原因有：

（1）汽轮机轴向推力过大，而使推力轴瓦烧损。

（2）润滑油压力过低，油流量减少，轴承内油温升高，使油的黏度下降，油膜承受的载荷也降低，于是润滑油将从轴承中挤出，引起油膜不稳定而破坏。

（3）润滑油温度过高，使油的黏度下降，引起油膜不稳定而破坏。

（4）润滑油中断，使轴承立即断油而烧损。

（5）油中进水、有杂质或油本身品质不好。

（6）轴瓦与轴之间的间隙过大，润滑油从轴瓦中流出的速度快，难以形成连续的油膜保证润滑。

（7）轴瓦在检修中装反或运行中移位，如轴瓦转动、进油孔堵塞等。

（8）机组强烈振动，使钨金瓦研磨损坏。

（9）发电机或励磁机漏电，造成推力轴瓦电腐蚀，从而降低轴承的承载能力。

246. 汽轮机轴承润滑油压力低和断油的原因有哪些？

答：汽轮机轴承润滑油压力低和断油的原因有：

（1）运行中油系统切换时发生误操作，且对润滑油压力又未加强监视，从而引起断油烧瓦。

（2）机组启动定速后，停高压油泵，未监视油压变化，由于射油器工作失常，使主油泵失压，润滑油压力降低，而又未联动辅助油泵，故使轴承断油。

（3）油系统积存大量空气且未及时排出，使轴承瞬间断油。

（4）机组在启、停过程中，高、低压油泵同时故障而断油。

（5）主油箱大量跑油，使油位降到最低，影响射油器工作。

（6）油系统中存有棉纱等物，使油管堵塞。

247. 为防止轴瓦烧损，应采取哪些防护措施？

答：为防止轴瓦烧损、应采取以下防护措施：

（1）维持主油箱油位正常，定期对就地和盘上主油箱油位计进行校对，每班要记录主油箱油位，定期校对主油箱油位低报警信号，定期清理主油箱滤网。

（2）发现主油箱油位下降时，应检查油系统外部是否漏油、发电机内部是否进油，以及各冷油器是否泄漏，并进行补油。如果补油无效，油位降到最低值不能维持运行时，应立即停机。

（3）定期对主油箱底部、油系统集水器进行放水，定期进行油质化验。如果发现轴承回油窗有水珠，应立即采取措施，加强汽封的调整及滤油机的运行。

（4）运行中切换和解列冷油器时，要严格执行操作票制度，并由专业技术人员监护。首先确认备用的冷油器投运或有一台冷油器运行，再解列另一台冷油器。

（5）定期进行高压油泵、润滑油泵及密封油泵的启、停试验和热工联锁试验。

（6）汽轮机启动前，启动高压油泵，确认各轴承油压正常、回油正常。当升速到转速达额定，确认油泵工作正常，且高压启动油泵电流到空载电流后，才可停下。

（7）每次启动升速前和停机前，均要进行润滑油压低联动试验。

（8）正确投入轴瓦温度高保护、轴向位移大保护。当运行中任一轴瓦温度高过正常值时，要查明原因，如果温度升高到保护值或轴瓦冒烟，应立即停机。

248. 什么是波得图？

答：所谓波得图，是指绘制在直角坐标上的两条独立曲线，即将振幅与转速的关系曲线和振动相位滞后角与转速的关系曲线绘制在直角坐标图上，表示了转速与振幅和振动相位之间的关系。

249. 波得图有什么作用？

答：波得图有下列作用：

（1）确定转子临界转速及其范围。

（2）了解升（降）速过程中，除转子临界转速外，是否还有其他部件（如基础、定子等）发生共振。

（3）作为评定柔性转子平衡位置和质量的依据。

（4）可以正确地求得机械滞后角，为加准试重量提供正确的依据。

（5）前后对比，可以判断机组启动中转轴是否存在动、静摩擦，以及冲转转子前转子是否存在热弯曲等故障。

（6）将机组启、停时的波得图进行对比，可以确定运行中转子是否发生热弯曲。

250. 汽轮机发生振动的原因有哪些？

答：汽轮机发生振动的原因有：

（1）机组在运行中中心不正，引起振动。

1）机组启动时，如暖机时间不够，升速或加负荷太快，将引起汽缸受热膨胀不均匀，或者滑销系统卡涩，汽缸不能自由膨胀，均会使汽缸转子相对歪斜，机组产生不正常的位移，从而引起振动。

2）机组在运行中，若真空下降，将使排汽缸温度升高，后轴承上抬，因而破坏机组的中心，引起振动。

3）靠背轮安装不正确，中心没有找准确，因此运行中发生振动，且此振动是随负荷增加而增大的。

4）在机组蒸汽温度超过额定值的情况下，膨胀差和汽缸变形增加，如高压轴封向上抬起等，会造成中心移动而引起振动。

（2）转子质量不平衡，引起振动。

1）运行中叶片折断、脱落或不均匀磨损、腐蚀、结垢，使转子发生质量不平衡。

2）转子找平衡时，平衡质量选择不当或安装位置不当，转子上某些零部件松动，以及发电机转子绕组松动或不平衡等，均会使转子质量不平衡。

（3）转子发生弹性弯曲，即使不引起动、静部分摩擦，也会引起机组振动。

（4）轴承油膜不稳定或受到破坏，将会使轴瓦烧毁，从而引起因受热而使轴颈弯曲，以致造成剧烈振动。

（5）汽轮机内部工作叶片和导向叶片相摩擦，通流部分幅向间隙不够或安装不当，以及隔板弯曲、叶片变形等，均会引起摩擦而产生振动。

（6）当蒸汽中带水进入汽轮机而发生水冲击时，将造成转子轴向推力增大并产生很大的不平衡扭力，使转子产生剧烈振动。

（7）发电机内部故障，如发电机转子与定子之间的空气间隙不均匀、发电机转子绕组短路等，均会引起机组振动。

（8）汽轮机外部零件（如地脚螺栓、基础等）松动，也会引起机组振动。

251. 机组停机后有哪些原因会引起转子不平衡而使机组在启动时振动大？

答： 机组停机后有以下原因会引起转子不平衡而使机组在启动时振动大：

（1）转子上存在活动部件。引起振动最常见的故障是平衡块在平衡槽内自由移动；其次是转子内腔中空部分有固体异物，当平衡与固体异物位置不定时，引起振动。

（2）转子存在残余热弯曲。转子静止一段时间后，由于其上、下存在温差，转子会产生热弯曲，在升速时使转子产生不平衡量而振动，特别是通过转子第一临界转速时振动更加强烈。不过，这种振动在机组运行2～3h后就会消失。

（3）汽缸进水引起转子永久弯曲。如果停机不久汽缸大量进水，转子被水浸泡时，因局部受到骤冷，会使转子形成塑性变形，造成转子永久弯曲，再启动时引起振动。这种振动的特征与转子存在残余弯曲引起的振动基本一样，不同的是长期运行后这种振动不会消失。

（4）固定式和弹性式心环的发电机转子套箍或心环失去紧力。当发电机采用弹性式或固定式心环时，在较显著动、静挠曲作用下，发电机转子端部套装的心环和套箍在嵌装面处会产生很大的轴向挤压和拉伸力。当套装零件配合紧力不足时，嵌装面处会发生相对轴向位移。如果配合紧力不是完全丧失，这种轴向位移会把转子动、静挠曲储存起来，使转子形成永久弯曲，而产生振动。

（5）机组如果是长时间停运，防腐不完善，又未能定期盘动转子，致使转子下部有较多的机会与汽、水接触，产生较严重的腐蚀。另外，由于氧化铁质量增加，使转子失去平衡，也会造成机组在启动时发生振动。

252. 什么是强迫振动？它主要有什么特点？

答： 在外力激励下强迫发生的振动称为强迫振动。

强迫振动的主要特点是振动频率等于外来激振力的频率或为激振力频率的整倍数；当激振力的频率和振动系统的固有频率相符时，系统将发生共振；部件所呈现的振幅与作用在该部件上的激振力成正比。

253. 什么是自激振动？

答： 自激振动是振动系统通过本身的运动，不断地向振动系统内馈送能量，它与外界激励无关，完全依靠本身的运动来激励振动。自激振动的频率与转子的工作转速不符，而且与转速无线性关系，一般低于工作频率，与转子第一临界转速相符合。

254. 油膜振荡是如何产生的？

答： 汽轮机轴颈在轴承内旋转，在外界偶然扰动下所发生的任一偏移，轴承油膜除了产生沿偏移方向的弹性恢复力保持和外界载荷平衡外，仍然要产生一个垂直于偏移方向的失稳分力，这个失稳分力将驱动转子涡动。当转速等于或大于第一临界转速的2倍时，产生涡动的干扰力频率与转子的固有频率相等而发生共振。

255. 油膜振荡有何特点？

答： 油膜振荡是现场常见的轴瓦自激振动现象。转子工作转速高于2倍的第一临界转速时所发生的轴瓦自激振动称为油膜振荡。油膜振荡的频率与转子第一临界转速接近，从而发生共振，所以，转子表现为强烈振动，这时转轴的轴承振幅要比半速涡动大得多，而且整个机组的轴承都发生强烈振动。油膜振荡是涡动转速接近转子第一临界转速而引起的共振，不是当时的转速发生共振，因此，采用提高转速的办法是不能避开共振的。

256. 消除油膜振荡应采取哪些措施？

答：消除油膜振荡应从两方面考虑，即消除轴颈扰动过大和提高轴瓦稳定性。具体措施如下：

（1）减小轴瓦顶隙。无论是圆筒形瓦、椭圆瓦，还是三油楔瓦，减少轴瓦顶隙都能显著提高轴瓦稳定性。它比提高轴瓦比压和减小长径比等措施更为有效。

（2）换用稳定性较好的轴瓦。一般来说，椭圆瓦具有两个承载区，因此也称为两油叶轴瓦，它的稳定性较圆筒瓦好，但承载能力不好。三油楔瓦具有三个承载区，稳定性最好，但承载能力较低，一般用在高速轻载的轴瓦上。

（3）增加上瓦乌金宽度。在减小轴瓦顶隙的同时，增加上瓦乌金宽度或完全填满，由此可以显著增加上瓦油膜力，提高轴瓦偏心率。

（4）刮大两侧间隙。刮大轴瓦两侧间隙往往与减小顶隙同时进行。

（5）减小轴瓦长径比、降低油的黏度及调整轴承座标高。可提高轴瓦稳定性。

257. 运行中汽轮机振动会造成什么危害？

答：运行中汽轮机振动会造成以下危害：

（1）低压端部轴封磨损，密封作用破坏，空气漏入低压缸内，影响真空；高压端部轴封磨损，从高压缸向外漏汽量增大，使转子局部受热而发生弯曲，蒸汽进入轴承油中使油质乳化。

（2）隔板汽封磨损严重时，将使级间漏汽增大，除影响经济性外，还会使轴向推力增大，致使推力瓦乌金熔化。

（3）滑销磨损严重时，影响机组的正常热膨胀，从而引起其他事故。

（4）轴瓦乌金破裂，紧固螺钉松脱、断裂。

（5）转动部件的耐疲劳强度降低，引起叶片、轮盘等损坏。

（6）发电机、励磁机部件松动、损坏。

（7）调速系统不稳定。

258. 现场所指的强烈振动和振动过大在什么范围？

答：就汽轮发电机组轴承振幅而言，平常所说的强烈振动和振动过大有以下三种情况：

（1）大于 $50\mu m$、小于 $120\mu m$。这是现场较常见的额定转速下机组振动过大。

（2）大于 $120\mu m$、小于 $300\mu m$。这种振动对于额定转速为 3000r/min 的机组，在工作转速下不能长时间运行。

（3）大于 $300\mu m$。如果振动是低频的油膜振荡和分谐波共，发生在发电机轴承上，短时间内运行不会引起损坏；但如果是基础振动，则在额定转速下会引起重大恶性事故。

259. 汽轮发电机组发生强烈振动时应如何处理？

答：汽轮发电机组发生强烈振动时应进行以下处理：

（1）当汽轮发电机发生强烈振动，并同时听见机组内有摩擦声和撞击声时，应立即打闸停机。

（2）机组在启动冲转过程中，当转速在第一临界转速以下轴承振动达 $30\mu m$、过临界转速轴承振动达 $100\mu m$ 时，应立即打闸停机。

（3）正常运行中，当机组振动超过正常值 $30\mu m$ 时，应查明原因并设法消除；如果振动突然增加 $50\mu m$ 或缓慢增至 $100\mu m$ 时，应立即打闸停机。

260. 什么是汽轮发电机组的轴系扭振？

答：轴系扭振是指组成轴系的多个转子（如汽轮机的高、中、低压转子，发电机、励磁机转子）之间产生的相对扭转振动。

261. 引起汽轮发电机组轴系扭振的原因是什么？

答：引起汽轮发电机组轴系扭振的原因如下：

（1）电气或机械扰动使机组输入与输出功率（转矩）失去平衡，或者电气谐振与轴系所具有的扭振频率相互重合。

（2）大机组轴系自身所具有的扭振系统的特性不能满足电网

运行的要求。

262. 引起汽轮机主轴弯曲的原因有哪些?

答: 引起汽轮机主轴弯曲的原因有:

(1) 主轴与静止部件发生摩擦,在摩擦点附近,主轴因摩擦发热而膨胀,产生反向压缩应力,促使轴弯曲。

(2) 在制造过程中,热处理不当或加工不良,主轴内部还存在着残余应力。在主轴装入汽缸后,运行过程中该残余应力会局部或全部消失,致使轴弯曲。

(3) 检修不良,引起轴弯曲。

1) 通流部分轴向间隙调整不合适,使隔板与叶轮或其他部分在运行中发生单面摩擦,轴产生局部过热而弯曲。

2) 轴封间隙、隔板汽封间隙过小或不均匀,启动后与轴发生摩擦而造成轴弯曲。

3) 转子中心没有找正,滑销系统没有清理干净,或者转子质量不平衡没有消除,以致在启动过程中产生较大的振动,使主轴与静止部分发生摩擦而弯曲。

4) 汽封门或调速汽门检修质量不好,有漏汽,于是在汽轮机停机过程中,因蒸汽漏入机内使轴局部受热而弯曲。

(4) 运行操作不当,引起轴弯曲。

1) 汽轮机转子停转后,由于汽缸与转子冷却速度不一致,以及下汽缸比上汽缸冷却速度快,形成上、下缸温差,因而转子挠性弯曲,等上、下缸温差消失后,转子恢复原状。

2) 停机后,轴弹性弯曲尚未恢复原状又再次启动,而暖机时间又不够,轴仍处于弹性弯曲状态,这样启动后会发生振动。严重时主轴与轴封片发生摩擦,使轴局部受热而产生不均匀的热膨胀,引起永久弯曲变形。

3) 在汽轮机启动时,转子尚未转动就向轴封送汽暖机,或启动时抽真空过高使进入轴封的蒸汽过多,以及送汽时间过长等,均会使汽缸内部形成上热下冷,转子受热不均匀而产生弯曲变形。

4) 运行中发生水冲击,转子推力增大并产生很大的不平衡扭力,使转子剧烈振动,并使隔板与叶轮、动叶与静叶之间发生摩擦，进而引起弯曲。

263. 汽轮机主轴弯曲有什么危害？

答： 汽轮机主轴发生弯曲时，其重心偏离汽轮机转子运行转动的中心，于是在转子转动时产生振动。当轴弯曲严重时，汽封径向间隙将消失，就会引起动、静部件碰撞，以致造成机组损坏事故。如弯曲值过大，会形成永久的弯曲，还需要进行直轴处理。

264. 汽轮机主轴弯曲有什么特征？

答： 汽轮机主轴弯曲事故多数发生在机组启动时，也有在滑停过程中和停机后发生的。如果主轴发生弯曲，其特征有机组异常振动、轴承箱晃动、正胀差增大、轴端汽封处冒火花、停机时转子惰走时间明显缩短；转子刚静止时盘车盘不动，当盘车投入后，盘车电流比正常增大。在转子冷却后，测转子晃动值仍在一个固定的较大值，说明转子产生永久性弯曲。

265. 机组启动中如何做好主轴弯曲的防护措施？

答： 为防止主轴弯曲，机组启动中应做到以下几点：

（1）汽轮机冲转前，一定要连续盘车 4h 以上不得间断，并测量转子弯曲值不大于原始值 0.02mm。

（2）在冲转过程中，严密监视机组振动，转速在第一临界转速以下振动达 0.03mm 以上，过临界转速时振动达 0.1mm 以上，应立即打闸停机，测量轴弯曲值，正常后方可启动。

（3）冲转前，对主蒸汽管道、再热蒸汽管道及汽门联箱进行充分暖管疏水，转速达 3000r/min 后，关小主蒸汽管道疏水，保证缸体疏水畅通。

（4）投法兰螺栓加热装置时，不允许汽缸法兰上下、左右温差交叉变化和超过规定值。

（5）锅炉燃烧不稳定时，严密监视主蒸汽、再热蒸汽温度，如急剧变化（10mm 内变化 50℃），应立即打闸。

（6）加强对除氧器、凝汽器及各加热器水位的监视，防止冷汽或水倒入汽缸。

（7）热态启动时，一定要先送汽封后抽真空，汽封系统要充分暖管疏水。

266. 汽轮机进水来自哪些方面？

答： 汽轮机进水来自以下几个方面：

（1）来自锅炉及主蒸汽系统。由于误操作或自动调节装置失灵，锅炉蒸汽温度或汽包水位失去控制，有可能使水或冷蒸汽从主蒸汽管道进入汽轮机，严重时造成水冲击事故。

（2）来自再热蒸汽系统。再热器中通常设有减温水，用以调节再热蒸汽温度。若减温水门不严或误操作，水有可能从再热器冷段反流到高压缸或积存在冷段管内。

（3）来自抽汽系统。水或冷蒸汽从抽汽管道进入汽轮机，多是因为加热器管子泄漏或加热器系统故障而引起的。

（4）来自汽封系统。汽轮机启动时，如果汽封系统暖管不充分，疏水将被带入汽封内。在停机过程中，当切换备用汽源时，汽封也有进水的可能。在运行中，汽封是由除氧器供汽的，若除氧器满水，则汽封就要进水。

（5）来自凝汽器。凝汽器满水，倒灌入汽轮机。

（6）来自汽轮机本身的疏水系统。从疏水系统向汽缸返水。把不同压力的疏水接到一个联箱上，压力高的疏水有可能从压力低的疏水管返到汽缸。

267. 汽轮机新蒸汽温度突然下降有什么危害？

答： 汽轮机进汽温度突然下降，很可能引起水冲击，使整个机组严重损坏。另外，蒸汽温度突然下降会引起机组各金属部件的温差增大，产生较大的热应力；而且降温使金属部件内部产生拉应力，因为金属承受拉应力的极限远小于承受压应力的极限，所以很容易造成金属部件永久性的破坏。降温还会引起动、静部件收缩不一致，而使胀差负值增大，甚至发生动、静摩擦，损坏设备。因此，当蒸汽温度突然降低时，应按规程规定严格执行降负荷或紧急停机。

268. 从锅炉到汽轮机的新蒸汽温度两侧温差过大有什么危害？

答： 如果进入汽轮机的新蒸汽温度两侧温差过大，将使汽缸两侧受热不均匀，而产生较大的热应力，使金属部件使用寿命缩短或损坏。进汽不均匀，使热膨胀不均匀，动、静部分中心产生偏离，机组振动，甚至造成动、静摩擦，严重时损坏设备。

269. 运行中汽轮机发生水冲击有什么特征？如何进行紧急处理？

答：运行中汽轮机发生水冲击的特征有：

（1）进汽温度急剧下降。

（2）主蒸汽门、调速汽门门杆、轴封处、汽缸结合面冒白色的湿蒸汽或溅出水滴。

（3）管道内有水击声和强烈振动。

（4）负荷降低，机组声音变沉，振动突然增大。

当汽轮机发生水冲击时，必须立即破坏真空紧急停机，并开启汽轮机本体和主蒸汽管道上的疏水门，进行疏水；记录转子惰走时间，倾听机组内部声音；盘车前应手动盘动转子轻松，并注意盘车电流的变化。

270. 在运行维护方面应采取哪些措施可预防水冲击？

答：在运行维护方面应采取以下措施可预防水冲击：

（1）当主蒸汽温度、压力及再热蒸汽温度不稳定时，尤其在锅炉有切换设备运行或减温水自动失灵时，应特别注意监视蒸汽温度、蒸汽压力的变化，如蒸汽温度降到允许值以下或直线下降50℃时，立即执行紧急停机。

（2）任何时候都要严密监视汽缸温度的变化，运行中严密监视加热器、除氧器水位，杜绝满水；停机后注意凝汽器水位，如果发现有进水的危险，立即采取措施。

（3）热态启动前，一定要保证主蒸汽管道、再热蒸汽管道、缸体及轴封供汽系统的疏水畅通。

（4）启动中如果蒸汽参数不符合要求，不能冲转。滑参数停机时，蒸汽温度、蒸汽压力一定要按照规定逐渐降低。

（5）定期检查、校对加热器水位高报警和保护，定期进行抽汽止回门活动试验。

271. 在汽轮机运行过程中，主蒸汽压力超限会有什么危害？

答：机组运行中都有规定的主蒸汽压力变化范围。如果主蒸汽压力过高，会有以下危害：

（1）使调节级叶片过负荷，尤其是采用喷嘴调节方式，当第一个调速汽门全开，第二个调速汽门将要开启的时候，此时调节级热降最大，因为动叶片的弯应力与通过叶片的蒸汽量和调节级热降的乘积成正比。所以，即使蒸汽量不超限，但因热降很大，也会造成调节级叶片过负荷。

（2）当蒸汽温度不变而压力升高时，末几级叶片的湿度增加，加重了末几级叶片的水冲刷。

（3）主蒸汽压力过高，还会引起主蒸汽管道、主蒸汽门与调速汽门联箱及汽缸法兰、螺栓等应力增大，使其使用寿命缩短，甚至损坏。

（4）如果主蒸汽的温度不变、压力降低，汽轮机的可用热降减小，汽耗量增加，降低机组运行的经济性。

272. 汽轮机轴封供汽带水是由哪些原因引起的？轴封供汽带水有什么危害？

答：引起汽轮机轴封供汽带水的原因有：

（1）启动时轴封供汽带水。

（2）用除氧器汽源供汽时，除氧器内发生汽水共腾或除氧器满水。

（3）均压箱减温水门误开。

（4）水封筒注水门未关。

（5）汽封加热器、轴封抽汽器泄漏。

轴封供汽带水在机组运行中有可能使轴端汽封损坏，严重时将使汽轮机发生水冲击而损坏设备。如果轴封供汽带水，机组产生较大的负胀差，振动增大，轴向位移增大，机组声音异常变沉，此时应立即打闸停机。

273. 汽轮机叶片损坏的原因有哪些？

答：汽轮机叶片损坏的原因有：

（1）叶片振动特性不合格，运行中发生共振。

（2）设计不当，拉筋、围带有缺陷。

（3）材料不良或加工工艺不过关。

（4）频率不稳或过负荷运行。

（5）蒸汽温度过高或过低。

（6）发生水冲击。

（7）机组振动大且长时间运行。

（8）停机后汽缸进湿汽，造成湿气腐蚀。

（9）发生动、静摩擦。

274. 汽轮机运行中叶片或围带脱落有哪些特征？

答：汽轮机运行中叶片或围带脱落的特征有：

（1）单个叶片或围带飞脱时，可能发出撞击声或尖锐的声响，并伴随着突然振动，有时会很快消失。

（2）当调节级复环铆钉头被导环磨平，复环飞脱时，如果堵在下一级导叶上，将引起调节级压力升高。

（3）当叶片损坏较多时，将使通流面积改变，在同一负荷下蒸汽流量、调速汽门开度及监视段压力等都会发生变化，反动式机组尤其表现突出。

（4）当低压末级叶片或围带飞脱时，可能打坏凝汽器铜管，将循环水漏入凝结水中，使凝结水硬度和导电度突然增大很多，凝汽器水位升高，凝结水泵电动机电流增大。

（5）机组振动，振幅和相位都发生明显的变化，有时还会产生暖间强烈的抖动，这是由于叶片断裂、转子失去平衡或摩擦撞击而造成的。但有时叶片的断裂发生在转子的中部，并未引起严重的动、静摩擦，在额定转速下也未表现出振动的显著变化。但这种断叶片事故，在启、停过程中的临界转速附近，振动将会明显加大。

（6）若抽汽口部位的叶片断落，则叶片可能进入抽汽管道，造成抽汽止回门卡涩，或进入加热器使加热器管子破裂，加热器水位升高。

（7）转子失落叶片后，其平衡情况及轴向推力要发生变化，有时会引起推力瓦温度和轴承回油温度升高。

（8）在停机惰走过程中或盘车状态下，听到金属摩擦声，惰走时间减少。

275. 为防止汽轮机叶片损坏，应采取哪些措施？

答：为防止汽轮机叶片损坏，应采取以下措施：

（1）电网应保持正常频率运行，避免波动，以防某几级叶片陷入共振区。

（2）蒸汽参数和各段抽汽压力、真空超过设计值，应限制机组的出力。

（3）在机组大修中，应对通流部分损伤情况进行全面、细致的检查，这是防止运行中掉叶片的主要环节。

276. 造成汽轮机动、静部分摩擦的原因有哪些？

答：造成汽轮机动、静部分摩擦的原因主要是启、停机或变工况时，汽缸与转子加热或冷却不均匀，使轴向或径向动、静间隙消失。在轴向方面，沿通流方向各级的汽缸与转子的温差并非一致，因而热膨胀也不同。在启动、停机或变工况时，转子与汽缸的膨胀差超过极限值，使轴向间隙消失，造成动、静部分摩擦。汽缸的变形引起径向间隙消失，会使汽封与转子发生摩擦，同时又不可避免地使转子过热而弯曲，从而产生恶性循环，造成设备损坏。

277. 为防止动、静摩擦，运行操作上应注意哪些问题？

答：运行人员除了要采取防止动、静摩擦的有关措施外，还应特别注意以下几点：

（1）每次启动前，必须认真检查大轴的晃动度，确认大轴挠曲度在允许的范围内才可进行启动，因为当大轴的晃动度超过规定范围时，说明转子存在一定程度的弯曲，若在这种情况下冲转，就很容易造成动、静摩擦。这种低速下的摩擦会引起热膨胀，产生恶性循环，最终引起大轴弯曲。

（2）上、下缸温差一定要在规定的范围以内。如果上、下缸温差过大，将使汽缸产生很大的热挠曲。上、下缸温差过大往往是造成大轴弯曲的初始原因。

(3) 机组热态启动时，状态变化比较复杂，运行人员应特别注意进汽温度、轴封供汽等问题的控制和掌握。

(4) 加强对机组振动的监视。大机组启动过程复杂，往往很难避免动、静部分的局部摩擦，监视动、静摩擦的主要手段还是监督机组振动情况。在第一临界转速以下发生动、静摩擦时，引起大轴弯曲的威胁最大，因此，在中速以下汽轮机轴承振动达到0.04mm 时，必须打闸停机，切忌在振动增大时降速暖机。在遇到异常情况打闸停机时，要注意检查转子的惰走时间，如发现比正常情况有明显的变化，则应注意查明原因。

(5) 在汽轮机停机后，注意切断与公用系统相连的各种水源，严防汽轮机进水。为了加强停机后对设备的监视，应继续坚持正常的巡回检查制度，发现异常情况，立即进行分析、处理。

278. 汽轮机主轴断裂和叶轮开裂的原因有哪些？

答：汽轮机主轴断裂和叶轮开裂多数是因材料制造上的缺陷造成的，例如，材料内部有气孔、夹渣、裂纹，材料的冲击韧性及塑性偏低，以及叶轮机械加工粗糙、键装配不当造成局部应力过大。另外，长期过大的交变应力及热应力作用，易使材料内部微观缺陷发展，造成疲劳裂纹甚至断裂。运行中叶轮严重腐蚀和严重超限是引起主轴、叶轮损坏事故的主要原因。

279. 防止汽轮机轴系断裂在运行维护方面有哪些措施？

答：防止汽轮机轴系断裂在运行方面有以下措施：

(1) 防止汽轮机超速是防止轴系断裂的有效措施。

(2) 经常保持汽轮机油质良好，将滤油机投入运行，并从运行维护方面采取防止油中进水的措施，以保证调速保安部套动作灵活。

(3) 为防止发生油膜振荡，运行中润滑油温度在 42～45℃ 之间。

(4) 做危急保安器试验时，要求主蒸汽压力不超过 40% 额定压力；升速力求均匀，转速上升速度保持 6rin/s。

(5) 每台机组应有两套就地装设的转速表，并有各知的变送器，在进行超速试验时要分别设专人监视。

（6）汽轮机发电机组如果经受了电气系统冲击或急剧的运行状况改变，应对机组的运行情况特别是振动情况进行详细检查和记录，必要时停机检查。

（7）加强对机组各种工况下振动情况的测量，如发现异常应及时检查处理。

（8）严防汽轮机发生水冲击。

（9）做超速试验要在热状态下进行，避开金属的脆性转变温度。

（10）对运行 10 万 h 以上或运行中蒸汽温度波动剧烈的高、中压转子，在检修中加强金相检查，防止材料老化及蠕变发展。

（11）加强对机组高、中压转子及低压转子、发电机转子之间联轴器销钉螺栓的检查；检修中对各联轴器销钉螺栓、各轴承和轴承盖的连接螺栓的工艺状况及紧力适度应高度重视，在大修中不拆动的螺栓也要检查紧力。

（12）大修中加强对叶栅、隔板叶轮等转动部件的探伤检查。

280. 什么是汽轮机的寿命管理？

答：根据汽轮机在正常运行、启动、停机、甩负荷等其他异常工况运行对汽轮机的寿命损伤特性，进行规划和合理分配汽轮机寿命，做到有计划的管理，以达到汽轮机预期的使用寿命。在寿命管理中不应单纯追求长寿，而要全面考虑节能、效益及电网的紧急需要。

281. 什么是汽轮机的寿命？

答：在高温下长期运行的汽轮机，其零部件的材料性能发生很大的变化，使其强度下降，以至出现裂纹。汽轮机的寿命是指从初次投入运行到转子出现第一条宏观裂纹期间的总工作时间。对于宏观裂纹的尺寸一般认为长度为 0.2～0.5mm。

282. 影响汽轮机寿命的因素有哪些？

答：影响汽轮机寿命的因素有：

（1）汽轮机在稳定工况下运行。由于受到高温和工作应力的作用，材料因蠕变而消耗一部分寿命。

（2）在机组启停和工况变化时，汽缸、转子等金属部件受到交变热应力的作用，材料因疲劳也要损耗一部分寿命。

283. 在什么工况下运行对汽轮机寿命损耗最大？

答：当机组负荷突然变化 50％额定负荷以上时，汽轮机转子会发生热冲击影响，尤其在甩全负荷后维持汽轮机空转或带厂用电运行的方式，对汽轮机寿命损耗最大。大型机组更为明显，因此要尽量避免这两种工况的发生。另外，对于单元制机组，在极热态启动时，因为调节级处的金属温度在 450℃以上，要求将蒸汽温度提高到 500℃以上是很困难的，所以在极热态启动时蒸汽温度往往只好低于金属温度，即为负温差启动，负温差越大，热应力也越大。因此，在极热态启动时要尽量使蒸汽与金属温度匹配，并注意机组的热膨胀和振动情况。

284. 什么是汽轮机的残余寿命？

答：汽轮机转子产生第一次宏观裂纹，并不意味着转子使用寿命到达终点。事实上如果裂纹是表面或近表面的，经过适当的处理，消除裂纹后，仍可使转子寿命保持相当高的值，即使是内部埋藏裂纹，也不能简单地认为转子报废，因为裂纹从初始尺寸扩展到临界尺寸仍有相当长时间的寿命，工程上把这种寿命称为残余寿命。

285. 预防汽轮机油系统漏油着火的措施有哪些？

答：汽轮机油系统着火的原因主要是油系统漏油，一旦接触到高温热体，就引起火灾。因此，对油系统应采取以下防护措施：

（1）在油系统布置上，凡能做到的，应尽可能将油管道装在蒸汽管道以下。油管法兰要有隔离罩。汽轮机前箱下部要装有防爆油箱。

（2）最好将油系统的液压部件，如油动机、滑阀等远离高温区，并尽量装在热力设备或阀门下边，至少要装在这些管道阀门的侧面。

（3）靠近热管道或阀门附近的油管接头，尽可能采取焊接来代替法兰和丝扣接头。法兰的密封垫采用夹有金属的软垫或耐油石棉垫，切勿采用塑料石棉垫。

（4）表管尽量减少交叉，并不准与运转层的铁板相接触，防止运行中振动磨损。对浸泡在污垢中的油压力表管，要经常检查，清除污垢，发现腐蚀的管子应及早更换。

（5）将压力油管放在无压力的回油管内，将油泵、冷油器和它们之间的相应管道放在主油箱内。

（6）对油系统附近的主蒸汽管道或其他高温汽水管道，在保温层外加装铁板，并特别注意保温完整。

（7）应使主油箱的事故放油门远离主油箱，至少应有两个通道到达。事故油箱放在厂房以外的较低位置。

（8）如发现油系统漏油时，必须查明漏油部位、漏油原因，及时消除，必要时停机处理。渗到地面或轴瓦上的油要随时擦净。

（9）高压油管道安装前，最好进行耐压试验。

（10）汽缸保温层已浸油时，要及时更换。

（11）当调速系统大幅度摆动时，或者机组油管发生振动时，应及时检查油系统管道是否漏油。

286. 因油系统着火无法控制而紧急停机过程中应注意哪些问题？

答：若由于油系统喷油引起大火而无法扑灭，而且严重威胁机组安全运行时，应立即破坏真空，紧急停机。在停机过程中应注意：

（1）当机头被大火封住，人员确实不能靠近时，可按远方停机按钮紧急停机，迅速关闭主蒸汽门，并检查转速下降情况。

（2）停机时严禁启动高压油泵。必要时可启动润滑油泵投入运行。为减少喷油，尽可能维持较低的润滑油压。待汽轮机转子静止后，立即停止润滑油泵的运行。

（3）确认发电机已经解列，转速在下降的情况下，或火势很大并严重危及主油箱时，应立即开启主油箱放油门排油。

287. 凝汽器真空下降有什么危害?

答: 凝气器真空下降,会使蒸汽在汽轮机内的焓降减少,从而使汽轮机出力下降和热经济性降低。另外,凝汽器真空下降,使排汽缸温度升高,造成低压缸热膨胀变形和低压缸后面的轴承抬起,破坏机组中心,从而发生振动,也会使凝汽器铜管的应力增大,以致破坏凝汽器的严密性;还会使低压段端部轴封的径向间隙发生变化,造成摩擦损坏。

288. 为防止真空降低引起设备损坏事故应采取哪些措施?

答: 为防止真空降低引起设备损坏事故应采取以下措施:

(1) 加强运行监视,保持凝汽器水位正常,凝汽器水位自动调整应投入。

(2) 注意汽封压力调整。具有两个以上排汽缸的大型机组,进入每个排汽缸的汽封进汽管上应有调整分门,以防进汽分配不均。汽封压力应投入自动调整。

(3) 循环水泵、凝结水泵、抽汽器应有备用设备,以便在需要时能进行切换,或连锁自动投入运行。

(4) 循环水量和凝汽器进水温度应符合设计要求。

(5) 加强对循环水质的监督,经常保持凝汽器铜管的清洁,加强对胶球清洗装置的运行维护,使其经常保持正常运行。

(6) 严格检修工艺要求,保证真空系统的严密性符合要求。

(7) 加强对冷却塔等冷却设备的运行维护,以提高冷却效果。

(8) 低真空保护装置应投入运行,整定值应符合设计要求,不得任意改变报警、停机的定值。

289. 电网频率波动对汽轮机会造成什么影响?

答: 频率的升高或降低对汽轮机的运行都是不利的,因为汽轮机叶片频率都调整在正常的电网频率时运行是合格的,所以,电网频率过高或过低,都有可能使某几级叶片陷入共振区。造成应力明显增大而导致叶片疲劳断裂;还使汽轮机各级速度比离开最佳工况,热效率降低。低频率运行还容易造成机组、推力轴承、叶片过负荷,同时主油泵出口油压下降,可能造成因油压低而关闭主蒸汽门。

290. 发电机或励磁机冒烟着火时，为什么转子要维持一定转速而不能在静止状态？

答： 发电机冒烟着火时，发电机或励磁机的线棒绝缘材料着火燃烧，绝缘材料是发热量很高的物质，燃烧时放出大量的热量，使转子受热不均。如果此时转子在静止状态，将造成发电机转子弯曲。此时发电机转子的热量传给轴承，会导致轴瓦金属熔化，所以要维持转子转动状态。

291. 简述合像水平仪的工作原理及使用方法。

答： 合像水平仪的工作原理：合像水平仪是利用棱镜将水准器中的气泡放大，来提高读数的精确度，利用杠杆、微动螺杆这一套传动机构来提高读数的灵敏度。所以被测量件倾斜 $0.01mm/m$ 时，就可精确地在合像水平仪中读出。（在合像水平仪中水准器主要是起指零的作用）。

合像水平仪使用方法：将合像水平仪安置在被检验件的工作表面上，由于被检验面的倾斜而引起两气泡像的不重合，则转动刻度盘，一直到两气泡像重合为止，此时即可得出读数。被检验件的实际倾斜度，可通过下式进行计算，即实际倾斜度＝刻度值×支点距离×刻度盘读数。

292. 合像水平仪使用时注意事项有哪些？

答： 合像水平仪使用时注意事项如下：

（1）合像水平仪使用前，用汽油把油污洗净，再用脱脂纱布揩擦干净。

（2）温度变化对水准器的位置影响很大，使用时必须与热源隔离，以免产生其他误差。

（3）测量时旋转度盘必须待两气泡完全重合后，按度盘正、负方向的分度值进行读数。

（4）如发现合像水平仪的零位不正时，可进行调正。即将合像水平仪放在平稳的平台上，转动刻度盘使两气泡重合得第一个读数 α；然后将仪器高速转 $180°$，放回原位。重新转动刻度盘使两气泡像重合，得第二个读数 β，则 1/2（$\alpha+\beta$）即为该仪器的零位误差。此格，使零位偏差值与指针线对齐，然后将螺钉紧固即可。

293. 简述外径千分尺（螺旋测微器）的原理及使用方法。

答：螺旋测微器是依据螺旋放大的原理制成的，即螺杆在螺母中旋转一周，螺杆便沿着旋转轴线方向前进或后退一个螺距的距离。因此，沿轴线方向移动的微小距离，就能用圆周上的读数表示出来。螺旋测微器的精密螺纹的螺距是 0.5mm，可动刻度有 50 个等分刻度，可动刻度旋转一周，测微螺杆可前进或后退 0.5mm，因此，旋转每个小分度，相当于测微器螺杆前进或后退这 0.5/50＝0.01mm。可见，可动刻度每一小分度表示 0.01mm，所以螺旋测微器可准确到 0.01mm。由于还能再估读一位，可读到毫米的千分位，故又名千分尺。测量时，当小砧和测微螺杆并拢时，可动刻度的零点若恰好与固定刻度的零点重合，旋出测微螺杆，并使小砧和测微螺杆的面正好接触待测长度的两端，那么测微螺杆向右移动的距离就是所测的长度。这个距离的整毫米数由固定刻度上读出，小数部分则由可动刻度读出。

294. 简述游标卡尺的读数方法。（写出步骤）

答：读数方法如下：

（1）读出副尺零线前主尺上毫米整数。

（2）读出小数。在副尺上查出第几条（格）刻线与主尺上刻线对齐，即小数＝格数×游标卡尺精度。

（3）将主尺上整数和副尺上小数相加等于工件尺寸。

295. 简述楔形塞尺的使用方法。

答：楔形塞尺就是一个宽 10mm 左右、长 70mm 左右，一端很薄（像刀刃），一端厚 8mm 左右的楔形尺。使用时将刃口一端插入缝隙，然后读出楔形尺上在缝隙口处的读数，这个数就是缝隙宽度。

296. 百分表在测量时应注意哪些事项？

答：百分表在测量时注意事项有：

（1）使用时轻微揿动测量杆，活动应灵活、无卡涩、呆滞现象，轻压测量杆 2～3 次，指针每次都能回到原指示点。

（2）被测量部件表面洁净、无麻点、凹坑、锈斑、漆皮、鼓泡等。

（3）百分表安装的表架应紧固、不松动，磁性座与平面接触稳固不动。

（4）百分表测量杆头轻靠在被测物的工作表面，将测杆压缩入套管内一段行程（即小指针指示 2～3mm），以保证测量过程触头始终与工作表面接触。

（5）旋转外壳刻度盘使大指针对准零或 50。

（6）将转轴转动 360°，指针指示值回到起始值。

（7）测量值为小指针的毫米变化值与大指针的刻度变化值的代数和。

297. 塞尺的用途是什么？

答：塞尺又名厚薄规、间隙片。它具有两个平行的测量面，是用来检验两接合面之间间隙大小的一种极限量规。

298. 量块的使用方法及注意事项有哪些？

答：量块的使用方法及注意事项如下：

（1）据所需要的测量尺寸，自量块盒中挑选出最少块数的量块。

（2）每一个尺寸所拼凑的量块数目不得超过 4～5 块，因为量块本身也具有一定程度的误差，量块的块数越多，便会积累成较大的误差。

（3）工作场地要洁净，空气中应无腐蚀性气体、灰尘和潮气。在工作台上应垫衬着干净的布。将所选取的量块，依次用无水酒精洗拭，以清除量块上的防锈油脂或可能黏着的不洁物。

（4）量块使用时应研合，将量块沿着它的测量面的长度反向，先将端缘部分测量面接触，使初步产生黏合力，然后将任一量块沿着另一个量块的测量面按平行方向推滑前进，最后达到两测量面彼此全部研合在一起。

（5）正常情况下，在研合过程中，手指能感到研合力，两量块不必用力就能贴附在一起。如研合立力不大，可在推进研合时稍加一些力使其研合。推合时用力要适当，不得使用强力特别在使用小尺寸的量块时更应该注意，以免使量块扭弯和变形。

（6）如果量块的研合性不好，以致研合有困难时，可以将任意一量块的测量面上滴一点汽油，使量块测量面上沾有一层油膜，来加强它的黏结力，但不可使用汗手擦拭量块测量面，量块使用完毕后应立即用煤油清洗。

（7）量块研合的顺序是先将小尺寸量块研合，再将研合好的量块与中等尺寸量块研合，最后与大尺寸量块研合。

299. 简述螺栓拉伸器的工作原理。

答：螺栓拉伸器一般由液压泵、高压软管、压力表和拉伸体组成。其中液压泵为动力源，压力表反映泵的输出压力，高压软管连接液压泵和拉伸体。拉伸体是实现螺栓拉伸的执行元件。工作时，动力源输出的高压油经高压软管输送至活塞缸，在压力作用下活塞缸中的活塞上移，带动拉伸螺母向上移动。拉伸螺母与工作螺栓螺纹连接，从而拉长工作螺栓，使螺栓伸长达到所要求的变形量，变形控制在弹性变形范围之内，然后进行预紧或拆卸作业，最后通过液力或者机械回位的方式使工作螺栓恢复原来的形状，完成作业。

第三章

调速系统相关知识

300. 汽轮机为什么要设调速系统？

答：汽轮发电机组的工作，是由蒸汽作用在汽轮机转子上的作用力矩 M_q 和发电机转子受到负载的反作用力矩 M_z 之间的平衡关系所决定的，当作用力与反作用力相等时，即 $M_q = M_z$ 时，汽轮发电机组就处于等速转动的稳定工况，但外界用户的电量是在不断变化的，即 M_z 是在不断变化的，所以汽轮机的进汽量也必须相应地改变，以保证 $M_q = M_z$。否则汽轮机的转速将随外界负荷减少而增加。因此，发出的电能电压与频率，忽高忽低，这是绝对不允许的；另外，汽轮机转速的变化可能会导致转动部件的破坏，危急机组安全。因此，汽轮机必须设有调速系统，调节汽轮机的进汽量，以适应外界负荷的变化，并将汽轮机转速控制在要求范围内。

301. 何谓汽轮机调速系统的动态特性？

答：当处于稳定状态下运行的机组受到外界干扰时，稳定状态被破坏，要经过调速系统的一个调节过程，又过渡到另一个新的稳定状态。调速系统从一个稳定状态过渡到另一个稳定状态动作过程中的特性称为调速系统的动态特性。从动态特性中，可掌握动态过程中负荷、转速、调速汽门开度及控制油压等参数随时间变化的规律，判断调速系统是否稳定，评价调速系统品质，以及分析影响动态特性的因素。

302. 影响调速系统动态特性的主要因素有哪些？

答：影响调速系统动态特性的主要因素有：

（1）迟缓率。

（2）转子飞升时间常数。

（3）中间容积时间常数。

（4）速度变动率。

（5）油动机时间常数。

303. 调速系统最基本的组成部分是什么？

答：调速系统最基本的组成部分由感应机构（如调速器、调压器）、传动放大机构（如错油门、油动机）、配汽机构（如调速汽门及传动装置）、反馈装置（如反装杠杆、反馈套、反馈滑阀、反馈弹簧）四部分组成。

304. 调速器的作用是什么？按其工作原理可分为哪几类？

答：调速器是转速的敏感元件，其作用是用来感受汽轮机转速的变化，将其变换成位移或油压变化信号送至传动放大机构，经放大后操纵调速汽门。按其工作原理可分机械式调速器、液压式调速器和电子式调速器三大类。

305. 何谓传动放大机构？

答：由于转速感受机构输出的信号变化幅度和能量都较小，在现代汽轮机中一般都需经一些中间环节将其幅度和能量放大，再去控制执行机构。这些中间环节统称传动放大机构。

306. 传动放大机构的组成部分主要有哪些？

答：传动放大机构主要由前级节流传动放大装置（如压力变换器，随动滑阀等）和最终提升调速汽门的断流放大装置（如错油门、油动机以及反馈装置等）组成。

307. 传动放大机构的作用是什么？

答：传动放大机构的作用是把调速器或调压发出的位移和油压等变化信号值进行转换、传递与放大，变成强大的力矩，去控制调速汽门的开度。

308. 传动放大机构可分为哪几种？

答：传动放大机构按照作用来分，可以分成信号放大与功率放大两种。根据原理与特性来分又可以分成断流式和贯流式两种。

309. 断流式传动放大机构的特点有哪些?

答: 断流式传动机构的特点有:

(1) 断流式传动放大机构的滑阀在稳定工况下,去油动机活塞上、下的压力油口处于关闭位置,无经常性耗油。

(2) 断流式传动放大机构,其油动机工作能力很大,出力很大。

(3) 断流式传动放大机构自定位能力很强,具有断流式传动放大机构的调节系统,利用反馈杠杆实现了油动机对滑阀的反馈作用,加强了调节系统的稳定性。

310. 试述贯流式传动放大机构的特点。

答: 贯流式传动放大机构的特点有:

(1) 贯流式传动放大机构的贯流式滑阀的泄油口即使在稳定工况下也总有油泄出。

(2) 贯流式传动放大机构的油动机工作能力较小。

(3) 贯流式传动放大机构中的油动机只靠自身弹簧起着反馈作用,油动机与滑阀间无直接联系,所以贯流式放大机构自定位能力很差,一般用作信号较大,适于用作中间放大器机构。

(4) 贯流式放大机构可以很方便地用液压系统传递综合信号,调节系统便于布置和远距离操作。贯流式放大机构还可以做到多个控制信号同时控制,只要其中任一个信号发生变化,就可使油动机按预定要求动作。

311. 说明油动机的作用及按运行方式可分为几种?

答: 油动机是传动放大机构的最后一级,压力油作用在油动机活塞上,可以获得很大的力来提升调速汽门,控制汽轮机的进汽量。油动机从运行方式可分为往复式和旋转式两种,其中往复式油动机又可分为双侧进油和单侧进油两种。

312. 油动机的主要组成部件有哪些?

答: 油动机的主要组成部分有活塞、错油门、反馈装置、壳体等。

313. 油动机活塞上都装有活塞环，其作用是什么？

答：为油动机活塞上、下移动灵活，防止发生卡涩，活塞与油缸之间的配合间隙较大，但活塞的上、下腔室门又不能漏油，为此在活塞的环形槽内装设弹性活塞环，弹性力使活塞的外表面始终与油缸内壁接触，有效地防止了漏油。

314. 何谓油动机的缓冲装置？它的作用是什么？

答：为了避免油动机活塞在高速关闭时冲击缸底，装设了缓冲装置，将油动机活塞下腔室的进排油口开在距油缸底部一定距离的高度上（6～7mm），油口下部腔室就形成了缓冲室，当活塞下行到逐渐关闭油口时，排油量逐渐越小，活塞下面腔室油压增高，活塞的运动速度降低，起到液压缓冲作用，此外，在油动机壳体底部还装有止块和弹簧圈来减轻撞击。

315. 单侧进油往复式油动机有什么优点？

答：单侧进油往复式油动机关闭调速汽门是依靠弹簧力，这不仅保证在失去油压时仍能关闭调速汽门，而且大大减少了机组人员甩负荷时用油量。单侧进油往复式油动机的缺点是相对双侧进油式油动机而言，提升力较小，因在提升阀门时，高压油的作用力有一部分用来克服弹簧力。

316. 双侧进油式油动机有什么优、缺点？

答：双侧进油式油动机提升力较大，工作稳定，基本上不受外界作用力的影响，其缺点是在油泵发生故障，油管破裂等特殊情况下失去压力时，便不能使调节汽阀关闭，将会造成严重后果。另外，为了使油动机动作获得较大的速度，需要在很短的时间内补充大量的油。因此，主油泵的容量需很大。

317. 油动机错油门的作用是什么？其从控制油流的方式分哪几种？

答：错油门是中间放大机构，其作用是将上一级的信号接收并加以放大后传递给下一级机构。

油动机错油门按控制油流方式可分为断流式错油门和贯流式错油门两种。

318. 何谓错油门的过封度？错油门过封度的大小对调速系统有什么影响？

答：错油门的凸肩和套筒上的油口组成一个可调节的油路。断流式错油门在平衡状态下处于中间位置，此时错油门的凸肩将套筒上的油口关闭。为了关闭严密不致因其他波动将油口打开造成调节系统摆动，错油门的凸肩尺寸总要比窗口的大些，以将窗口过度封严，凸肩超过油口部分称为过封度。

过封度太大，油口开启需用时间长，调节过程民迟缓；如果没有过封度或过封度太小，容易使油口打开，造成调节系统摆动。

319. 配汽机构的作用是什么？

答：配汽机构的作用是调节进入汽轮机的蒸汽流量，以达到改变转速或功率的目的。

320. 配汽机构包括哪些部分？常见的有哪几种形式？

答：配汽机构包括调节汽阀和带动调节汽阀的传动机构。

常见的传动机构有凸轮传动机构、杠杆传动机构和提板式传动机构三种。

321. 对配汽机构有什么要求？

答：对配汽机构有如下要求：

（1）结构简单、可靠，动作灵活，不易卡涩。

（2）静态特性曲线应符合调节要求。

（3）调节汽阀关闭严密，严密性合格。

（4）需要提升力小。

（5）工作稳定，阀门的开度和蒸汽流量不应有自发的摆动。

322. 调节汽阀的结构形式有哪些？

答：调节汽阀的结构形式有单座阀和带预启阀的阀门两种，单座阀又分为球阀和锥形阀。带预启阀的阀门又分为带普通预启阀的阀门和带蒸汽弹簧预启阀的阀门。

323. 何谓调速汽门的重叠度?

答:对于喷嘴调节的机组,多采用几个调速汽门依次开启来控制进入汽轮机的蒸汽量。为了得到较好的流量特性,在安排调速汽门开启的先后关系时,在前一个阀门尚未全开时,后一个阀门便提前开启,这一提前开启量,称为调速汽门的重叠度。一般重叠度为 10% 左右。

324. 调速汽门重叠度为什么不能太小?

答:调速汽门重叠度太小直接影响配汽轮机构静态特性,使配汽机构特性曲线过于曲折而不是光滑、连续的,造成调节系统调整负荷时,负荷变化不均匀,使油动机升程变大,调速系统速度变动增加,将引起过分的动态超速。

325. 调速汽门重叠度为什么不能太大?

答:调速汽门重叠度太大会直接影响配汽轮机静态特性,使静态特性曲线斜率变小或出现平段,使速度变动率变小,造成负荷摆动或滑坡,同时调速汽门重叠度太大会使节流损失增加。

326. 试述带有普通预启阀的汽门是如何开启的?

答:带有普通预启阀的汽门主要由阀杆、阀套、阀碟、阀座等组成,在大阀芯内部装有一小直径的预启阀。在打开阀门时,先通过提升阀杆来开启预启阀,使部分新蒸汽通过预启阀进入阀后,提高阀后压力,减小大阀前、后的压力差,当预启阀开足后,大阀开始打开,由于压力差减小,所以使大阀的提升力大大减小。

327. 调速汽门的主要组成部分有哪些?

答:调速汽门的主要组成部分有阀碟、阀座、阀杆、阀杆密封环、锁紧套、阀套等。

328. 何谓反馈机构? 常用的有哪几种形式?

答:调节系统中起反馈作用的装置称为反馈机构。常用的反馈机构有杠杆反馈机构、油口反馈机构、弹簧反馈机构。

329. 何谓反馈作用? 说明反馈作用对调节系统的重要性?

答:在调节过程中,当油动机活塞因错油门滑阀动作而动时,又通过一定的装置反过来影响错油门滑阀的动作，使错油门滑阀回到中间位置，这种油动机对错油门的反作用称为反馈。反馈是调节系统不可缺少的环节，只有通过反馈作用才能使调节过程快速稳定下来，不致在调节过程中产生振荡，从而使调节系统具有很大的稳定性。

330. 汽轮机油系统中各油泵的作用是什么？

答：主油泵多数由汽轮机主轴带动，它具有流量大、出口压力稳定的特点，即扬程－流量特性平缓，以保证在不同工况下向汽轮机调速系统和轴瓦稳定供油。主油泵不能自吸，因此在主油泵正常运行中，需要由射油器提供 0.05～0.1MPa 的压力油，供给主油泵入口。

在转子静止或启动过程中，高压启动油泵代替主油泵，在机组启动前应首先启动高压油泵，供给调速系统用油。待机组进入工作转速后，停止高压启动油泵运行作为备用。

机组正常运行时，机组润滑油是通过射油器来供给的。在机组启动或射油器故障及润滑油压低时，交流润滑油泵投入运行，确保汽轮机润滑油的正常供给。直流润滑油泵则在厂电故障或交流润滑油泵故障时投入运行，以保证任何情况下轴承的润滑。

交流密封油泵在机组运行中向发电机密封油提供压力油。当厂用电故障或交流密封油泵故障及密封油压低时，直流密封油泵投入运行，保证发电机密封油正常供给。

331. 汽轮机油系统主油箱容量大小应满足什么要求？

答：汽轮机主油箱的容量取决于油系统的大小，它的储油量应能满足汽轮机润滑油系统、调速系统和发电机密封油系统的用油量，而且要考虑油箱内放置油泵、油管道、射油器及油滤网等的占用空间。

332. 汽轮机主油箱底部为什么设计成倾斜的并且装有放水管？

答：汽轮机运行中，由于轴封漏汽到轴承中，使得轴承油中有水分。带有水分的油回到主油箱，由于水的密度比油的密度大，所以，水与油分离沉积到油箱底部，另外油中的其他沉淀物也会沉积到油箱底部，进行定期放水时可将它们排掉，保证了油质的合格。因此，主油箱底部设计成倾斜的并且装有放水管。

333. 轴封加热器的疏水如何布置？

答： 由于轴封加热器的疏水进入凝汽器，而凝汽器内是负压，为防止轴封加热器汽侧水位低导致凝汽器漏真空，轴封加热器的输水通过布置在负零米的多级水封进入凝汽器。

334. 什么是汽轮机油系统的油循环倍率？

答： 汽轮机主油泵每小时出油量与主油箱总油量之比称为汽轮机油系统的油循环倍率。一般油循环倍率小于 12。如果油循环倍率过大，油在油箱内停留的时间短，空气、氢气及水分来不及分离，使油质恶化。

335. 汽轮机油有哪些质量指标？

答： 汽轮机油主要质量指标有黏度、酸价、抗乳化度、酸碱性反应、透明度、凝固点温度、闪光点及杂质含量等。

336. 影响汽轮机油黏度的因素有哪些？

答： 影响汽轮机油黏度的因素有：

（1）润滑油的组成，即在润滑油组成的碳原子数目相同时，芳香烃的黏度最大，烷烃黏度最低。

（2）黏度随着分子量和沸点的增加而增大。

（3）油中胶质物越多，黏度越大。

（4）油的黏度随着油温的升高而降低，随着油温的降低而升高。

337. 汽轮机油乳化的原因是什么？

答： 汽轮机油乳化的原因是：

（1）汽轮机油中存在乳化剂，如胶质等。

（2）油中存在水分，如汽轮机轴封漏汽漏入油中。

（3）油、水乳化剂在机组高速运转时受到高速搅拌而形成油水乳化液。

338. 油乳化对汽轮机有什么危害？

答： 油乳化对汽轮机有以下危害：

（1）影响汽轮机轴承油膜的形成，甚至破坏油膜，引起轴承磨损、过热、烧瓦、机组振动和大轴锈蚀。

（2）乳化油促使油劣化，产生沉淀，使调速保安系统动作迟缓，甚至卡涩和拒动，对机组安全运行是一个潜在的威胁。

339. 汽轮机的主油泵有哪几种类型？

答： 汽轮机的主油泵分为离心式油泵和容积式油泵。其中，容积式油泵包括齿轮油泵和螺旋油泵。大型汽轮机都采用主轴直接带动的离心式油泵。

340. 汽轮机油系统的离心式主油泵有什么优、缺点？

答： 汽轮机油系统的离心式主油泵有以下优点：

（1）离心式主油泵转速高，可直接由汽轮机主轴带动，而不需要任何减速装置。

（2）离心式主油泵特性曲线比较平坦，即调速系统动作、大量用油时，油泵出油量增加，而出口油压下降不多，能满足调速系统快速动作的要求。

离心式主油泵的缺点是油泵入口为负压，一旦漏入空气就会造成泵工作失常，必须设置专门的射油器向离心式主油泵入口供油，以保证油泵工作的可靠性。

341. 保安系统的作用是什么？

答： 保安系统的作用是对主要运行参数、转速、轴向位移、真空、油压、振动等进行监视，当这些参数值超过一定的范围时，保护系统动作，使汽轮机减少负荷或停止运行，以确保汽轮机的运行安全，防止设备损坏事故的发生，此外，保安系统对某些被监视量还有指示作用，对维护汽轮机的正常运行有着重要意义。

342. 现代汽轮机的保安系统一般具有哪些保护功能？其各自作用是什么？

答： 现代汽轮机的保安系统一般具有的保护功能及作用如下：

（1）超速保护。其作用是当汽轮机转速超过一定范围时，超速保安器动作，通守液压传递关闭主蒸汽门，停机。

（2）低油压保护。当轴承润滑油压低于不同整定值时，先后启动交、直流润滑油泵直至停机。

（3）轴向位移和胀差保护。当汽轮机轴向位移和胀差达到一定数值时，发出警报信号，当继续增大到一定数值时，使汽轮机停止运行。

（4）低真空保护。当凝结汽器内真空低于某一数值时，发出报警信号，若真空继续降低到另一整定值时，停止汽轮机运行。

（5）振动保护。当汽轮机轴或轴承振动超过安全范围时，使汽轮机停运。

（6）防火保护。在发生火灾被迫停机时，安全油失压，防火保护动作，切断去油动机的压力油，并将排油放回油箱，防止火灾事故的扩大。

343. 为什么说主汽门是保护系统的执行元件？

答：主汽门在正常运行时处于全开状态，不参加蒸汽流量的调节，当机组任何一个遮断保护装置动作时，主蒸汽门便迅速关闭，隔绝蒸汽来源，紧急停机。因此，主蒸汽门是保护系统的执行元件。

344. 调速系统为什么要设超速保护装置？

答：汽轮机是高速转动的设备，转动部件的离心力与转速的平方成正比，当汽轮机转速超过额定转速的 20% 时，离心力接近额定转速下应力的 1.5 倍，此时转动部件将发生松动，同时离心力将超过材料所允许的强度极限使部件损坏，因此，汽轮机均设置超速保护装置，它能在汽轮机转速超过额定转速的 10%～12% 时动作，迅速切断汽轮机进汽，停机。

345. 试述离心飞环式危急保安器的构造和工作原理。

答：离心飞环式危急保安器安装在与汽轮主轴连在一起的小轴上，它由偏心环、导杆、弹簧、调速螺栓、套筒等组成。因为偏心环具有偏心质量，所以它的重心与旋转轴的中心偏离一定距离，在正常运行时，偏心环被弹簧压向旋转轴，在转速低于飞出转速时弹簧力大于偏心环离心力，偏心环不动，当转速升高到等于或高于飞出转速时，偏心环的离心力增加到大于弹簧的作用力，于是偏心环向外甩出，撞击危急遮断器杠杆，使危急遮断器滑阀动作，关闭自动主汽门和调速汽门。

346. 试述离心飞锤式危急保安器的构造和工作原理。

答：离心飞锤式危急保安器装在与汽轮机主轴相连的小轴上，它由撞击子、撞击子外壳、弹簧、调速螺母等组成。因为撞击子的重心与旋转轴的中心偏离一定距离，所以又称为偏心飞锤。偏心飞锤被弹簧压在端盖一端，在转速低于飞出转速时，飞锤的离心力增加到超过弹簧力，于是撞击子动作向外飞出，撞脱扣杠杆，使危急遮断油门动作，关闭自动主汽门和调速汽门。

347. 汽轮机对调速系统有哪些要求？

答：汽轮机调速系统应满足下列要求：

（1）自动主汽门全开时，调速系统应能维持机组空负荷运行。

（2）机组从空负荷到满负荷范围内应能稳定运行。负荷摆动应在允许范围内，增、减负荷应平稳。

（3）在设计范围内，应能使机组在电网频率高、新蒸汽参数低或排汽压力高时带上满负荷；在电网频率低而新蒸汽参数高或排汽压力低的情况下，能减负荷到零，与电网解列。

（4）当机组突然甩掉全部负荷时，调速系统应能使汽轮机的转速维持在危急遮断器的动作转速以下。

（5）调节阀、自动主汽门、抽汽止回门等严密性试验合格。

（6）对于供热机组，当热负荷发生变化时，还要求调速系统能保证供热蒸汽的压力。

348. 再热机组的调速系统有哪些特点？

答：再热式机组的调速系统有以下特点：

（1）为了解决中间再热式汽轮机在启动和低负荷时机、炉流量不匹配的问题，再热式机组除高压调节阀外，中压部分也装有中压调节阀，用于与汽轮机旁路系统配合。

（2）为了解决中间再热式汽轮机在变负荷时中压缸功率滞延，提高机组负荷的适应能力，调节系统中装设了动态校正器。

（3）为了解决中间再热式汽轮机因中间容积问题而导致机组甩负荷时容易超速的问题，再热式机组除高压自动主汽门外，中压部分也装有中压自动主汽门；调速系统中均采用微分器。

（4）再热式机组多采用功率-频率电液调节系统。

349. 调速系统迟缓产生的主要原因是什么？

答：调速系统迟缓产生的主要原因是以下几方面：

（1）调速部套的运动部件存在着摩擦力和惯性力是造成迟缓的主要因素之一。如调速器的摩擦力，是产生迟缓的一大因素，因此，近代多采用摩擦力较小的无铰链离心式调速器或液压调速器。

（2）滑阀与套筒之间配合不当，部套表面粗糙度不好，也是造成迟缓的主要因素。如组装不良、运行中偏心和卡涩都会引起较大的迟缓。

（3）部套间存在间隙是造成迟缓的又一主要因素。如调速器的滑阀和传动杠杆间铰链处有松旷和磨损等。

（4）滑阀的过封度过大造成调速系统迟缓。

（5）油质不良、油中含有杂质或油中有空气，都会使运行受阻，产生卡涩，使调速系统的迟缓增加。

350. 汽轮机有哪些主要保护装置？其作用是什么？

答：为了保证汽轮机设备安全运行，除调速系统动作正确、可靠外，还必须设置一些必要的保护装置，保证在调速系统或机组发生事故，危及设备安全时，及时动作，切断汽轮机的进汽，迅速停机。这些保护装置有自动主汽门、超速保护、轴向位移保护、低油压保护、低真空保护、振动保护等。其作用如下：

自动主汽门是所有保护装置的执行部件。各种保护装置动作后最终都是通过自动主汽门切断进汽，使汽轮机停机的。

超速保护是在汽轮机转速为额定转速的 1.10～1.12 倍时动作，使汽轮机停机，以防止因过大的离心力使汽轮机的转动部件损坏。

轴向位移保护是在汽轮机轴向位移达某设定值时动作，使汽轮机停机，以防止因汽轮机动、静间隙消失而使汽轮机发生动、静碰磨，造成设备损坏。

低油压保护是在汽轮机润滑油压低时动作，以防止汽轮机轴承发生供油不足或断油，而导致轴承烧毁，发生动、静相碰的恶性设备事故。其动作分多段执行，一般低一值时发声光报警，低二值时启动交流油泵，低三值时启动直流油泵，同时执行停机操作，低四值时停盘车。

低真空保护是在汽轮机排汽真空低于某设定值时动作，防止因过低的排汽真空导致过高的排汽温度而使汽轮机的排汽部分发生振动、变形、损坏和使凝汽器因过大的热膨胀而发生损坏等设备事故。低真空保护也是先发声光报警信号，继续降低或到设定值时执行停机操作。

振动保护是在汽轮机轴或轴承振动达设定值时动作，防止过大的振动使汽轮机部件因大的交变应力或发生动、静相碰而造成恶性设备事故。振动保护也是先发声光报警信号，继续增大到设定值时执行停机操作。

351. 汽轮机带不上满负荷有哪些原因？

答：汽轮机带不上满负荷的根本原因是进汽量不足，而进汽量不足有两种情况：

（1）机组本身的问题，如喷嘴严重结垢、堵塞等。

（2）调速系统的问题。

1）同步器高限行程不足或同步器失灵。

2）功率限制器未调整好，当机组尚未带满负荷时，功率限制器过早起作用或功率限制器没完全退出。

3）油动机开启侧行程不足。

4）错油门行程受到限制。

5）主汽门或调节阀滤网堵塞。

6）主汽门大阀碟脱落，仅小阀碟进汽。

7）部分调节阀有问题，如连杆脱落、卡涩等。

352. 油系统中有空气会对汽轮机调速系统造成什么影响?

答: 机组启动时,调速系统内的空气若不能完全排出,由于空气的可压缩性会引起油压的波动,从而引起调速系统的摆动。因此,启动机组时要保证调速系统各部套的空气孔畅通,以排尽调速系统的空气。

353. 油管法兰和其他容易漏油的连接件在哪些情况下应装设防爆油箱、防爆罩等隔离装置?

答: 油管法兰和其他容易漏油的连接件在下列情况下装设防爆油箱、防爆罩等隔离装置:

(1) 靠近高温管道或处于高温管道上方的油管密集处应设防爆油箱。

(2) 漏油后油有可能喷溅到高温管道和设备上,没有封闭设施的发电机引出线上的油管法兰或接头处应设上、下对分的法兰罩,罩壳最低点应装设疏油管,引至集油处。

354. 试述 DEH 系统的主要功能。

答: DEH 系统的主要功能如下:

(1) 转速及负荷控制。

(2) 汽轮机自动启停控制。

(3) 实现机、炉协调控制。

(4) 汽轮机保护。

(5) 主汽压控制。

(6) 阀门管理。

355. DEH 系统中 OPC 的主要功能有哪些?

答: DEH 系统中超速保护控制器(OPC)的主要功能一般有:

(1) 中压调节阀快关功能。在部分甩负荷时,汽轮机功率超过发电机功率的某一预定值可能引起超速时,迅速关闭中压调节阀,0.3~1s 后再开启,这样可在部分甩负荷的瞬间保护电力系统的稳定。

(2) 负荷下跌预测功能。在发电机主开关跳闸而汽轮机仍带 30% 以上的负荷时及时关闭高、中压调节阀以防止汽轮机超速。

（3）超速控制功能。当机组在非 OPC 测试情况下出现转速高于 103%额定转速时将高、中压调节阀关闭，并将负荷控制改变为转速控制。

356. 中间再热机组为什么要设置中压自动主汽门？

答：为了解决再热器对机组甩负荷的影响，防止汽轮机在甩负荷时超速，中间再热机组均在中压缸前加装中压自动主汽门和中压调速汽门。当汽轮机转速升高至危急保安器动作时，高、中压调速汽门和高、中压自动主汽门同时关闭，切断高、中压缸的进汽。从而消除中间再热容积的影响。

357. 抗燃油有什么特点？

答：抗燃油的自燃点比较高（700℃以上），且具有火焰不能维持和传播的特性，所以在调速系统使用，即使有漏油，在高温管道上也不会引起火灾。但是，抗燃油有一定的毒性，价格昂贵，黏性受温度的影响大。另外，抗燃油中进入水分会使磷酸酯抗燃油水解，给油质的再生带来很大的困难，同时其水解产物对磷酸酯的水解过程又是极强的催化剂，因此，在使用中要严格监督抗燃油的各项指标。

358. 汽轮机调速抗燃油系统由哪些装置组成？

答：汽轮机调速抗燃油系统由抗燃油箱、抗燃油泵、蓄能器、抗燃油冷却系统及抗燃油再生装置等组成。抗燃油箱主要用于储油，油箱内装有磁过滤器，用于吸附油箱内抗燃油中的微小铁末，提高抗燃油的品质。抗燃油泵采用有多种形式，常用的是螺杆泵，具有安装简单、维护方便、运行特性稳定等优点。蓄能器的作用主要是当调速系动作、大量用油时，释放所蓄油压力能，以保持系统压力稳定、主蒸汽门关闭迅速。由于高压力的抗燃油系统不宜装设冷油器，因而设计了并列循环冷却系统用于调节抗燃油温度在合格范围内，油净化装置可用来消除系统长期运行而产生的化学黏结物和进入系统的机械杂质，保证油质良好。

359. 汽轮机调速系统的任务是什么？

答：为了保持电网频率稳定，汽轮机转速始终为 3000r/min。但是外界负荷变化时，如果汽轮机转速相应地调整，则转速就会降低；当外界负荷降低时，转速就会上升。因此，为了维持汽轮机转速稳定在 3000r/min，蒸汽量就要随负荷的变化而相应地调整。要有一套自动调节机构持续不断地进行调整来满足电网的需要，保持机组平稳运行，这就是调速系统的任务。

360. 汽轮机调速系统应满足什么要求？

答：汽轮机调速系统应满足下列要求：

（1）当主蒸汽门全开时，调速系统能维持汽轮机空负荷运行。

（2）当汽轮机由满负荷突然甩到空负荷时，调速系统能维持汽轮机的转速在危急保安器动转速以下。

（3）主蒸汽门和调速汽门门杆、错油门、油动机及调速系统的各活动、连接部件，没有卡涩和松动现象。当负荷变化时，调速汽门应平稳地开、关；负荷不变化时，负荷不应有摆动。

（4）在设计允许范围内的各种运行方式下，调速系统必须能保证使机组顺利并入电网，加负荷额定，减负荷到零，与电网解列。

（5）调速系统的全部零件要安全、可靠。

（6）当危急保安器动作后，应保证主蒸汽门关闭严密。

361. 什么是调速系统的速度变动率？

答：调速系统的速度变动率是指机组由满负荷到空负荷的转速变化与额定转速的比值的百分数。它是衡量调速系统好坏的一个重要品质，它反映机组在负荷变化时转速变化的大小。速度变动率与调速系统静态特性曲线有关，调速系统静态特性曲线越陡，则速度变动率越大。

362. 调速系统的速度变动率大小对机组正常运行有什么影响？

答：调速系统的速度变动率过大，对机组正常运行工作稳定性好，但机组突然甩负荷时动态升速激增，会引起汽轮机超速，威胁机组的安全；如果速度变动率过小，调速系统过于灵敏，电网系统负荷微小的变化就会影响机组负荷的波动，不利于机组的安全、稳定运行。

363. 什么是调速系统的迟缓率？迟缓率与哪些因素有关？

答：调速系统在同一负荷下，转速上升过程的静态特性曲线和转速下降过程的静态特性曲线之间的转速差与额定转速的比值的百分数称为调速系统的迟缓率。

调速系统的迟缓率是由系统中各部件的摩擦、卡涩、不灵活，以及连杆铰链等结合处的间隙、错油门的重叠度等因素造成的。另外，汽轮机的配汽机构、蒸汽品质和油质都对调速系统的迟缓率有影响。

364. 调速系统的迟缓率过大，对汽轮机运行有什么影响？

答：调速系统的迟缓率过大，对汽轮机运行有以下列影响：

（1）在机组空负荷时，由于迟缓率过大，将引起转速不稳定，从而使机组并网困难。

（2）在机组并网后，由于迟缓率过大，将会引起负荷的摆动。

（3）当电网系统发生故障时，引起机组甩负荷，由于迟缓率过大，使调速汽门不能快速关闭以切断汽轮机进汽，从而造成汽轮机超速、危急保安器动作。

365. 调速系统的迟缓率是否可以为零？

答：实际机组运行中，调速系统的迟缓率不可能为零，因为调速系统的部件、配汽机构动作时总是存在摩擦等各种阻力。但假如迟缓率为零，调节过分灵敏，调速系统是不稳定的，使调速汽门处在不停的动作中。尤其对液压式调速系统，油压不可避免地存在波动。因此，保持一定的迟缓率，对改善调速系统的调节性能是有好处的。

366. 何谓调速系统的速度变动率？其大小对汽轮机有何影响？

答：孤立运行的汽轮机组，在空负荷时的稳定转速 n_{max} 与满负荷时的稳定转速 n_{min} 之间的差值，与额定转速 n_0 比值的百分数称为调速系统的速度变动率，即

$$\delta = (n_{max} - n_{min})/n_0 \times 100\%。$$

速度变动率表明汽轮机从空负荷到满负荷转速的变化程度，

对汽轮机运行有很大影响。速度变动率不宜过大和过小，汽轮机的速度系统表现过于灵敏，电网频率的较小变化，可引起机组负荷较大变化，产生负荷摆动，影响机组安全运行，速度变动率过大，调速系统工作稳定性好，但当机组甩负荷时，动态升速增加，容易产生超速。

367. 对局部速度变动率有何要求？

答： 所谓局部速度变动率，就是静态特性线上某一点的斜率。局部速度变动率太小将会引起负荷摆动；而局部速度变动率太大，则在此功率下电网负荷变化时该机组负荷变化较小，几乎不参加调频，因此，局部速度变动率太大或太上，在一般情况下都是不能满足要求的。对于高参数大容量机组的特性明显分成两段或三段。在额定负荷区域内，局部速度变动率很大，而在低于额定负荷的一段区域内，局部速度变动率较小，但局部速度变动率不大于总的速度变动率 0.4 倍，这样即保证了带基本负荷的要求，同时又保证了甩负荷时危急遮断器不动作。

368. 何谓调速系统迟缓率？是如何产生的？

答： 由于调速系统各运动元件之间存在着摩擦力、铰链中的间隙和滑阀的重叠度等原因，使调速系统的动作出现迟缓，即各机构升程和回程的静态特性曲线都不是一条，而是近似的平行的两条曲线。因此，使机组负荷与转速不再是一一对应的单质对应关系，在同一功率下，转速上升过程的静态特性曲线和转速下降过程的静态特性曲线之间的转速差 ΔN 与额定转速 N_0 比值的百分数称为调速系统的迟缓率。即

$$\varepsilon = \Delta N / N_0 \times 100\%$$

369. 迟缓率对汽轮机运行有何影响？对迟缓率有何要求？

答： 迟缓率的存在延长了从外界负荷变化到汽轮机调速汽门开始的动作的时间间隔，即造成了调节的滞延，迟缓率过大的机组，弧立运行时，转速会自发变化，造成转速摆动；并列运行时，机组负荷将自发变化，造成负荷摆动。在甩负荷时，转速会激增，产生超速，对运行非常不利，迟缓率增加到一定程度，调速系统将发生

周期性摆动，甚至扩大到机组无法运行，因此，迟缓越小越好。

370. 何谓一次调频？何谓二次调频？

答：在电网的频率变化被汽轮机调速器感受后机组人员即按其静态特性成比例地参加调频，以较快的速度来迅速承担掉电网变化负荷的一部分，但是部分负荷变化的幅度是不大的，这就是一次调频，为了使电网频率恢复到给定值（50Hz），则由自动调频控制装置来调整机组的功率，这就是二次调频。

371. 配汽机构的特性指的是什么？

答：配汽机构的特性是指在平衡状态下，油动机的行程与发电机之间的关系。表示这种关系的曲线称为配汽机构静态特性曲线。

372. 传动放大机构的特性指的是什么？

答：传动放大机构的特性是指在平衡状态下，传动放大机构的输入信号与输出信号之间的关系。表示这种关系的曲线称为静态特性曲线。

373. 汽轮机供油系统的作用是什么？

答：汽轮机供油系统的作用有：

（1）向汽轮发电机组各轴承提供润滑油。

（2）向调节保安系统提供压力油。

（3）启动和停机时向盘车装置和顶轴装置供油。

（4）对采用氢冷的发电机，向氢侧环式密封瓦和空侧环式密封瓦提供密封油。

374. 透平油的主要用途是什么？

答：透平油也称汽轮机油。透平油作为调速系统和润滑油和系统的工质，它的用途主要有三个：

（1）对调速系统来说它传递信号，经放大后作为操作滑阀和油动机的动力。

（2）对润滑系统来说，对各轴瓦起润滑和冷却作用。

（3）对氢冷式发电机来说，为发电机提供一定压力的密封油。

113

375. 何谓透平油的循环倍率，如何计算？它对透平油有何影响？

答：循环倍率是指 1h 内油在整个系统中循环的次数，即每小时使用的油量与油系统总油量之比。

循环倍率的计算式为

$$循环倍率＝每小时油量/油系统总油量$$

循环倍率是影响油使用期限的一个重要因素，汽轮机的油箱容积越小则循环倍率越大，每千克油在单位时间内从轴承中吸收的热量越多，油质越容易恶化。循环倍率一般不应超过 8～10。

376. 汽轮机油有哪些质量指标？

答：汽轮机油主要质量指标有黏度、酸值、抗乳化度、酸碱性反应、透明度、凝固点温度、闪光点及杂质含量等。

377. 油乳化对汽轮机有什么危害？

答：油乳化对汽轮机有以下危害：

（1）影响汽轮机轴承油膜的形成，甚至破坏油膜，引起轴承磨损、过热、烧瓦，引起机组振动和大轴锈蚀。

（2）乳化油促使油劣化，产生沉淀，使调速保安系统动作迟缓，甚至卡涩和拒动，对机组安全运行是一个潜在的威胁。

378. 再热式汽轮机给调速系统的调节带来什么问题？

答：再热式汽轮机给调速系统的调节带来下列问题：

（1）减小了对锅炉蓄能的利用。在单元机组中，机、炉一一对应。汽轮机没有利用其他锅炉及母管蓄能的可能，特别是采用直流炉的单元机组，可被利用的蓄能更小。而锅炉本身的热惯性大，其时间常数达 100～300s。因此，当系统负荷发生变化时，锅炉不能适应外界负荷变化的需要，降低了机组参加一次调频的能力。当汽轮机功率变化较大时，锅炉出口压力剧烈变化，可能引起汽水共腾，影响汽轮机的安全运行。

（2）机、炉的相互配合问题突出。由于汽轮机和锅炉的特性不同，使某些工况下机、炉之间保持协调存在一定困难。突出表现在：

1) 锅炉的最低稳定燃烧负荷通常为 50%～60%；而汽轮机的空载流量却很小，一般只为额定值的 5%～8%，甚至更小。这样，在汽轮机空载和低负荷运行时，锅炉将向空排汽，造成热能和工质的损失。

2) 在低负荷下，中间再热器需要保护；但汽轮机空载时流量只有 5%～8%，甩负荷的瞬间甚至为零。因此，在启动、空载和低负荷运行时，存在中间再热器的保护问题。

（3）机组的功率滞延。在汽轮机调速汽门开大时，凝汽式汽轮机的流量和功率几乎是同时发生变化的，而中间再热汽轮机高压缸功率在瞬间几乎无迟延地变化着。而中、低压缸的功率由于再热器庞大的中间容积，其压力的变化滞后于高压缸流量的变化，中、低压缸的功率随之缓慢变化，直到中间再热器压力稳定下来。因此，中、低压缸的功率滞后大大降低了机组参加电网一次调频的能力。

（4）增加了甩负荷时的动态超速。影响中间再热机组动态超速的一个重要原因，是由于再热器及其管道在高、中压缸之间组成一个庞大的中间蒸汽容积，当汽轮机甩负荷后，即使高压缸调速汽门和主蒸汽门都完全关闭，这个中间再热蒸汽容积内所蓄存的蒸汽进入中、低压缸继续膨胀做功，将使汽轮机严重超速 40%～50%，显然，这已远远超出了汽轮机零件的强度极限。

379. 再热式汽轮机调速系统有什么特点？

答：再热式汽轮机调速系统的特点有：

（1）为了解决中间再热式汽轮机在启动和低负荷时机、炉流量不匹配的问题，再热式机组除高压调节阀外，中压部分也装有中压调节阀，用于与汽轮机旁路系统配合。

（2）为了解决中间再热式汽轮机在变负荷时中压缸功率滞延，提高机组负荷的适应能力，调节系统中装设了动态校正器。

（3）为了解决中间再热式汽轮机因中间容积问题而导致机组甩负荷时容易超速的问题，再热式机组除高压自动主汽门外，中压部分也装有中压自动主汽门；调速系统中的采用微分器。

（4）再热式机组多采用功率-频率电液调节系统。

380. 调速系统的危急保安器有哪几种形式？

答：调速系统的危急保安器有飞锤式和飞环式两种。其基本工作原理是相同的，当汽轮机转速升高到危急保安器动作转速时，飞锤离心力增大，等于压紧弹簧力，稍有扰动，飞锤飞出，打脱脱扣杠杆，使危急遮断油门动作，关闭自动主汽门；当转速降下时，飞锤离心力随之减小，当飞锤的离心力比弹簧力小时，在弹簧的作用下回到原来的位置。

381. 什么是汽轮机调速系统的静态特性及动态特性？

答：机组在稳定工况下，汽轮机负荷与转速之间的关系为调速系统的静态特性。

当处于稳定状态下运行的机组受到外界干扰时，稳定状态被破坏，要经过调速系统的一个调节过程，又过渡到另一个新的稳定状态。调速系统从一个稳定状态过渡到另一个稳定状态动作过程中的特性，称为调速系统的动态特性。从动态特性中，可掌握动态过程中负荷、转速、调速汽门开度及控制油压等参数随时间变化的规律，判断调速系统是否稳定，评价调速系统品质，以及分析影响动态特性的因素。

382. 改善调速系统的动态特性有哪些措施？

答：改善调速系统的动态特性有以下措施：

（1）调整好调速系统的静态特性，使其符合要求。主要使速度动率和迟缓率合格。

（2）消除调速汽门的不严密。如果调速汽门不严，会造成机组甩负荷后的超速。

（3）缩短抽汽口到抽汽止回门的距离，减小中间容积，还要消除止回门的不严密。

（4）增加错油门的通流面积，使进油量增大，提高油动机的关闭速度。

（5）对于中间再热式机组，由于转速飞升时间短，中间容积时间常数较大，故为了提高调速系统的动态品质，可在调速系统中设置微分器和电加速器等装置，以限制甩负荷后的超速。

383. 调速系统中油动机的作用是什么？

答：油动机是控制调速汽门开度的执行机构，调速汽门的开启需要较大的提升力。因为油动机的动作力量大、速度快，且体积小，所以它是调速汽门开启的最好执行机构。

384. 对汽轮机的自动主汽门有什么要求？

答：对汽轮机的自动主汽门有以下要求：

（1）在任何情况下，特别是在油源断绝时，自动主汽门仍能关闭。自动主汽门是利用弹簧来关闭的，为了可靠，一般都采用双弹簧机构。

（2）有足够大的关闭力和快速性。要求在主蒸汽门全关以后，弹簧对主蒸汽门的压紧力留有 $5\sim8kN$ 的裕量，且从保护装置动作到主蒸汽门全关的时间应为 $0.5\sim0.8s$。

（3）有隔热防火措施。自动主汽门的油压操作机构必须有良好的密封装置，操作机构-主蒸汽门之间应有隔热措施。

（4）有正常运行中活动主蒸汽门的装置，以防自动主汽门长期不动而卡涩。

（5）主蒸汽门应具有足够的严密性。要求在额定参数下，主蒸汽门全关后，机组转速能降到 $1000r/min$ 以下。

385. 汽轮机主蒸汽门带有预启阀结构有什么优点？

答：高压机组主蒸汽门门碟很大，而且主蒸汽压力很高，因为门碟在开启前，阀门的前、后压差很大，需要很大的油动机提升力开启，所以油动机尺寸设计很大。如果主蒸汽门带有预启阀结构，开启主蒸汽门的提升力就会减小，使操作装置结构紧凑。

386. 什么是调速汽门的重叠度？为什么要有重叠度？

答：当汽轮机进汽采用喷嘴调节时，前一个调速汽门还尚未完全开启时，另一个调速汽门就开启，这就是调速汽门的重叠度。调速汽门的重叠度一般为 10%，即前一个调速汽门开到 90% 时，第二个调速汽门就动作开启。

若调速汽门没有重叠度，执行机构的特性曲线就有波折，那反调速系统的静态特性曲线也不是一条平滑的曲线，这样，调速系统动作就不平稳，因此，调速汽门要有重叠度。

387. 在什么情况下进行汽轮机主蒸汽门、调速汽门严密性试验？

答：在下列情况下进行汽轮机主蒸汽门、调速汽门严密性试验：

（1）汽轮机大修后启动前。

（2）汽轮机大修停机前。

（3）机组进行甩负荷试验前。

（4）机组进行超速试验前。

388. 汽轮机大修后，调速系统要进行哪些试验？其目的是什么？

答：汽轮机大修后，调速系统要进行如下试验：

（1）调速系统的静态试验。

（2）自动主汽门及调速汽门试验。

（3）超速保护装置试验。

（4）调速系统的静态特性试验。

（5）调速系统的动态特性试验。

试验的目的是：

（1）确定调速系统的工作性能和发现缺陷。

（2）正确分析造成缺陷的原因。

（3）全面考虑消除缺陷的措施。

389. 如何进行调速系统静态特性试验？

答：进行调速系统的静态特性试验时，由于机组是静止不动的，主油泵和调速器不能提供其油压和信号，故启动高压油泵提供油系统用油，并人为采取措施产生信号。通过试验，应测取以下数据：

（1）调速器信号与油动机行程、控制油压等的关系。

（2）油动机行程与各调速汽门开度的关系。

（3）调速器环及油动机的工作行程。

（4）传动放大机构的迟缓率。

390. 调速系统静态特性试验的目的是什么?

答：调速系统静态特性试验是通过空负荷试验和带负荷试验测取转速与调速器信号的关系、调速器信号与油动机行程的关系、油动机行程与调速汽门开度的关系、调速汽门开度与负荷的关系。根据以上关系得出转速与负荷的关系曲线，就是调速系统的静态特性曲线，通过曲线可算出调速系统的速度变动率、迟缓率，判断调速汽门的重叠度、富裕行程、同步器调节范围和灵敏度。

391. 调速系统做甩负荷试验应具备哪些条件?

答：调速系统做甩负荷试验应具备如下条件：

（1）调速系统静态特性符合要求。

（2）主蒸汽门、调速汽门严密性试验合格，且动作灵活、迅速。

（3）危急保安器动作转速合格。

（4）排汽、抽汽止回门动作正确、灵活，关闭严密。

（5）手动打闸停机合格。

（6）高压油泵、润滑油泵联动试验合格。

（7）旁路处于完好的自动备用状态。

392. 汽轮机主蒸汽门、调速汽门严密性试验步骤及要求是什么?

答：汽轮机主蒸汽门、调速汽门严密性试验步骤：

（1）稳定蒸汽参数，汽轮机转速在 3000r/min 运转正常。

（2）手动将主蒸汽门关闭，并维持关闭状态；检查盘上关闭信号、就地位置都在关闭状态。

（3）监视转速下降到不再下降时，方可开启主蒸汽门。

（4）将转速重新升到 3000r/min。用同样方法做调速汽门严密性试验。

汽轮机主蒸汽门、调速汽门严密性试验要求：

如果试验在额定参数下进行，试验时最后稳定转速低于

1000r/min 为合格；当试验时参数低于额定值，则最高稳定转速应低于以下转速为合格，即

最高稳定转速＝1000r/min×(试验汽压/额定汽压)

393. 投、停轴封系统有何注意事项？

答：(1) 系统投运前，应先启动盘车。

(2) 检查凝结水系统已运行，轴封加热器已投入，轴抽风机启动后才可以向轴封系统供汽。

(3) 供汽前一定要对轴封系统充分暖管疏水，确保汽源过热度符合要求。

(4) 冷态启机应先抽真空后送轴封，热态启机应先送轴封后抽真空。

(5) 轴封系统停运后确保系统隔离严密，防止汽缸进汽、进水，造成变形损坏。

394. 为什么汽轮机在做超速试验前机组要带负荷运行一段时间？

答：汽轮机启动过程中，要通过暖机等措施尽快使转子温度达到脆性转变温度以上，以增加转子承受离心力和热应力的能力。但对于大容量机组，转子直径较大，从启动到定速，转子中心与表面还存在较大的温差，转子中心温度仍未达到脆性转变温度以上。做超速试验时，转速增加 10%，拉应力增加 25%，同时还有热应力叠加。转子承受的应力很大，容易造成转子的脆性断裂。因此，在做超速试验前，使机组带负荷运行 3～4h 后，提高转子中心温度，达到脆性转变温度以上再做超速试验。

395. 汽轮机在什么情况下需要做超速试验？

答：汽轮机在下列情况下需要做超速试验：

(1) 新安装机组或机组大修后第一次启动。

(2) 调速系统解体检修或调整后。

(3) 机组做甩负荷试验前。

(4) 机组停运一个月后再启动。

(5) 机组运行 2000h 后。

396. 为什么机组运行 2000h 后要做超速试验？

答：为了防止运行中危急保安器弹簧变形、飞锤卡涩以及危急保安器动作不正常等隐患引起危急保安器动作失常或拒动，在机组运行 2000h 后进行超速试验，检查、活动危急保安器动作，保证在机组超速时危急保安器能正确动作。

397. 做超速试验时要注意哪些事项？

答：做超速试验时要注意以下事项：

（1）做超速试验前，主蒸汽门、调速汽门活动灵活、无卡涩，严密性合格。

（2）机组带负荷运行 3～4h，或转子金属温度达到要求值。

（3）油压、油温正常，润滑油泵、高压油泵联动试验正常。

（4）旁路自动投入在完好的备用状态。

（5）锅炉燃烧稳定，蒸汽参数符合要求。

（6）要有专人分别监视转速、机组振动。

（7）提升转速要缓慢平稳。

（8）转速升高到动作转速后，要记录动作转速，并检查动作信号，防止因电超速和一次油压高保护动作而代替超速保安器。

（9）提升转速试验要做两次，两次的动作转速差值不超过 0.6%，动转速不超过额定转速的 12%。

（10）在做超速试验时，如果出现机组振动超标，蒸汽参数大幅度变化或转速达 3330r/min 而危急保安器未动作，应立即打闸停机。

398. 做超速试验时，调速汽门大幅度摆动会造成什么影响？应如何处理？

答：做超速试验一般在机组并网带负荷一段时间，解列后进行。由于做超速试验时，蒸汽流量较小，锅炉燃烧不稳定，且主蒸汽过热度也不高，这时，如果调速汽门大幅度摆动将影响主蒸汽温度的变化。当调速汽门关小时，门前压力升高，蒸汽的过热度减小；当调速汽门开大时，蒸汽流量瞬间增大，蒸汽温度下降，会使主蒸汽的过热度太低，甚至蒸汽带水，可能造成汽轮机水冲击。所以，做超速试验时，如果出现调速汽门大幅度摆动，应立即打闸停机。

399. 为什么要规定机组负荷在 80％额定负荷时做真空严密性试验？

答： 因为真空系统的漏空气量与负荷有关，负荷不同处于真空状态的设备、系统范围不同，凝汽器内真空也不同；而且在一定的漏空气量下，负荷不同时真空下降的速度也不同，所以，规定机组负荷在 80％额定负荷时做真空严密性试验，

400. 如何做真空严密性试验？有哪些注意事项？

答： 做真空严密性试验的步骤：

（1）汽轮机负荷带额定负荷的 80％，运行工况稳定，记录试验前的负荷、真空、排汽缸温度、凝结水温度、循环水出入口温度。

（2）关闭抽气器的空气门，或解除备用泵，停止射水泵运行，记录时间；真空下降有一个滞后阶段，要观察 5min。

（3）5min 后开空气门或启动射水泵，同时记录真空、负荷、排汽缸温度、凝结水温、循环水出/入口温度；真空下降率小于 270Pa/min 为合格。

401. 汽轮机在什么情况下要做热力特性试验？

答： 汽轮机在下列情况下要做热力特性试验：

（1）新机组安装投运后。

（2）机组长期运行及大修前后。

（3）机组的结构、热力系统进行较大的改进后。

402. 汽轮机热力特性试验的目的是什么？

答： 汽轮机热力特性试验的目的是为了测取机组在完好状态和规定的运行条件下的热力特性，即测取蒸汽流量、汽耗率、热耗率和电功率。根据试验结果，可以进行下述分析：

（1）机组是否达到了制造厂设计或供货条件中保证的经济指标。

（2）检查机组是否运行正常，应否更换零件和对设备及热力系统进行必要的改造。

（3）绘制相应的曲线图表，为电网经济调度及合理启、停机组提供选择依据。

（4）验证机组结构和热力系统改进效果。

403. 汽轮机危急保安器充油试验与超速试验有什么不同？如何进行换算？

答：做超速试验时，汽轮机转速很高，转子离心力大大高于正常运行时离心力，转子内部产生很大的应力，而且做超速试验时机组振动也会增大，对机组的安全运行和使用寿命都有影响。危急保安器充油试验是在不超过额定转速下试验危急保安器动作转速。试验时先将转速降到 2800r/min，给试验危急保安器充油，转动时离心力引起的油压给危急保安器飞锤一个与离心力同向附加力，逐渐提升转速，测出危急保安器充油时动作转速，要求在 2900～2950r/min 之间，转速在 3000r/min 以下。

404. 简述润滑油系统油压下降、油位不变异常现象、原因及处理方法。

答：现象：

（1）"润滑油压低"声光报警。

（2）CRT 显示润滑油压下降，轴承金属温度和回油温度上升。

（3）就地油压表指示下降。

原因：

（1）主油泵、射油器工作不正常。

（2）润滑油压力管道内漏。

（3）交、直流润滑油泵出口止回门不严。

（4）油压表计失灵。

处理方法：

（1）检查主油泵进、出口压力，若主油泵、射油器工作失常，应汇报有关领导，必要时应停机。

（2）检查交、直流油泵出口止回门是否关严。

（3）当润滑油压降至 0.08MPa 时，"润滑油压低"报警，联动交流润滑油泵。

（4）润滑油压下降至 0.075MPa，"润滑油压低"报警，直流润滑油泵自启动，否则手动启动。

（5）若润滑油压低至 0.049MPa，汽轮机"低油压保护"自动跳闸，否则手动打闸破坏真空紧急停机，并立即启动顶轴油泵。

405.简述润滑油系统油位下降、油压不变原因及处理方法。

答：原因：

（1）油位计工作不正常。

（2）油箱事故放油门及取样门不严。

（3）密封油系统泄漏，密封油箱油位不正常。

（4）油净化装置漏油。

（5）回油管泄漏。

处理方法：

（1）发现主油箱油位下降应及时补油。

（2）放油门、取样门不严密应手动关闭严密。

（3）迅速查明漏油处，若发现油管道破裂漏油时，应立即在靠近高温管道处做好防火措施，并及时报告值长及有关领导，联系检修设法消除。

（4）若经补油无效，油位下降至汽轮机厂要求的最低值时，应紧急停机。

406.简述润滑油系统油位、油压同时下降的原因及处理方法。

答：原因：

（1）压力油管路破裂、外漏。

（2）冷油器铜管泄漏。

2）处理方法：

（1）启动备用油泵，维持压力。

（2）向油箱补油。

（3）切除故障冷油器运行。

（4）设法消除泄漏点，若属于设备或法兰结合面损坏、漏油，应立即停机。

（5）油压、油位同时下降无法消除时，应立即停机处理。

407. 简述润滑油系统主油泵工作异常现象、原因及处理方法。

答：现象：

（1）前箱内有噪声。

（2）主油泵出口压力下降。

原因：

（1）主油泵叶轮损坏，前箱内压力油管道泄漏。

（2）注油器工作异常。

（3）主油泵进、出口管道泄漏。

处理方法：

（1）检查主油泵进口压力是否正常、前箱内有无异音、管道有无大量泄漏，密切监视主油泵出口及润滑油压力的变化并立即汇报。

（2）确认主油泵进、出口管道泄漏，联系检修人员堵漏。

（3）确认主油泵故障，立即启动交流润滑油泵和高压密封油备用泵，减负荷至零后，不破坏真空故障停机。

408. 简述润滑油系统油箱油位升高的原因及处理方法。

答：原因：

（1）油箱油位升高的主要原因是油系统进水，使水进入油箱。

（2）轴封供汽压力太高，溢流站动作不正常或轴封齿大量倒伏、磨损。

（3）轴封加热器真空低。

（4）冷油器有泄漏时，水压大于油压。

（5）主油箱负压不正常。

（6）净油装置工作不正常。

（7）贮油箱润滑油输送泵运行时，主油箱补油阀未关或未关严。

处理方法：

（1）发现油箱油位升高，应进行油箱底部放水。

（2）联系化学，化验油质。

（3）调整轴封汽压力，提高轴封加热器真空。

（4）冷油器切换，检查有无泄漏。

（5）检查油箱排烟风机工作情况。

（6）如因给水泵汽轮机油箱补油引起，立即恢复正常。

（7）如轴封齿大量倒伏，应结合机组大修处理。

409. 简述润滑油系统润滑油温高的原因及处理方法。

答：原因：

（1）冷油器冷却水量少。

（2）冷却水压力低。

（3）冷却水温度高。

处理方法：

（1）检查冷油器工作情况、油温自动控制情况，检查开式冷却水压力是否正常，发现问题及时处理。

（2）汽轮机各轴承回油温度升高，则应检查供油压力、供油温度和流量是否正常，并采取措施及时处理。

（3）若汽轮机某一轴承回油温度升高，则应检查轴承回油量是否正常。

（4）若轴承油管进入杂物、油滤网堵或轴瓦故障等引起出口油温急剧升高，甚至轴承断油冒烟等，则应立即按紧急停机规定进行处理。

410. 简述润滑油系统轴承断油的原因及处理方法。

答：原因：

（1）运行中进行油系统切换时发生误操作。

（2）机组启动定速后，由于注油器工作异常，使主油泵失压，润滑油压降低而又未联动备用油泵。

（3）油系统积存大量空气未及时排除。

（4）汽轮发电机组在启动和停止过程中，交、直流润滑油泵同时故障。

（5）主油箱油位降到低极限以下，空气进入注油器，使主油泵工作异常。

（6）厂用电中断，直流油泵不能及时投入。

（7）安装或检修时，油系统存留棉纱等杂物，使油管堵塞。

（8）轴瓦在检修中装反或运行中移位。

处理方法：

发现推力瓦、轴瓦钨金温度和回油温度超过停机定值或轴承断油冒烟，应立即按紧急停机规定进行处理，及时启动备用油泵。

411. 简述润滑油系统着火的原因及处理方法。

答：原因：

油系统漏油，一旦漏油接触到高温物体，就要引起火灾。

处理方法：

（1）发现油系统着火时，要迅速采取措施灭火，汇报领导。

（2）注意不使火势蔓延至回转部位及电缆处。

（3）火势蔓延无法扑救，威胁机组安全运行时，应破坏真空紧急停机。

（4）根据情况（如主油箱着火），开启主油箱事故放油门，转子静止之前，应维持汽轮机惰走时的润滑油量，并进行发电机的排氢工作，切除火区设备电源。

（5）待氢压降至 0.02MPa，并且机组转速降至 1000r/min 以下时，立即向发电机充 CO_2 进行气体置换。

（6）油系统着火可使用干式灭火器、二氧化碳灭火器或泡沫灭火器灭火，严禁用水和沙子（地面上可用水和沙子）灭火。

412. 甩负荷试验的目的是什么？

答：甩负荷试验的目的有两个：

（1）通过试验求得转速的变化过程，以评价机组调速系统的调节品质及动态特性的好坏。

（2）对一些动态性能不良的机组，通过试验测取转速变化及调节系统主要部件相互间的动作关系曲线，以分析缺陷原因，作为改进依据。

413. 甩负荷试验前应具备什么条件？

答：甩负荷试验前应具备如下条件：

（1）静态特性合乎要求。

（2）主蒸汽门严密性试验合格。

（3）调速汽门严密性试验合格，当自动主汽门全开时，调速系统能维持空负荷运行。

（4）危急保安器试验合格：

1）手动试验良好。

2）超速试验动作转速符合规定。

（5）抽汽止回门动作正确，关闭严密。

（6）电气、锅炉、汽轮机分场均应作出相应的安全措施。

第四章

汽轮机辅助系统相关知识

414. 什么叫水泵?

答：把提升液体、输送液体或使液体增加压力，即把原动机的机械能变为液体能量的机器统称为水泵。

415. 按生产压力的大小水泵可分为哪几类?

答：按生产压力的大小水泵可分为：

（1）低压泵：压力在 2MPa 以下。

（2）中压泵：压力为 2～6MPa。

（3）高压泵：压力在 6MPa 以上。

416. 按工作原理水泵分为哪几类?

答：按照工作原理水泵可分为以下三种泵：

（1）叶片式泵。

（2）容积式泵。

（3）其他类型泵。

417. 叶片式水泵分为哪几种?

答：叶片式水泵可分为以下几种：

（1）离心泵。

（2）轴流泵。

（3）斜流泵。

（4）旋涡泵。

418. 什么是动力式泵?

答：动力式泵连续地将能量传给被输送液体，主要是速度增大，然后再将其速度降低，使大部分动能转变为压力能，利用被输送液体已升高后的压力实现输送，如：

（1）叶片泵。包括离心泵、混流泵、轴流泵、旋涡泵等。

（2）射流泵。包括气体喷射泵、液体喷射泵等。

419. 什么是容积式泵？

答：容积式泵在周期性地改变泵腔容积的过程中，以作用和位移的周期性变化将能力传递给被输送液体，使其压力直接升高到所需的压力值后实现输送。如：

（1）往复泵。包括活塞泵、柱塞泵、隔膜泵、挤压泵等。

（2）转子泵。包括齿轮泵、螺杆泵、罗茨泵、旋转活塞泵、滑片泵、曲轴泵、挠性转子泵、蠕动泵等。

420. 离心泵的工作原理是什么？

答：离心泵的工作原理是在泵内充满水的情况下，叶轮旋转产生离心力，叶轮槽道中的水在离心力的作用下甩向外围流进泵壳，于是叶轮中心压力降低，这个压力低于进水管内压力，水就在这个压力差的作用下由吸水池流入叶轮。这样水泵就可以不断地吸水、不断地供水了。

421. 轴流泵的工作原理是什么？

答：旋转叶片的挤压推进力使流体获得能量，升高其压能和动能，叶轮安装在圆筒形（风机为圆锥形）泵壳内，当叶轮旋转时，流体轴向流入，在叶片叶道内获得能量后，沿轴向流出。轴流式泵与风机适用于大流量、低压力，制冷系统中常用作循环水泵及送风机、引风机。

422. 斜流泵的工作原理是什么？

答：斜流泵工作原理是水部分利用了离心力，部分利用了升力，在两种力的共同作用下，输送流体，并提高其压力，流体轴向进入叶轮后，沿圆锥面方向流出。

423. 容积式水泵的工作原理是什么？

答：容积式水泵的工作原理是利用原动机驱动部件（活塞、齿轮等）使工作室的容积发生周期性的改变，依靠压差使流体流动，从而达到输送流体的目的。其特点是结构简单、轻便、紧凑，工作可靠。

424. 喷射泵的工作原理是什么?

答: 高压的流体经喷嘴后成为高速射流进入工作室,工作室内喷管附近的低压流体大量地卷带经扩压管升压后输出,同时又使水池中的流体被吸入工作室,从而形成连续工作过程。喷射泵的工作流体可以是高压蒸汽,也可以是高压水,被输送的流体可以是水、油或空气。

425. 水泵的几个重要性能参数是什么?

答: 不论什么泵,在工作时都具有一定的参数,通常在泵的名牌中给出,主要有:

(1)流量。是指单位时间内流出泵出口断面的液体体积或质量,体积流量用符号 Q_v 表示,质量流量用 Q_m 表示。

(2)扬程。是指被输送的单位质量液体流经水泵后所获得的能量增值,即水泵

实际传给单位质量液体的总能量,其单位为 m,用符号 H 表示。

(3)转速。是指泵轴每分钟内所转过的圈数,用字母 n 表示。

(4)轴功率。是指由原动机传给水泵泵轴上的功率,通常水泵铭牌上所列的功率均指的是水泵轴功率,用字母 N 表示。

(5)效率。指被输送的液体实际获得的功率与轴功率的比值,用数字 η 表示。

(6)必需汽蚀余量。水泵工作时,常因装置设计或运行不当,出现水泵进口处压力过低,导致汽蚀发生,为了使水泵不发生汽蚀,泵的叶轮进口处,单位质量液体所必需具备的超过汽化压力的富余能量称为泵的必需汽蚀余量。

426. 离心泵分几类结构形式?有什么优、缺点?

答: 离心泵按其结构形式分为立式泵和卧式泵。

(1)立式泵。

1)优点:占地面积少,建筑投入小,安装方便。

2)缺点:重心高,不适合无固定底脚场合运行。

(2)卧式泵。

1) 优点：适用场合广泛，重心低，稳定性好。

2) 缺点：占地面积大，建筑投入大，体积大，质量重。

427. 离心泵的主要部件有哪些？

答：离心泵的主要部件有叶轮、吸入室、压出室、密封装置等。

428. 什么是有效功率？

答：除去机械本身的能量损失和消耗外，因泵的运转而使液体实际获得的功率称为有效功率。

429. 什么是轴功率？

答：电动机传给泵轴的功率称为轴功率。

430. 为什么说电动机传给泵的功率总是大于泵的有效功率？

答：电动机传给泵的功率总是大于泵的有效功率的原因如下：

（1）离心泵在运转中，泵内有一部分的高压液体要流回泵的入口，甚至漏到泵外，这样就必须要损失一部分能量。

（2）液体流经叶轮和泵壳时，流动方向和速度的变化，以及流体间的相互撞击等也消耗一部分能量。

（3）泵轴与轴承和轴封之间的机械摩擦等消耗一部分能量。

431. 什么是泵的总效率？

答：发电泵的有效功率与轴功率之比称为泵的总效率。

432. 离心泵内的功率损失有哪些？

答：离心泵内的功率损失有三种：水力损失、容积损失、机械损失。

（1）水力损失：流体在泵体内流动时，如果流道光滑，阻力就小些；流道粗糙，阻力就大些，水流进入到转动的叶轮或水流从叶轮中出来时还会产生碰撞和漩涡引起损失。以上两种损失称为水力损失。

（2）容积损失：叶轮是转动的，而泵体是静止的，流体在叶轮和泵体之间的间隙中一小部分回流到叶轮的进口；另外，有一部分流体从平衡孔回流到叶轮进口或从轴封处漏损。如果是多级泵，从平衡盘也要漏损一部分。这些损失称为容积损失。

（3）机械损失：轴在转动时要和轴承、填料等发生摩擦，叶轮在泵体内转动，叶轮前后盖板要与流体产生摩擦，都要消耗一部分功率，这些由于机械摩擦引起的损失总成为机械损失。

433. 什么是泵的流量？用什么符号表示？

答： 流量是指单位时间内流过管道某一截面的液体量（体积或质量）。

434. 什么是平衡？平衡分几类？

答： 消除旋转件或部件不平衡的工作称为平衡。

平衡可分为静平衡和动平衡两种。

435. 什么是静平衡？

答： 在一些专用的工装上，不需要旋转的状态下测定旋转件不平衡所在的前方位，同时又能确定平衡力应加的位置和大小，这种找平衡的方法称为静平衡。

436. 什么是动平衡？

答： 在零件过部件旋转时进行的，不但要平衡偏重所产生的离心力，而且还要平衡离心力所组成的力偶矩的平衡称为动平衡。动平衡一般用于速度高、直径大、工作精度要求特别严格的机件。

437. 做旋转件的静平衡时，如何测定被平衡零件的偏重方位？

答： 首先让被平衡件在平衡工装上自由滚动数次，若最后一次是顺时针方向旋转，则零件的重心一定位于垂直中心线的右侧（因摩擦阻力关系），此时在零件的最低点处用白粉笔做一个标记；然后让零件自由滚动，最后一次滚摆是在逆时针方向完成，则被平衡零件重心一定位于垂直中心线的左侧，同样再用白粉笔做一个记号，那么两次记录的重心就是偏重方位。

438. 做旋转件的静平衡时，如何确定平衡重的大小？

答： 首先将零件的偏重方位转到水平位置，并且在对面对称的位置最大圆处加上适当的试重块。选择加试重块时应该考虑到这一点的部位、将来是否能进行配重和减重，并且在试重块加上后，仍保持水平位置或轻微摆动；然后再将零件反转 180°，使其保持水平位置，反复几次，试重块确定不变后，将试重块取下称质量，这就确定了平衡重块的大小。

439. 机械转子不平衡的种类有哪些？

答：机械转子不平衡的种类有静不平衡、动不平衡和混合不平衡。

440. 什么是水泵吸上真空高度？

答：水泵吸上真空高度又称吸上真空度，是指从指泵基准面算起的吸入口的真空度（以米液柱计）。用 H_s 表示，单位是 m。

441. 什么是水泵汽蚀余量？

答：水泵汽蚀余量是指泵吸入口处单位质量液体超出液体汽化压力的富裕能量（以米液柱表示）。用 NPSH 表示，单位是 m。

442. 水泵选型的原则有哪些？

答：水泵选型的选择如下：

（1）满足要求。所选泵的性能应满足工艺流程设计要求。

（2）选泵从简。优先选择结构简单的泵。因为结构简单的泵与结构复杂的泵相比，结构简单的泵具有可靠性高、维修方便、寿命周期内总成本低等优点。例如：单级泵和多级泵、叶片式泵和往复式泵。

（3）优选离心泵。离心泵具有转速高、体积小、质量轻、结构简单、输液无脉动、性能平稳、容易操作和维修方便等特点。因此，除以下情况外，应尽可能选用离心泵。

1）有计量要求时，选用计量泵。

2）小流量、高扬程时，选用旋涡泵、往复泵。

3）小流量、高扬程，且要求流量（压力）无脉动时，选用旋涡泵。

4）大流量、低扬程时，选用轴流泵、混流泵。

5）介质含气量为 75%，流量较小且黏度小于 $37.4\mathrm{mm^2/s}$ 时，选用旋涡泵。

6）介质黏度较大（大于 $650\sim1000mm^2/s$）时，选用转子泵、往复泵（齿轮泵、螺杆泵）。

7）对启动频繁或灌泵不便的场合，选用有自吸性能的泵，如自吸离心泵、自吸旋涡泵、隔膜泵。

8）有特别需要时，选用其他泵，如喷射泵、软管泵等。

（4）特殊要求。安装在爆炸区域或特殊场合的泵，应根据爆炸区域等级，采用防爆电动机或其他有效措施。

443. 水泵选型步骤有哪些？

答： 水泵选型步骤如下：

（1）确认环境条件。

（2）确认介质性质。

（3）选定泵过流部件的材质。

（4）选定泵类型。

（5）选定泵性能参数。

（6）选定泵安装形式。根据管路布置、安装场地选择卧式、直联、立式和其他形式（直角式、变角式、转角式、双联式、便拆式）。

（7）确定泵的台数和备用率。对正常运转的泵，一般只用1台，因为1台大泵与并联工作的两台小泵相当（指扬程、流量相同），大泵效率高于小泵，故从节能角度考虑可选1台大泵，而不用两台小泵，有特殊要求时，可考虑两台泵并联运行。

444. 水泵选型前的基本数据有哪些？

答： 水泵选型前的基本数据如下：

（1）介质的特性。包括介质名称、密度、黏度、腐蚀性、毒性等。

（2）介质中所含因体的颗粒直径、含量多少。

（3）介质温度（℃）。

（4）所需要的流量一般工业用泵在工艺流程中可以忽略管道系统中的泄漏量，但必须考虑工艺变化时对流量的影响。农业用泵如果是采用明渠输水，还必须考虑渗漏及蒸发量。

（5）压力。包括吸水池压力、排水池压力、管道系统中的压力降（扬程损失）。

（6）管道系统数据。包括管径、长度、管道附件种类及数目、吸水池至压水池的几何标高等。

445. 在设计布置管道时，应注意哪些事项?

答：在设计布置管道时，应注意如下事项：

（1）合理选择管道直径，管道直径大，在相同流量下，液流速度小，阻力损失小，但价格高；管道直径小，会导致阻力损失急剧增大，使所选泵的扬程增加，功率增加，成本和运行费用都增加。因此，应从技术和经济的角度综合考虑。

（2）排出管及其管接头应考虑所能承受的最大压力。

（3）管道布置应尽可能布置成直管，尽量减小管道中的附件，并尽量缩小管道长度，必须转弯的时候，弯头的弯曲半径应该是管道直径的 3～5 倍，角度尽可能大于 90℃。

（4）泵的排出侧必须装设球阀（或截止阀）止回阀。球阀（或截止阀）用来调节泵的工况点，止回阀在液体倒流时可防止泵反转，并使泵避免水锤的打击。（当液体倒流时，会产生巨大的反向压力，使泵损坏）

446. 如何估算水泵扬程?

答：水泵扬程计算公式为

$$H=(p_2-p_1)/\rho g+(v_2-v_1)/2g+z_2-z_1$$

式中　H——扬程，m；

　p_1、p_2——泵进、出口处液体的压力，Pa；

　v_1、v_2——流体在泵进、出口处的流速，m/s；

　z_1、z_2——进、出口高度，m；

　ρ——液体密度，kg/m³；

　g——重力加速度，m/s²。

447. 水泵配套电动机容量如何计算?

答：水泵配套电动机容量计算公式为

$$N=KP=KPe/\eta=K\rho gQH/1000\eta \quad (\text{kW})$$

式中 K——电动机的安全系数，一般取 $1.1\sim1.3$；

$\quad\quad P$——泵的轴功率，又叫输入功率，即电动机传到泵轴上的功率，kW；

$\quad\quad Pe$——泵的有效功率，又叫输出功率，即单位时间输出介质从泵中获得的有效能量，kW；

$\quad\quad \rho$——泵输送介质的密度（kg/m^3）。一般水的密度为 $1000kg/m^3$（比重为 1），酸的密度为 $1250kg/m^3$（比重为 1.25）；

$\quad\quad Q$——泵的流量，当流量单位为 m^3/h 时，应注意换算成 m^3/s；

$\quad\quad H$——泵的扬程，m；

$\quad\quad g$——重力加速度，为 $9.8m/s^2$；

$\quad\quad \eta$——泵的效率。

448. 凝汽器分哪几种？

答：按照汽轮机排汽凝结的方式不同，凝汽器可分为混合式和表面式两种类型。汽轮机的排汽与冷却水直接混合换热的叫混合式凝汽器。这种凝汽器的缺点是凝结水不能回收，一般应用于地热电站。

汽轮机排汽与冷却水通过铜管或不锈管表面进行间接换热的凝汽器叫作表面式凝汽器。现在一般电厂都是用表面式凝汽器。

449. 凝汽器内的真空是怎么建立和维持的？

答：汽轮机运行中有排汽排入凝汽器，由于排汽压力低、容积大，排汽在受到冷却凝结成水，蒸汽凝结成水后，其体积大大缩小，原来由蒸汽充满的容积空间就形成高度真空。由于冷却水不断地将进入凝汽器中排汽的热量带走，使凝结过程不断地进入，这样凝汽器中的真空就建立起来了。其真空的高低受冷却水的温度、流量、机组的排汽量、凝汽器的传热效果、真空系统的严密状况及抽气器的工作状况等因素制约。

理想状况下，只要进入凝汽器的冷却水不中断，则凝汽器中的真空就可以维持到一定水平。但实际上，汽轮机排汽中总是带有一些不可凝结的气体，处于高度真空状态下的凝汽器及其系统不可能完全严密，总有一些空气通过不严密的部位漏入真空系统。因此，要靠抽气器连续不断地将凝汽器中的不凝结气体抽出，维持凝汽器内部一定的真空。

450. 运行中凝结水过冷度大会有什么影响？如何减小过冷度？

答：若凝结水过冷度大，则会使凝结水中的含氧量增加，引起对设备的腐蚀，而且凝结水本身的热量额外地被循环水带走造成损失。高压汽轮机允许过冷度是2℃。

减小过冷度的方法如下：

（1）运行中严密监视凝汽器水位不能升高，避免凝结水淹没铜管，尽量保持凝结水低水位运行。

（2）注意真空系统严密性，防止空气漏入，保证抽气器正常运行。

451. 机组运行中凝结水硬度大有哪些原因？

答：机组运行中凝结水硬度大有以下原因：

（1）凝汽器铜管胀口处泄漏或铜管破裂，使循环水漏入凝结水中。

（2）备用射水抽气器的空气门、进水门及空气止回门关闭不严或卡涩，使射水池的水吸入凝汽器。

452. 机组运行中凝结水导电度增大有何原因？

答：机组运行中凝结水导电度增大的原因如下：

（1）凝汽器铜管泄漏。

（2）补水水质不合格。

（3）阀门误操作，使生水吸入凝汽器。

（4）汽水品质不合格。

（5）低负荷运行。

453. 机组运行中凝结水溶氧量增大有何原因？

答：机组运行中凝结水溶氧量增大的原因如下：

（1）凝汽器铜管破裂、泄漏。

（2）凝汽器水位过低，使凝结水过冷却。

（3）凝汽器真空除氧装置损坏。

（4）低于热水井以下的负压系统漏空气。

454. 机组运行中凝结水过冷度大有何原因？

答：凝结水的过冷度是凝结水与排汽压力下对应的饱和温度的差值。凝结水过冷度大的原因如下：

（1）凝汽器铜管布置不合理，使上部凝结水流到下部铜管上再次冷却。

（2）凝汽器内汽侧漏空或抽气器运行不正常，因凝汽器内蒸汽分压力下降而引起凝结水过冷却。

（3）凝结器水位过高，淹没铜管，使凝结水过冷却。

（4）铜管破裂，循环水漏入汽侧，使凝结水温度降低。

（5）循环水量太大或温度太低。

455. 真空系统抽气器分哪几类？其组成和工作原理是什么？

答：根据其工作原理的不同抽气器分为射流式抽气器和容积式真空泵两大类。

（1）射流式抽气器。它由喷嘴、混合室和扩压管组成。工作介质通过喷嘴将压力能转变为速度能，形成一股高速射流，在喷嘴出口处形成强烈的引射作用，抽吸与混合室连通的凝汽器等处的不凝结气体；在扩压管中将混合物的动能转变为压力能，速度降低，压力逐渐升高，最后在略高于大气压的情况下排入大气。根据其工作介质的不同，射流式抽气器又分为射汽式抽气器和射水式抽气器。

（2）容积式真空泵。容积式真空泵分为液环式和离心式两种。液环式在运行时，叶轮与工作液体之间会形成可变工作腔。在吸入侧工作腔，空腔容积逐渐增大，吸入空气；在排出侧工作腔，空腔容积逐渐减小，把空气压缩，送到排出口排出，在吸入室建立真空。

离心式机械泵是利用叶轮旋转的离心力，在把工作水甩出的同时夹带空气来建立真空的。

456. 什么是回热加热器？其分类有哪几种？各有何优、缺点？

答：回热加热器是指从汽轮机的某些中间级抽出部分蒸汽来加热凝结水或锅炉给水的设备。

按传热方式的不同，回热加热器可分为表面式和混合式两种。混合式加热器通过汽水直接混合来传递热量，表面式加热器则通过金属受热面来实现热量传递。

混合式加热器可将水直接加热到加热蒸汽压力下的饱和温度，无端差，热经济性高，没有金属受热面，结构简单，造价低，便于汇集不同温度的汽水，并能除去水中含有的气体。但是，混合式加热器的缺点是每台加热器的出口必须配置升压泵，增加了设备投资，系统复杂，而且在汽轮机变工况运行时升压泵入口容易汽化。

表面式加热器由于金属受热面存在热阻，给水不可能被加热到对应抽汽压力下的饱和温度，不可避免地存在着端差。因此，与混合式加热器比较，其热经济性低，金属耗量大、造价高。而且还要增加与之相匹配的疏水装置。但是，由于表面式加热器所组成的回热系统简单，且运行可靠，所以得到广泛使用。

457. 加热器疏水装置的作用是什么？有哪些形式？

答：在加热器中去加热给水的蒸汽放出热量后凝结成水叫疏水。疏水装置就是可靠地将疏水排出加热器。加热器疏水装置有疏水器和多级水封等。

458. 加热器系统为什么要采用疏水冷却器？

答：疏水冷却器是疏水流入下一级加热器前，先经过一个由主凝结水来吸热的热交换器，使疏水适当冷却后再进入下一级加热器。

因为疏水是对应抽汽压力下的饱和水，疏水流入下一级加热器，会造成对低压抽汽的排挤，降低热经济性。所以采用疏水冷却器后，减少对低压抽汽的排挤，提高经济性。疏水冷却器有在外部单独设置，也有设在加热器内部的。

459. 给水除氧的任务是什么？

答：由于补充水或真空设备及管道的不严使空气漏入水中，

空气中的部分气体溶解到水中。给水中溶解的气体危害最大的是氧气，它会对金属材料产生氧腐蚀；其次是二氧化碳，它会加快氧腐蚀。而在高温条件下及水的碱性较弱时，氧腐蚀将加剧，腐蚀热力设备及管道，降低其工作可靠性与使用寿命。另外，不凝结气体附着在传热面上，以及氧化物沉积形成的盐垢，会增大传热热阻，使热力设备传热恶化，降低热力设备的热经济性。同时，氧化物沉积在汽轮机叶片上，会导致汽轮机出力下降和轴向推力增加。因此，给水除氧的任务是除去水中的氧气和不凝结气体，防止热力设备腐蚀和传热恶化。

460. 给水除氧的方法有哪几种？

答：给水除氧的方法有化学除氧和物理除氧两种：

（1）化学除氧。利用某些易与氧化发生反应的化学药剂，使之与水中溶解的氧发生化学反应，生成对金属不产生腐蚀的物质，达到除氧的目的。化学除氧只能彻底除去水中的氧，而不能除去其他气体，同时生成的氧化物将增加给水中可溶性盐类的含量。

（2）物理除氧。物理除氧用的最广泛的是热力除氧，热力除氧是以亨利定律和道尔顿定律为理论基础的。当将给水定压加热时，随着水蒸发过程的进行，水面上的蒸汽量不断增加，蒸汽的分压力逐渐升高，气体及时排出，相应的水面上各种气体的分压力不断降低。当水被加热到除氧器压力下的饱和温度时，水大量蒸发，水蒸气的分压力就会接近水面上的全压力，随着气体的不断排出，水面上各种气体的分压力将趋近于零，于是溶解于水中的气体将会从水中逸出而被除去。

461. 采用高压除氧器有哪些优、缺点？

答：除氧器按压力可分为真空式除氧、大气式除氧、高压除氧。大型机组采用高压除氧有以下优、缺点：

（1）当高压加热器故障停运时，进入锅炉的给水温度仍可保持 150～160℃，有利于锅炉的正常运行。

（2）可以减少一级价格昂贵而运行不十分可靠的高压加热器。

（3）较高的饱和温度还可以促进气体自水中离析，降低气体的溶解度，提高除氧效果。

（4）可以防止除氧器发生自生沸腾现象。

（5）有利于回收利用加热器疏水的热量。同时在凝结水量很少时，仍能保持有加热蒸汽进入除氧器，使除氧器工作稳定。

缺点是出口的给水泵长期工作在高温条件下，容易引起水泵入口的汽蚀。

462. 简述淋水盘式除氧器的结构和工作过程。

答：淋水盘式除氧器主要由配水槽、筛盘、蒸汽分配箱、给水箱组成。需要除氧的水由上部进入配水槽，然后落入筛盘中，筛盘底部有小孔，把水分成细流。加热蒸汽由下部送入，经分配器进入除氧器内。自下而上地加热下落的水滴，把水加热到饱和温度，水中的气体不断分离逸出，从除氧器上部的排氧门排出，水流至下部的给水箱。

463. 简述喷雾填料式除氧器的结构和工作过程。

答：喷雾填料式除氧器结构简单，检修方便，除氧效果好，适应负荷变化的范围大。这种除氧器的除氧分为立式和卧式两种。

以卧式除氧器为例，它由内部的雾化喷嘴、淋水盘、填料层和壳体上的蒸汽入口、主凝结水入口及给水箱等组成。

来自低压加热器的凝结水进入除氧顺顶部水室，然后由雾化喷嘴喷出，形成伞状水雾，与由下而上的二次蒸汽进行混合传热把凝结水加热到工作压力下的饱和温度。此时水中大部分溶解氧及其他气体将以水泡形式析出，达到初步除氧的目的。除氧头上部初步除氧后的凝结水及蒸汽凝结水经淋水盘均布后落入下部的填料层。在此区域内与自下而上的一次加热蒸汽再次混合、传热，进行深度除氧。这时水中气体以扩散的形式逸出水膜液面。最后，除氧水及蒸汽凝结水经下水口进入给水箱。

464. 除氧器再沸腾管的作用是什么？

答：除氧器再沸腾管的作用如下：

（1）机组启动前对给水箱中给水进行加热，符合锅炉上水温度的要求。因为此时水并未循环流动，如加热蒸汽只在水面上加热，压力升高较快，但温度不易升高。

（2）正常运行中使用再沸腾管对提高除氧效果有好处。开启再沸腾门，使水箱内的水经常处于沸腾状态，同时水箱液面上的汽化蒸汽还可以将除氧水与水中分离出来的气体隔开，保证了除氧效果。

465. 什么是泵的轴功率、有效功率和泵的效率？

答：原动机传到泵轴上的功率叫轴功率。

泵输送出去的功率，即单位时间内泵输送出去的液体从泵内获得的有效能量为泵的有效功率。

泵的效率是泵的有效功率与轴功率之比的百分数。

466. 离心水泵空转会带来什么影响？

答：离心水泵的空转时间不允许太长，通常以 2～4min 为限，因为时间过长造成泵内的水温度升高过多，甚至汽化，致使泵的部件受到汽蚀或受高温而变形。

467. 离心泵的并列运行和串联运行各有何特点？

答：并列运行的特点：

（1）每台泵的扬程相等即为总扬程，总流量为每台泵的流量之和。

（2）并列后总流量比每台泵单独运行时流量大，但并列时每台泵的流量却比它自己单独运行时的流量减小，因此并列后的总数越多，总流量越大，但流量的增加比例越小。

（3）两台泵并列后的总扬程比每台泵单独运行时的扬程提高了，这是因为此时每台泵并列后流量减少、扬程增加的缘故。但每台泵并列后的功率却比自己单独运行时减小了。

串联运行的特点：

（1）每台泵的流量相等即为总流量，总的扬程为每台泵扬程之和。

（2）与泵单独在这个系统中工作时比较，串联后总扬程和流量都增加了，而每台泵在串联时的扬程比单独工作时降低了，串联泵台数越多，每台泵扬程下降也越多。

468. 给水泵启动前为什么要进行暖泵？

答：给水泵停运后，由于轴封低温水的缘故和泵体的散热，使给水冷热密度不同，从而自发地形成热虹吸作用，热水上升，冷水下降，造成上、下泵壳间的温差。如果给水泵体温度较低，而给水箱温度较高，给水泵启动后就会产生较大的热冲击，直接影响给水泵的寿命，严重时造成设备损坏事故。特别对给水泵汽轮机带动的给水泵，启动前必须时行暖泵、暖机，使汽动给水泵壳体的上、下温差不致过大。否则就会引起外壳变形，轴承座偏移，转子弯曲，造成启动过程振动大或动静摩擦、抱轴事故。

469. 调速给水泵在运行操作上有什么特点？

答：调速给水泵在运行操作上有以下特点：

（1）进入锅炉的给水压力和给水流量是根据转速的变化调节的，而不靠阀门的节流来调节。

（2）在泵启动前，应进行勺管调整试验，先手动调节勺管看其是否灵活，然后再在控制盘上电动操作勺管，表盘上的勺管指示应与就地位置相对应。

（3）暖泵时，前置泵和主泵同时进行。对于采用机械密封的给水泵，要充分排出内部空气。

（4）在主泵上一般都有中间抽头作为锅炉再热器的减温水，泵启动前该减温水门应关闭，泵启动后，根据锅炉要求开启，停泵时要根据需要关闭。

（5）调速泵运行中除监视润滑油温外，还要监视工作油温度。

（6）联动备用的调速给水泵的勺管位置应自动跟踪运行泵的勺管位置。如自动跟踪不能投入时，可将勺管位置放在40％以上。这样当运行泵掉闸时，不致使锅炉给水波动太大。

（7）两台泵并列运行时，应使其转速差最小，防止流量偏差过大。

470. 给水泵频繁启动会带来什么影响？

答：给水泵应尽量避免频繁启动，特别是采用平衡盘来平衡轴向推力的给水泵，泵每启停一次，平衡盘就可能有一些磨损。泵从开始转动到定速过程中，即出口压力从零到定压这一短暂过程中，轴向推力被平衡，转子会向进水端串动。另外，水泵的启动次数和启动间隔时间，应视电气对电动机的规定来执行。如果连续启动次数过多或时间间隔较短，将引起电动机烧毁。

471. 高压给水泵为什么不能在规定的最小流量以下运行？

答：高压给水泵一般允许的最小运行流量为额定流量的 $25\%\sim30\%$，如果在小于这个流量以下运转，会因泵内给水摩擦所产生的热量不能全部带走，导致给水汽化，一旦发生汽化，因所产生的热量不能全部带走，导致给水汽化，一旦发生汽化，因泵内水压的不稳定会引起平衡盘串动，甚至与平衡座发生摩擦，严重时导致平衡盘损坏或卡死事故。另外，离心泵性能曲线在小流量范围内较为平坦，有的还有"驼峰"形曲线，会出现压力脉动引起"喘振"现象，使出水压力、流量波动，还拌随有振动。因此，为了避免这种现象的发生，大型给水泵都要设置自动再循环门，当流量小于规定值时，再循环门自动开启；当流量大于规定值时，再循环门自动关闭。

472. 什么是水泵的有效汽蚀余量和必需汽蚀余量？

答：液体由吸入液面流至泵吸入口处，单位质量液体具有的超过饱和蒸汽压力的富余能量叫有效汽蚀余量。单位质量液体从泵吸入口流至泵叶轮叶片进口压力最低处的压力降称为必需汽蚀余量。

473. 什么是水泵的汽蚀现象？

答：由于叶轮入口处压力低于工作水温的饱和压力，故引起一部分液体蒸发（即汽化）。气泡进入压力较高的区域时受压突然凝结，于是四周的液体就向此处补充，造成水力冲击，使附近金属表面局部脱落，这种现象称为汽蚀现象。

474. 什么是水泵的允许吸上真空度？为什么要规定这个数值？

答：水泵内的允许吸上真空度是指泵入口处的真空数值。

当泵的真空过高时，泵入口处的液体就会汽化产生汽蚀。因为汽蚀对泵的危害很大，所以应力求避免。

475. 水泵停运后，为什么要检查转速是否到零？

答：水泵停运后，检查转速到零的原因如下：

（1）水泵停运后，如果出口止回门不严，会引起泵倒转，处理不及时会造成系统断水事故。泵倒转时会引起轴套松动和动、静摩擦。但在泵倒转时不能及时再启动，必须关严出口门以使转速到零。

（2）水泵停运后，如果两相电源未拉开而使泵两相低速运转，容易引起电动机烧坏事故。

476. 为什么不允许离心式水泵长时间关闭出口门运行？

答：因为离心式水泵流量越小，出口压力越大。泵的耗功大部分转变成热能，使泵中液体温度提高，发生汽化，导致泵的损坏，所以不允许离心式水泵长时间关闭出口门运行。

477. 对运行中的给水泵进行缺陷处理时，为什么要先解列高压侧后解列低压侧？

答：运行中停下的给水泵处于热备用状态，如果先从低压侧解列，当给水泵的出口止回门不严时，会使泵内压力升高，造成给水泵法兰、管道法兰垫片损坏。因此，解列时要先关严高压侧的门，再关闭低压侧的入口门，并打开放水。

478. 给水泵倒转有什么现象？如何处理？

答：给水泵掉闸时，如果出口止回门关闭不严或卡住，而泵出口门又未关严，将造成给水泵倒转。给水泵倒转的现象有：

（1）在就地可观察到泵的转向与正常相反。

（2）锅炉给水压力下降，除氧器水位上升，给水泵入口压力波动。

给水泵发生倒转时转速很高，因此，为了防止轴瓦烧损，要检查辅助油泵的运行情况和润滑油压。如果油泵未联启，应立即启动。如果出口门未关闭，应立即关闭，必要时就是手摇关闭。此时，严禁关闭给水泵入口门，以防给水泵低压侧爆破。对倒转的给水泵，千万不能重合开关启动，因为这种情况下反力矩很大，如果强行启动，将会导致轴扭断或电动机损坏事故。

479. 如何评价凝汽设备运行的好坏？

答：对于凝汽设备运行的好坏，应从以下三个方面来衡量：

（1）能否保持和接近最佳真空。

（2）能否使凝结水的过冷度最小。

（3）能否保证凝结水的品质合格。

480. 凝汽器铜管腐蚀有哪些现象？

答：凝汽器铜管腐蚀的现象有以下几种：

（1）电化学腐蚀。凝汽器运行时，由于从铜管内流过的冷却水不是净化的化学水，其中往往溶解有盐类和酸碱等电解质，所以冷却水具有导电性而引起电化学腐蚀。

（2）冲击腐蚀。冲击腐蚀是凝汽器管子损坏的一种主要形式。它多发生在铜管进口端，因为此处的水流速大且分布不均匀，造成冲击腐蚀。另外，当冷却水中含沙量大时，机械摩擦也会使凝汽器铜管磨损腐蚀。

（3）脱锌腐蚀。脱锌腐蚀是电化学作用的结果。铜管内表面有一层氧化膜，用以保护铜管不被电化学腐蚀。但运行中泥沙冲刷、杂物摩擦及水流冲击等原因，使铜管内表面保护膜脱落。钢和锌在水中产生电解作用，使铜管中的锌被水溶解带走。失去锌的铜管呈现多孔状态，管质变脆，机械强度大大降低。

481. 防止凝汽器铜管腐蚀的方法有哪些？

答：防止凝汽器铜管腐蚀的方法有：

（1）凝汽器铜管采用耐腐蚀材料。

（2）经硫酸亚铁处理的铜管不仅能有效地防止新铜管的脱锌腐蚀，而且对已经脱锌的铜管可在锌表面形成一层保护膜，阻止脱锌的发展。

（3）加脱锌抑制剂，防止管壁温度升高，清除管壁内表面的结垢物，适当增加管内流速。

（4）冷却水进口处加设滤网，对冷却水进行加氯处理。

（5）阴极保护法是一种防止溃疡腐蚀的措施，即防止铜管电腐蚀。

（6）加强对新铜管的质量监督，提高安装工艺水平。

482. 凝汽器低水位运行方式有哪些优、缺点？

答：凝汽器低水位运行方式具有操作、管理方便，以及凝结水泵耗电较少等优点。其缺点是容易使水泵产生汽蚀，对叶轮损坏较严重，运行时使水泵产生一定的振动及出口压力摆动现象。

483. 运行中减少凝汽器端差有哪些措施？

答：运行中减少凝汽器端差的措施有：

（1）尽可能保持凝汽器传热面的清洁、干净。例如运行中投入胶球清洗系统，检修时用机械或水力方法捅刷、清洗凝汽器传热表面，以及结垢严重时酸洗等。

（2）在冷却水中加入一些化学药品，以杀死冷却水中的微生物，减少一些藻类物质在传热表面上的附着、繁衍；进一步的处理是除去水中的一些盐类物质，减少结垢。

（3）维持真空系统的严密性，减少漏空气。真空严密性试验不合格时，就要设法找出并消除漏空气点。

（4）抽气器应维持在正常、高效的状态下工作，以使凝汽器中的空气水平尽量维持在低限。

484. 凝结水过冷度大会造成什么影响？

答：凝结水过冷度太大，会使凝结水回热加热所需的热量增加，从而降低系统的热经济性；另外，还会使凝结水的溶氧量增大，引起低压设备和管道的氧腐蚀，降低设备的安全可靠性。因此，解决凝结水过冷度太大的问题，不仅有利于改善系统的经济性，也可提高设备运行的安全可靠性。凝结水过冷度一般不超过 $2℃$。

485. 凝汽器底部的弹簧有什么作用？当凝汽器需要大量灌水时，为什么要在底部临时打支撑？

答： 凝汽器底部的弹簧的作用是补偿低压排汽缸及凝汽器受热面的膨胀，避免因排汽缸、凝汽器受热向上膨胀而使低压缸中心变化以致引起振动。

停机后，凝汽器需要灌水，以进行系统查漏。由于灌水量大，将使凝汽器底部弹簧超载而产生变形，如果载荷过大，可能造成弹簧的永久变形，所以在灌水前临时打支撑。但在启机前一定要取走临时支撑，以免在排汽缸、凝汽器受热膨胀时，弹簧起不到补偿作用。

486. 用胶球清洗凝汽器时，应注意哪几个问题？

答： 用胶球清洗凝汽器时，应注意以下几个问题：

（1）为了确保胶球清洗效果，清洗时间应根据运行中的水质情况和污染物种类来确定。其原则是在间隔时间内，管内不形成坚实的污垢附着物或藻类物质。

（2）定期检查胶球的磨损情况。当胶球的直径减小时，应更换新球。

（3）如果收球网前、后压差大，应进行反冲洗，以保证胶球的正常循环。

（4）运行中若发现胶球的循环速度下降，应检查胶球输送装置及系统的工作情况，发现问题后应及时处理。

487. 凝汽器循环水冷水塔为什么要排污？

答： 循环水是在密闭系统中循环运行的。长时间的循环使循环水被浓缩，循环水中的有机杂质、无机盐的比例增加。这些有机杂质和无机盐会在凝汽器铜管内结垢，降低传热效果，使真空降低，机组热效率降低。因此，对循环水质要进行化学监督，如果不合格，就要及时进行排污，并补充处理过的新水。

488. 热力除氧有什么基本条件？

答： 热力除氧要取得良好的效果，必须满足下列基本条件：

（1）必须将水加热到相应压力下的饱和温度。

（2）使气体的解析过程充分。

(3) 保证水和蒸汽有足够的接触时间。

(4) 能顺利地排除解析出来的溶解气体。

489. 机组运行中除氧器降压处理缺陷时解列除氧器的步骤是什么?

答: 机组运行中除氧器降压处理缺陷时解列除氧器的步骤如下:

(1) 如果低压汽封由除氧器带,应先将低压汽封倒至备用汽源带。

(2) 将高压加热器的疏水倒至扩容器或其他地方,否则先解列高压加热器运行,将高压加热器至除氧器疏水门关闭。

(3) 关闭所有进入除氧器的汽源门。

(4) 关闭给水泵至除氧器的再循环门。

(5) 根据除氧器温度停运低压加热器的运行,使除氧器内压力至零,温度降至不影响检修工作。

490. 什么是除氧器的定压运行和滑压运行?

答: 定压运行是无论机组负荷如何变化,除氧器始终保持额定的工作压力运行。定压运行时抽汽压力始终高于除氧器压力,用进汽调整门调节来保持除氧器额定工作压力。

滑压运行是除氧器压力随负荷变化而变化。机组从低负荷至额定负荷,除氧器进汽调整门始终保持全开状态,进汽压力不进行任何调整,除氧器压力随负荷的高低而升高和下降。除氧器滑压运行避免了抽汽的节流损失,低负荷时不需要切换高压汽源,因此,减少操作,节省了投资,也提高了经济性。

491. 除氧器发生自沸腾现象会造成什么后果?

答: 除氧器发生自沸腾现象会造成以下后果:

(1) 除氧器发生自沸腾现象,使除氧器内压力超过正常工作压力,严重时发生除氧器超压。

(2) 使原设计的除氧器内部汽水逆向流动受到破坏,除氧塔底部形成蒸汽层,使分离出来的气体难以逸出,影响除氧效果。

492. 除氧器有哪些防爆措施?

答: 除氧器的防爆措施如下:

（1）机组大、小修时对除氧器的焊缝进行金相检查应合格。

（2）除氧器要有安全门，按规定的动作压力整定好；并定期配合检修人员手动试验。

（3）除氧器要有水位高自动保护，当水位高到极限值时自动开启放水电动门。

（4）除氧器压力高到高限值自动闭锁抽汽电动门。

493. 高压加热器长期不能投入运行对机组运行有什么影响？

答：采用了汽轮机的抽汽凝结水和给水后，这部分蒸汽不再排入凝汽器中，因而减少了在凝汽器中的冷源损失，提高了给水温度。单位蒸汽在锅炉中的吸热量降低了，提高了电厂的经济性。如果加热器长期不投入运行，这样不仅降低机组运行的经济性，甚至还会影响机组的正常出力，无形中增加了凝汽器的排汽量，并且还会使推力瓦温度增高，通流部分产生不必要的过负荷，对于机组本身安全不利。因此，加热器的投入率也是衡量机组设备运行状况完好的重要标志。

494. 高压加热器内漏的原因有哪些？

答：高压加热器内漏的原因如下：

（1）热应力大。高压加热器在与汽轮机正常启停过程中，或在汽轮机故障而高压加热器停运时，或汽轮机正常运行中因高压加热器故障停运及再投入运行时，高压加热器的温升率、温降率控制得不好而超过规定，使高压加热器的管子和管板受到较大的热应力，管子和管板相连接的焊缝或胀接处发生损坏，引起端口泄漏。

（2）管板变形。管板变形会使管子的端口发生泄漏。高压加热器管板水侧压力高、温度低，汽侧压力低、温度高，尤其有内置式疏水冷却段，温差更大。如果管板的厚度不够，则管板会有一定变形。管板中心会向压力低、温度高的汽侧鼓凸，在水侧管板发生中心凹陷。工况变化时，汽、水侧的压力、温度发生变化。这些变化都会引起管板变形，导致管子端口泄漏。

（3）堵管工艺不当。堵管是 U 形管高压加热器管系泄漏的一种修理手段，但如果采用的堵管方法和工艺不当，不仅解决不了管系的泄漏,反而会引起更严重的损坏,形成越堵越漏的情况。

(4)制造质量不良。管子和管板之间的焊接和胀接技术不过关,会引起泄漏。

(5)结构方面存在缺陷及运行维护不当。引起管子局部受冲刷侵蚀,导致泄漏。

495. 加热器水位过高有什么危害?

答:加热器水位过高的危害如下:

(1)水位过高,淹没了一部分有效传热面,给水在加热器中的吸热量就会减少,也降低了给水的温升值,从而降低了回热循环的热效率。

(2)当加热器因管束泄漏或疏水故障等原因造成水位过高甚至满水时,水就有可能通过抽汽管道倒流入汽轮机,引起水冲击事故。

(3)对有内置过热蒸汽冷却段的倒置立式加热器,水位过高,会淹没过热蒸汽冷却段的上端隔板,导致该处管束损坏。

496. 加热器水位过低或无水有什么危害?

答:加热器水位过低或无水的危害如下:

(1)水位过低,不能浸没内置式疏水冷却的疏水入口,蒸汽就会进入疏水冷却段,影响疏水冷却段内部的传热过程。对于需要靠虹吸作用来维持水正常流动的正立式加热器和具有短程全通道疏水冷却段的卧式加热器,一旦疏水水位低于疏水冷却段入口,水封遭到破坏,就丧失了疏水冷却段的作用,使疏水所含热量不能得到充分利用,影响热经济性。

(2)各级加热器之间的疏水一般都是逐级串联的。在无水位运行情况下,抽汽压力较高的一级加热器中的蒸汽就会通过疏水管道进入下一级抽汽压力较低的加热器,取代部分参数较低的加热器的蒸汽,使回热循环的整体热效率降低。

(3)对有内置式疏水冷却段的加热器,当水位过低而使疏水入口暴露在蒸汽中时,在入口处形成蒸汽和水的两相流动,高速流动的混合物会侵蚀疏水冷却段入口附近的管束、隔板等部件。

(4)在水位过低的情况下,疏水冷却段不能正常工作,由加热器排出的疏水过冷度很小，疏水在流动过程中就很容易因压损而造成疏水在管道内闪蒸。闪蒸后形成高速流动的汽水混合物，对管道中的弯头、阀门等造成严重的侵蚀损坏。

（5）对采用疏水泵的系统，疏水过冷度不足，还会对疏水泵的汽蚀含量产生不利影响。

497. 什么是高压加热器水侧过负荷？它是由哪些原因引起的？

答：高压加热器水侧过负荷是指高压加热器进水量超进设计的额定值。引起水侧过负荷的原因如下：

（1）汽轮机汽耗增加并大于设计值，使汽轮机在额定满负荷或接近额定满负荷时给水流量超过设计值。

（2）发电厂的厂用汽量、锅炉排污量及汽、水损耗量大大增加，以致给水流量超过设计值。

498. 高压加热器水侧过负荷对高压加热器有什么影响？

答：高压加热器水侧过负荷对高压加热器的影响如下：

（1）流量增加超过设计值，引起管束振动而使加热器损坏。

（2）给水流速增加，对管子的冲刷力增加，导致加热器内部管系的管口和管子受侵蚀损坏。

499. 什么是加热器疏水闪蒸现象？它有什么危害？

答：加热器局部的疏水温度比相对应疏水压力的饱和温度高时所发生的剧烈汽化现象即为闪蒸现象。

闪蒸现象可引起汽、水两相共流，对加热器传热管件和壳体内附件的危害极大，不但会引起疏水流动不稳定，而且会引起管系振动和冲刷侵蚀。

500. 发生闪蒸现象的原因有哪些？闪蒸现象发生在什么部位？

答：发生闪蒸现象发生的原因及部位如下：

（1）疏水流速大，经过疏水冷却和疏水管道时，其压力下降较大，即相应的饱和温度大幅度下降，使得疏水温度高于饱和温度而出现闪蒸。

（2）疏水流速虽正常，但在疏水冷却器入口处，由于设计不合理，局部压力损失较大，致使疏水温度高于相应压力下的饱和温度而出现闪蒸。

（3）加热器水位控制不好，水位过低，蒸汽进入疏水冷却段或疏水冷却器，使流动压损增大。另外，进入疏水冷却段的蒸汽会使疏水的冷却效果降低，导致疏水进一步汽化。

501. 什么是加热器水室内部短路？

答：加热器水室内部短路是指加热器水室内的进、出口水隔板损坏，进水与出水之间部分被短路，有一部分给水直接进入加热器水室出口侧而没有通过传热管，直接从加热器水室的出口出去了。

502. 高压加热器出水温度下降的原因有哪些？

答：高压加热器出水温度下降，降低了回热系统效果，增加了能耗，应找出具体原因，予以消除。出水温度下降的原因有：

（1）抽汽阀门未开足或被卡住。

（2）运行中负荷突变引起暂时的给水加热不足。

（3）给水流量突然增加。

（4）水室内的分程隔板泄漏。

（5）高压加热器给水旁路阀门未关严，有一部分给水走了旁路，或保护装置进、出口阀门的旁路阀等未完全关严而内漏。

（6）疏水调节阀失灵，引起水位过高而浸没管子。

（7）汽侧壳内的空气不能及时排除而积聚，影响传热。

（8）经长期运行后堵掉了一些管子，传热面因此减小。

503. 高、低压加热器运行时为什么要控制水位？

答：高压加热器运行时的水位对加热器的性能及寿命影响很大，这是因为高压加热器的性能指标是基于正常水位来保证的。高压加热器运行时必须是有水位运行，不可以长期处于无水或低于低水位线之下运行，否则除造成疏水温度偏高、热效率差外，还会引起管速的冲刷损坏。

加热器正常水位即控制水位。当加热器达到运行温度并稳定运行时，一定要保证控制水位，在高压加热器壳体上固定的水位指示计能清楚地表明这一水位。为使加热器正常运行，需要保持一定水位，一般卧式加热器允许水位偏离正常水位±38mm，立式加热器允许水位偏离正常水位±50mm。

504. 何谓高压加热器低水位? 它对运行有什么影响?

答: 高压加热器低于正常水位 38mm 即为低水位。水位的进一步降低（一般超过 25mm）会使疏水冷却段进口露出水面，而使蒸汽进入该段，将破坏使疏水流经该段的虹吸作用，并会造成如下的后果:

（1）造成加热器疏水端差的增加。

（2）由于泄漏蒸汽的热量损失，使高压加热器性能恶化。

（3）在加热器疏水冷却段进口处和疏水冷却段内引起蒸汽冲刷，造成加热器管损坏。

505. 如何确定高压加热器疏水冷却段部分进汽?

答: 除可以通过高压加热器水位计指示来确定疏水冷却段进汽外，还可以通过比较疏水出口温度与给水进口温度来确定。

在设计工况正常运行时，疏水温度大概高于给水进口温度 5～11℃。如疏水温度高于给水进门温度 11～28℃，则疏水冷却段就可能已部分进汽。

506. 何谓高压加热器水位的高水位? 它有什么危害?

答: 高压加热器水位高于正常水位即为高水位 38mm。

当加热器水位高于该值时，凝结段的部分换热管将浸没在水中。这种满水会减小有效传热面积，导致加热器性能下降（给水出口温度降低）。对于立式加热器，进一步提高水位（约 300mm）会使疏水淹入过热段，将破坏过热段的传热，严重冲蚀管子，并会产生以下影响:

（1）疏水调节阀不正常运行或失常。

（2）加热器之间压差不够。

（3）加热器超载荷。

（4）高压加热器换热管损坏。

507. 高压加热器不投入运行，机组能带额定负荷吗?

答: 高压加热器不投入运行，其加热的抽汽可在汽缸内继续做功，汽轮机的功率可以提高。如果保持负荷不变，总的进汽量减少，此时应按高压加热器抽汽后各级通流能力确定机组是否允许带额定负荷。如果机组真空低的情况下应限制负荷，如果高压加热器抽汽后各级压力不超允许范围，轴向位移也不大，就可以带额定负荷。若高压加热器不投入，锅炉再热器、过热器壁温超限，就根据情况限制带负荷。

508. 热力系统的化学补充水进入凝汽器，对经济性有什么影响？

答：从凝汽器补充水，使化学补充水可以在凝汽器内实现初步除氧。当补充水温度低于凝汽器排汽温度时，如果补充水以喷雾状态进入凝汽器喉部，则可回收利用一部分排汽热，改善凝汽器的真空。同时，由于补充水流经低压加热器时，利用低能位抽汽逐级进行加热，减少了高能位的抽气，因而提高了热经济性。因此，大型凝汽式机组采用化学水做补充水时，其补充水多数从凝汽器补入。

509. 低压加热器疏水泵的出水接在系统的什么部位时经济性高？

答：低压加热器疏水泵出口水有直接到除氧器、到本级加热器入口及到本级加热器出口三种方式。疏水直接进入除氧器，增加了除氧器的较高一级抽汽用量，而减少了各低压加热器低能级的抽汽，冷源损失增大，热经济性降低。疏水进入本级加热器的出口和入口比较，疏水进入加热器出口的方式疏水热量利用于较高能级的加热器，使冷源损失减少。所以，疏水泵出口水进入本级加热器出口的方式经济性最高。

510. 在运行过程中，如何确定高压加热器是否发生泄漏？

答：在加热器运行过程中，通过测量流量和观察疏水调节阀的运行情况，可以检测加热器管子是否泄漏。如压力信号或阀杆指示器表示阀门是微启着或者比该负荷条件下的通常开启度大，并且负荷是稳定的，这就表明疏水流出流量比加热器负荷要求的大，多出的疏水流量必定来源于加热器管子泄漏。停运时水压试验可以核实管子泄漏，应立即采取措施堵塞破裂管子，以便尽量降低高压水对邻近管子冲刷损害。

511. 如何在停机阶段对高压加热器进行保护?

答:在停机阶段,必须对高压加热器的水侧和汽侧进行保护。运行过程中短期停运时,在汽侧充满蒸汽并适当地调节水侧给水的值,可以起到很好的保护作用。停机时间较长(在高压加热器长期停用或大修而机组停用)时,必须提供更持久性的保护措施,如:

(1)壳侧和管侧均充氮气。充氮气前,设备需经完全干燥,氮气压力维持在 0.05MPa(表压)。当压力低于 0.02MPa 时,应再补充氮气,且氮气纯度应在 99.5% 以上。

(2)壳侧充氮气[要求同(1)],管侧充满给水,且联氨浓度提高到 200mg/L,并调节 pH 值达 10.0。有条件时,可使水通过专设的水泵进行循环,且每两个月更换 1 次水。

512. 如何控制高压加热器温度变化率?

答:高压加热器冷态启动或其运行工况发生变化时,温度变化率限定在小于 55℃/h,必要时可允许变化率小于或等于 110℃/h,但不能再超过此值。在此温度变化率下,可保证高压加热器水室、壳体和管束有足够的时间均匀地吸热或散热,以防止发生热应力损坏。根据实验测得数据证明,当高压加热器温度变化率限制在小于 110℃/h 时,允许进行无限次热循环,且此时的热应力对加热器的损坏在安全范围内,不会降低加热器的设计寿命;但当温度变化率超过 110℃/h 时,加热器使用寿命会受到严重有害影响。

513. 给水旁路系统包括哪些部分? 给水旁路主要有哪些形式?

答:因高压加热器的故障率较高,为了不中断锅炉给水以致使机组停运,必须在高压加热器上设置给水旁路系统。给水旁路系统包括旁路管道、给水进/出口及旁路阀门或两者组成的联成阀,阀门均需要由保护装置的信号联动操作。给水旁路主要有以下几种形式:

(1)大旁路(如图 4-1 所示)。横跨全部高压加热器及其疏水冷却器、蒸汽冷却器等。大旁路作用时,整组高压加热器停用,

给水直接送至锅炉省煤器。

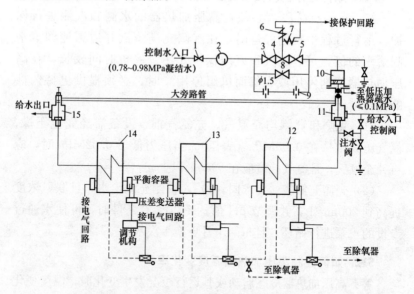

图 4-1　高压加热器大旁路及保护系统

1、3、5—截止阀；2—过滤网；4—快速启闭阀；6—开阀电磁铁；7—关阀电磁铁；

8—启闭阀旁通阀；9—节流孔；10—活塞缸；11—高压加热器入口联成阀；

12、13、14—高压加热器；15—高压加热器出口止回阀

（2）小旁路。小旁路作用时，该高压加热器停用，给水经其他高压加热器送至锅炉省煤器。

（3）双重旁路。两个旁路均横跨全部高压加热器及其疏水冷却器、蒸汽冷却器等。第二个旁路采用电动闸阀进行隔离，在第一个旁路系统的阀门关闭不严时投入使用，确保加热器的隔离和检修工作安全进行。

514. 超压保护装置是如何保证加热器安全的？

答：超压保护分为水侧超压保护和汽侧超压保护两种，其作用分别是：

（1）为防止加热器在给水进、出口阀门关闭时，水侧封存的水受热膨胀而超压，或在运行中因水泵或管路阀门工作状态的突然变化而超压，应在水侧给水进口阀和出口阀之间设置一个安全

阀或超压报警装置。此外，还要在水侧系统上装设放水阀，并注意在停运高压加热器时将水放出或打开水侧的排空门。

（2）对汽侧设计压力低于水侧压力的加热器，为防止管子破裂时漏出的给水造成汽侧超压，应在汽侧装设安全阀，确保加热器壳体不破裂。此外，还必须设置事故疏水阀。每级高压加热器都应设有一个由高水位控制的电动阀门，作为事故疏水至锅炉定期排污扩容器之用，以排放高压加热器管系损坏时的漏水和疏水，使汽轮机不发生抽汽管倒流进水事故。

515. 为什么启动温度变化率过大会造成加热器管系泄漏？

答： 发电厂大型机组一般采用表面式高压加热器，内部传热管数量多、管壁薄，而管板很厚，管板两侧温度差值可达 $300℃$，从加热器结构来说存在较大的隐患。另外，高压加热器工况恶劣，高压加热器承受着给水泵的出口压力，比锅炉汽包承受的压力还高，是发电厂内承压最高的压力容器；高压加热器还承受着过热蒸汽和给水之间的温差，其中又以管板式高压加热器的管子与管板连接处的工作条件最为恶劣。在高压加热器投运和停运过程中，如果操作不当，管子与管板结合面受到很大的温度冲击，会有很大的热应力叠加在机械应力上。当这种应力过大或多次交变，就会损坏结合面或造成管端口泄漏。

516. 高压加热器进水量过负荷会引起哪些情况？

答： 高压加热器进水量过负荷将会带来如下后果：

（1）汽侧过负荷，蒸汽流量增加超过设计额定值，引起管束振动而使加热器损坏。

（2）给水流速增加，对管子的冲刷力增加，常导致加热器管系的管口和管子受侵蚀损坏。

517. 高压加热器汽侧水位过高会有哪些危害？

答： 汽侧水位过高，淹没了一部分有效传热面，给水在加热器中的吸热量会减少，也就降低了给水的温升值，从而降低了回热循环的热效率和热经济性。当加热器因管束泄漏或疏水调节系统故障等原因而造成汽侧水位过高甚至满水时，汽侧的水就有可能通过抽汽管路倒流入汽轮机，引起重大汽轮机损坏事故。对具有内置式蒸汽冷却器的倒置立式加热器，如汽侧水位过高，淹没了过热蒸汽冷却段的上端隔板，会导致该处管束损坏。

518. 高压加热器汽侧水位过低会产生哪些危害？

答：如果高压加热器在运行中汽侧水位过低，不能浸没内置式疏水冷却段的疏水入口，蒸汽就会进入疏水冷却段，从而影响疏水冷却段内部的传热效果。对于需要靠虹吸作用维持疏水正常流动的立式加热器和具有疏水冷却段的卧式加热器，一旦疏水水位低于疏水冷却段入口，水封遭到破坏，就失去了疏水冷却段的作用，使疏水所含热量不能得到充分利用，影响热经济性。

各级加热器之间的疏水一般都是逐级串联的。在无水位运行情况下，抽汽压力较高的一级加热器中的蒸汽就会通过疏水管道进入下一级抽汽压力较低的加热器，从而使回热循环的整体热经济性降低。

对有内置式疏水冷却段的加热器，当水位过低而使疏水入口暴露在蒸汽中时，会在入口处形成蒸汽与水的两相流动。疏水冷却段的流通截面是按水量设计的，为防止压损过大，一般规定疏水冷却段内凝结水流速不大于 2.0m/s。当部分蒸汽进入疏水冷却器时，高速流动的汽水混合物会侵蚀疏水冷却段入口附近的管束、隔板等构件。此外，流速增大还可能导致管束振动损坏。

在水位过低的情况下，疏水冷却段不能正常工作，由加热器排出的疏水过冷度很小，疏水在流动过程中就很容易因压损而造成疏水在管道内闪蒸。闪蒸后形成高速流动的汽水混合物，对管路中的弯头、阀门等造成严重侵蚀的可能就增加了很多。疏水闪蒸和两相流动过程通常不稳定，也会激发管道的振动。管道长期大幅度振动，会造成管道及有关设备的疲劳损坏。对采用疏水泵的系统，疏水过冷度不足，还会造成疏水泵汽蚀余量不足。

519. 为什么会造成高压加热器假水位？

答： 造成高压加热器假水位的原因如下：

（1）上部平衡管太长，过量的凝结水使通过该管的流量增加，形成压降，使水位计的指示水位高于加热器的实际水位。

（2）加热器汽侧通过上部平衡管开孔处的蒸汽流速太高而使该处静压降低，由于抽吸作用，会降低上部平衡管内的压力，使水位计的指示水位高于加热器的实际水位。

（3）逐级疏水流入倒置立式加热器汽侧上部平衡管接头，会淹没传感器而使指示水位高于加热器的实际水位。

（4）部分沉积物的堵塞或关闭下部平衡管上的阀门，阻碍凝结水流回汽侧，使传感器中的指示水位高于加热器的实际水位。

（5）安装不正确或水位计的阀门关闭，造成指示假水位。

（6）水位计接口开在加热器汽侧内有剧烈流动的不稳定区域，指示水位不稳定。

（7）加热器内部由于汽侧压损而存在压力梯度，从而使水位有坡度，这对卧式加热器尤其明显。这时只反映了水位计处的水位，而不是加热器内的水位。

（8）浮子式水位计上的污垢使浮子质量改变，从而改变水位的指示值。

520. 什么是余速损失？

答： 蒸汽由叶片排出后仍具有一定的速度，这部分速度动能未能在本级内利用完。该没被利用完的动能称为余速损失。

521. 什么是汽缸的散热损失？

答： 汽缸外部虽敷设了保温层，但保温层表面温度仍高于环境温度，故仍向周围低温空气散热，形成汽缸散热损失。

522. 滑销系统的作用是什么？

答： 滑销系统的作用是保证汽缸受热时能自由膨胀，并保证汽缸与转子的中心一致。

523. 汽封有什么作用？

答： 设置汽封的主要目的是防止和减少漏汽，提高机组经济性。隔板汽封减少漏汽并能降低转子的轴向推力。

524. 简述氢冷发电机密封瓦的作用。

答：为防止发电机内部的氢气外漏，在发电机两端轴与静止部分之间设置密封瓦，中间通过连续不断的氢气压力高的压力油流，阻止氢气外泄。

525. 发电机氢置换有哪几种方法？

答：发电机氢置换有以下方法：

（1）中间介质置换法。先将中间气体 CO_2（N_2）从发电机壳下部管路引入，以排除机壳及气体管道内的空气，当机壳内 CO_2 含量达到规定要求时，即可充入氢气排出中间气体，最后置换成氢气。排氢过程与上述充氢过程相似。在使用中间介质时，注意气体采样点要正确，化验分析结果要准确，气体的充入和排入放顺序及使用管路要正确。

（2）抽真空置换法。应在发电机停止运行的条件下进行。首先将机内空气抽出，当机内真空达到 90％～95％时，可以开始充入氢气，然后取样分析。当氢气纯度不合格时，可以再抽真空，再充氢气，直到氢气纯度合格为止。采用抽真空法时，应特别注意密封油压的调整，防止发电机进油。

526. 发电机密封油温度高会有什么影响？

答：随着发电机密封油温度的升高，油吸附气体的能力逐渐增加，50℃以上的回油大约可吸收 8％容积的氢气和 10％容积的空气。另外，发电机的高速转动也使密封油由于搅拌而增强了吸收气体的能力。因此，为了保证发电机内部氢气的压力和纯度，冷油器出口油温不宜过高。

527. 发电机内大量进油有什么危害？如何处理？

答：发电机内大量进油有以下危害：

（1）侵蚀发电机的绝缘，加快绝缘老化。

（2）使发电机内氢气纯度降低，增大排污补氢量。

（3）如果油中含水量大，将使发电机内部氢气湿度增大，使绝缘受潮，降低气体电击穿强度，严重时可能造成发电机内部相间短路。

处理方法如下：

（1）控制发电机氢、油压差在规定范围内，不要过大，以防止进油。

（2）运行人员加强监视，发现有油位及时排尽，不使油大量积存。

（3）保持油质合格。

（4）经常投入氢干燥器，使氢气湿度降低。

（5）如密封瓦有缺陷，应尽早安排停机处理。

528. 氢冷发电机漏氢有哪些原因？如何查找和处理？

答：氢冷发电机漏氢的原因主要有以下几点：

（1）氢管路系统的焊缝、阀门及法兰不严密。

（2）在机座、端罩及出线罩的结合面处，密封胶没有注满密封槽或密封胶、密封橡胶条老化。

（3）氢冷器不严密。

（4）密封瓦有缺陷或密封油压过低，使油膜产生断续现象。

（5）定子内水系统，尤其是绝缘引水管接头等部位不严密。

查找方法：

（1）当发电机漏氢量较大时，应对内冷水箱、氢冷器的放气门、发电机两侧轴瓦、发电机各结合面处、密封油箱及氢系统的管路、阀门等处进行重点查找。

（2）通常采用专门检测仪及涂刷洗净剂水、洗衣粉水和皂水等办法查找。

处理方法：

（1）内冷水系统有微量漏氢时，一定要保持氢压高于水压0.05MPa以上，并尽早安排停机处理。大量漏氢时，应立即停机处理，不可延误。

（2）氢冷器漏氢时，应将泄漏的氢冷器进、出口水门关闭，根据温升情况降低发电机负荷，进行堵塞。

（3）密封油压低造成漏氢时，应提高油压。

（4）密封瓦缺陷及发电机各结合面不严造成漏氢时，可在大、小修或临时检修时处理。

529. 发电机密封油系统运行中有哪些检查内容？

答：发电机密封油系统运行中应监视密封装置的供油压力、中间回油压力、供油温度、回油温度、回油量及密封瓦温，定时检查密封油泵、冷油器的运行情况。对于有真空处理设备的机组，还要检查真空泵和抽气器的工作情况，监视真空油箱的真空度、氢气分离箱和补油箱的油位。在双回路供油系统中，还应加强对氢侧油箱油位的监视，以防油箱满油造成发电机进油，或油箱油位低造成漏氢和氢侧油泵工作不正常断油。运行中应保持适当的供油压力，油压过高时油量大，带入发电机的空气和水分多，吸走的氢气也多，使氢气纯度下降，补氢量增加；油压过低，则油流断续，氢气易泄漏。

530. 如何进行发电机定子冷却水系统的冲洗？

答：发电机定子冷却水系统冲洗的方法如下：

（1）水箱冲洗。开启水箱旁路门，给水箱补水；然后开启水箱放水门，冲洗水箱。冲洗合格后给水箱补水，同时投入水箱自动补水门，并确定补水正常。

（2）水系统冲洗。水系统冲洗前，必须先将发电机的定子冷却水进水门关闭严密，然后启动定子冷却水泵，向系统充水，检查管道有无泄漏，并注意水箱水位。开启定子进水门前放水门，进行放水冲洗。如果发电机引出母线为水冷导线，此时也可进行冲洗。冲洗 0.5h 后，即可化验水箱及定子进水门前放水门处的水质，并拆开水冷器出口滤网，清理滤网上的赃物。当水质合格后，可关闭放水门，开进水门，向发电机通水。

531. 如何进行发电机反冲洗？

答：在发电机外部进、出水管之间接反冲洗用的临时管，该管将发电机进水改成出水，出水改成进水。当反冲洗用的临时管接好后，即可启动定子冷却水泵，向发电机定子绕组通水循环，运行 12～24h，然后恢复原来的系统。冲洗时，对于水压与水流的要求与运行时相同。

532. 为什么要规定发电机冷却水压力比氢气压力低？

答：对于定子铁芯是氢冷，定子绕组是水冷，转子绕组是氢内冷，且水冷铜管嵌在定子线棒之间的机组，如果氢压高于水压，则铜管受压应力，且铜管破裂时水不外漏；如果水压高于氢压，则铜管受拉应力。因为一般金属受压应力的极限比受拉应力的极限大很多，所以冷却水压要比氢压低。

533. 汽轮机的调节方式有几种？各有何特点？

答：汽轮机的调节方式一般有节流调节、喷嘴调节和旁通调节等几种形式。

（1）节流调节结构简单，其缺点是节流损失大，从而降低了热效率。

（2）喷嘴调节的节流损失小，效率高。

（3）旁通调节是节流调节和喷嘴调节的一种辅助调节方法，为了增加出力，超出经济负荷运行，将新蒸汽绕过汽轮机前几级旁通于中间级做功，旁通又分为内旁通和外旁通。

534. 汽轮机供油系统的作用是什么？

答：汽轮机供油系统的作用如下：

（1）向汽轮发电机组各轴承提供润滑油。

（2）向调节保安系统提供压力油。

（3）启动和停机时向盘车装置和顶轴装置供油。

（4）对采用氢冷的发电机，向氢侧环式密封瓦和空侧环式密封瓦提供密封油。

535. 润滑油系统的主要组成部分有哪些？

答：润滑油系统的主要组成部分有集装式油箱、射油器、主油泵、油烟分离器、排烟风机、启动油泵、交流润滑油泵，直流润滑油泵、溢油阀、冷油器、滤油机、管阀等。

536. 抗燃油供油系统的主要组成部分有哪些？

答：抗燃油供油装置由抗燃油箱、抗燃油泵、蓄能器、滤油器、冷油器、排烟风机、溢流阀、再生泵、循环泵、管阀等组成。

537. 密封油系统主要组成部分有哪些?

答: 密封油系统主要由氢气侧密封油泵、真空油泵、密封油箱、油氢分离器、密封冷油器、排烟风机、油封筒、U 形管、管阀等组成。

538. 试述冷油器的工作原理。

答: 冷油器属于表面式热交换器,两种不同温度的介质分别在铜管内外流过。通过热传导,温度高的流体将热量传递给温度低的流体,从而得到冷却,降低温度到要求范围。冷油器用来冷却汽轮机润滑油或氢冷发电机密封油等,高温的油流进入冷油器,经各隔板在铜管外面做弯曲流动,铜管里面通入温度较低的冷却水,经热传导,高温油流的热量被冷却水带走,从而达到降低温度的目的。

539. 汽轮机油的主要用途是什么?

答: 汽轮机油作为调速系统和润滑油系统的工质,它的用途主要有三个:

(1) 以对调速系统来说它传递信号,经放大后作为操作滑阀和油动机的动力。

(2) 对润滑油系统来说,对各轴瓦起润滑和冷却作用。

(3) 对氢冷式发电机来说,为发电机提供一定压力的密封油。

540. 什么是透平油的循环倍率,如何计算? 它对透平油有何影响?

答: 循环倍率是指 1h 内油在整个系统中循环的次数,即每小时使用的油量与油系统总油量之比。

循环倍率=每小时油量/油系统总油量

循环倍率是影响油使用期限的一个重要因素,汽轮机的油箱容积越小则循环倍率越大,每千克油在单位时间内从轴承中吸收的热量越多,油质越容易恶化。循环倍率一般不应超过 8~10。

541. 油系统中阀门为什么不许正立垂直安装?

答: 油系统担任着向调速系统和润滑油系统供油的任务,而供油不允许中断,否则会造成损坏设备的严重事故。阀门经常操作,可能会发生掉门芯事故。如果运行中发生掉门芯而阀门又是正立垂直安装,可能造成油系统断油,轴瓦烧毁,汽轮机损坏的严重事故,因此,油系统中的阀门一般都水平安装或倒装。

542. 油系统中有空气或杂质在调速系统有何影响?

答:调速系统内的空气若不能完成排出,则会使调速系统摆动;油系统中机械杂质,会引起调速系统部套的磨损、卡涩,造成小直径油孔堵塞,导致调速系统摆动和调速失灵。

543. 双侧进油的离心式主油泵主要由哪些部分组成?

答:双侧进油的离心式主油泵主要由泵壳、前后轴瓦、泵转子、空心轴、工作轮、上盖、盖后密封环等组成。

544. 采用抗燃油作为工质有何优、缺点?

答:抗燃油是一种自燃点较高的液体(一般自燃点高于700℃),这样,即使它与高温的蒸汽管道接触时,也不会引起火灾,抗燃油除了自燃点较高之外,还具有汽轮机油(透平油)的一些良好特性,目前已被广泛采用的有磷酸酯抗燃油,它除了具有良好的抗燃性外,还具有良好的抗氧化性和润滑性,是一种比较理想的用于汽轮机的抗燃油,其缺点是在与破伤皮肤接触时具有一定的毒性,且价格比较昂贵。

545. 汽轮机油系统主油箱容量大小应满足什么要求?

答:汽轮机主油箱的容量取决于油系统的大小,它的储油量应能满足汽轮机润滑油系统、调速系统和发电机密封油系统的用油量,而且要考虑油箱内放置油泵、油管道、射油器及油滤网等的占用空间。

546. 汽轮机主油箱底部为什么设计成倾斜的并且装有放水管?

答:汽轮机运行中,由于轴封漏汽到轴承中,使得轴承油中有水分。带有水分的油回到主油箱,由于水的密度比油的密度大,所以,水与油分离沉积到油箱底部,另外,油中的其他沉淀物也会沉积到油箱底部,进行定期放水时可将它们排掉,保证了油质的合格。因此,主油箱底部设计成倾斜的并且装有

放水管。

547. 汽轮机主油箱顶部装设排烟风机的作用是什么？

答：汽轮机主油箱顶部装设排烟风机的作用是抽出主油箱中的气体、油烟和水蒸气，并且使主油箱内稍微保持负压，有利于回油的畅通，同时也不会因水蒸气混合到油中而使油质乳化。

548. 汽轮机油系统的离心式主油泵有什么优、缺点？

答：离心式主油泵有以下优点：

（1）离心式主油泵转速高，可直接由汽轮机主轴带动，而不需要任何减速装置。

（2）离心式主油泵特性曲线比较平坦，即调速系统动作、大量用油时，油泵出油量增加，而出口油压下降不多，能满足调速系统快速动作的要求。

离心式主油泵的缺点是油泵入口为负压，一旦漏入空气就会造成泵工作失常，因此必须设置专门的射油器向离心式主油泵入口供油，以保证油泵工作的可靠性。

549. 日常工作中，润滑油系统需严格遵守哪些规范？

答：日常工作中，润滑油系统需严格遵守如下规范：

（1）确认油箱内有足量的品质良好、清洁的油。

（2）保持一足量的供油储备以急用，需要时弥补不足。

（3）不可将油、水相混。如果水产生集结，可通过分离器去除。

（4）检查仪表上各压力表计良好，压力表旋塞应足够节流以减少指针振动和对各压力表内部机械的损耗。

（5）如果在正常运行时油温发生稳定升高，说明冷油器脏了或者油已发生"老化"。

（6）定期测试冷油器漏水情况。

（7）保持各油泵、各冷却器和其他装置处于一种良好的运行状态。

550. 密封油系统的作用是什么？

答：在氢冷式发电机里，氢气压力大于大气压力。为了防止氢气外漏，发电机转子两端装有密封瓦，密封油系统用来给密封瓦提供一定压力的压力油，且高于氢气压力，防止氢气外漏。

551. 双侧进油的离心式主油泵主要由哪些部分组成？

答：双侧进油的离心式主油泵主要由泵壳、前后轴瓦、泵转子、空心轴、工作轮、上盖、盖后密封环等组成。

552. 采用水作为调节系统的工质有何优、缺点？

答：水的优点是其为不可燃的液体，极为便宜。缺点是水的存在对金属有腐蚀作用、水流对错油门有冲蚀作用、水的润滑性能差、经过间隙的泄漏量大等，给利用水作为调节系统的工质带来很大的困难。

553. 保安系统的作用是什么？

答：保安系统的作用是对主要运行参数、转速、轴向位移、真空、油压、振动等进行监视，当这些参数值超过一定的范围时，保护系统动作，使汽轮机减少负荷或停止运行，以确保汽轮机的运行安全，防止设备损坏事故的发生，此外，保安系统对某些被监视量还有指示作用，对维护汽轮机的正常运行有着重要意义。

554. 调速系统为什么要设超速保护装置？

答：汽轮机是高速转动的设备，转动部件的离心力与转速的平方成正比，当汽轮机转速超过额定转速的20%时，离心应力接近额定转速下应力的1.5倍，此时转动部件将发生松动，同时离心力将超过材料所允许的强度极限使部件损坏，因此，汽轮机均设置超速保护装置，它能在汽轮机转速超过额定转速的10%～12%时动作，迅速切断汽轮机进汽停机。

555. 试述离心飞环式危急保安器的构造和工作原理。

答：离心飞环式危急保安器安装在与汽轮主轴连在一起的小轴上，它由偏心环、导杆、弹簧、调速螺栓、套筒等组成。因为偏心环具有偏心质量，所以它的重心与旋转轴的中心偏离一定距离，在正常运行时，偏心环被弹簧压向旋转轴，在转速低于飞出转速时弹簧力大于偏心环离心力，偏心环不动，当转速升高到等于或高于飞出转速时，偏心环的离心力增加到大于弹簧的作用力，于是偏心环向外甩出，撞击危急遮断器杠杆，使危急遮断器滑阀动作，关闭自动主汽门和调速汽门。

556. 试述离心飞锤式危急保安器的构造和工作原理。

答： 离心飞锤式危急保安器装在与汽轮机主轴相连的小轴上，它由撞击子、撞击子外壳、弹簧、调速螺母等组成。撞击子的重心与旋转轴的中心偏离一定距离，所以又叫偏心飞锤。偏心飞锤被弹簧压在端盖一端，在转速低于飞出转速时，飞锤的离心力增加到超过弹簧力，于是撞击子动作向外飞出，撞脱扣杠杆，使危急遮断油门动作，关闭自动主汽门和调速汽门。

557. 手动危急遮断器用途是什么？

答： 手动危急遮断器的用途如下：

（1）在运行中某项参数或监视指标超过规定的数值而必须紧急停机时，可手打危急遮断器。

（2）在机组发生故障危及设备和人身安全时可手打危急遮断器紧急停机。

（3）正常停机当负荷减到零，发电机与电网解列后，手打危急遮断器停机。

558. 中间再热机组为什么要设置中压自动主汽门？

答： 为了解决再热器对机组甩负荷的影响，防止汽轮机在甩负荷时超速，中间再热机组均在中压缸前加装中压自动主汽门和中压调速汽门。当汽轮机转速升高至危急保安器动作时，高、中压调速汽门和高、中压自动主汽门同时关闭，切断高、中压缸的进汽，从而消除中间再热容积的影响。

559. 油系统大修后为什么要进行油循环？

答： 因为在大修中所有调速部件、轴瓦、油管均解体检修，各油室、前箱盖均打开，在检修中难免落入杂物，在组装和扣盖时虽然经清理检查，也难免遗留微小杂物在里面，这对调速系统、轴承的正常运行都是十分有害的，是不允许的。油循环就是要在开机前用油对系统进彻底清洁，去掉一切杂物，同时有临时油滤网将油中杂质滤去，保证油质良好，系统清洁。

560. 危急保安器的动作转速如何调整？应注意哪些？

答： 危急保安器大修后开机，必须进行超速试验，动作转速应为额定转速的 110%～112%，如不符合要求就要进行调整，动作转速偏高，松调整螺母，动作转速偏低，紧调整螺母。调整螺母的角度，要视动作转速与额定调整定值之差，按照厂家给定数值的调整时与转速变化曲线来确定。调整后超速试验应做两次，实际动作转速与定值之差不得超过 0.6%。

561. 甩负荷试验的目的是什么？

答： 甩负荷试验的目的有两个：

（1）通过试验求得转速的变化过程，以评价机组调速系统的调节品质及动态特性的好坏。

（2）对一些动态性能不良的机组，通过试验测取转速变化及调节系统主要部件相互间的动作关系曲线，以分析缺陷原因作为改进依据。

562. 发生汽蚀现象时有何危害？

答： 汽蚀发生时，大量气汽的产生使液流过的流断面面积减小，流动损失增大，导致泵内流量减小，扬程变小，效率降低，性能恶化；严重时造成液流间断，以及泵的工作中断。另外，气泡反复凝结破裂时产生局部水冲击和化学腐蚀，使叶轮和壳体壁面受至破坏，使泵的使用寿命缩短，同时产生振动和噪声。

563. 循环水泵的作用是什么？

答： 循环水泵的作用是将大量的冷却水输送到凝汽器中，冷却汽轮机的乏汽，使之凝结成水，并保持凝汽器高度的真空。

564. 抽汽止回阀的作用是什么？

答： 为了防止机组突然甩负荷时，汽轮机压力突然降低，各抽汽管道中的蒸汽倒流入汽轮机内引起超速，并防止加热器管泄漏使水从抽汽管道进入汽轮机内发生水冲击事故，在 1～7 段抽汽管上均装有抽汽止回阀。

565. 高压排汽止回阀的作用是什么？

答：高压排汽止回阀安装在汽轮机高压缸排汽至锅炉再热器中间的再热冷段管道上，汽轮机甩负荷主蒸汽关闭时，该止回阀迅速关闭。防止中间再热器的低温蒸汽流入高压缸内。

566. 调节阀的作用是什么？

答：调节阀的作用是通过其阀芯的运行来改变阀瓣与阀座之间的通流面积，从而实现对介质参数的调节。

567. 调节阀的种类有哪些？

答：调节阀可分为直通式调节阀、三通调节阀、小流量调节阀、套筒形调节阀、角形调节阀、高压调节阀等。

568. 凝汽器的作用是什么？

答：凝汽器的作用如下：

（1）冷却汽轮机的排汽，使其凝结成水，补充锅炉给水。

（2）在汽轮机排汽口处建立并维持要求的真空度。

（3）在正常运行中，除去凝结水中所含的氧，从而提高凝结水的质量，防止设备腐蚀。

569. 简述凝汽器的工作原理。

答：凝汽器是一个表面式热交换器，铜管内通冷却水，铜管外是汽轮机的排汽。排汽进入凝汽器后受冷却水的冷却而凝结成水，凝结水不断由凝结泵送入给水回热系统。

570. 高压加热器的常见故障有哪些？

答：高压加热器最常见的故障是管子与管板连接处的管口焊缝泄漏或管子本身泄漏破裂。这一故障可引起高压给水流入汽侧壳体，从而倒灌入汽轮机，严重时使高压汽侧壳体超压爆破。

运行中管口和管子泄漏时，常有以下几种表现：

（1）保护装置动作，高压加热器自动解列，并且高压给水侧压力可能下降。

（2）汽侧安全阀动作。

（3）疏水水位计持续上升，疏水调节阀开至最大仍不能维持正常水位。

发生上述三种情况的任何一种，都可能是高压加热器泄漏了，必须立即停运检查和检修。

571. 加热器的分类有哪些?

答：加热器按汽水传热方式的不同，可分为表面式和混合式两种，目前在火力发电厂中，除了除氧器采用混合工加热器外，其余高、低压加热器均为表面式加热器。

按照工作介质流程，表面式加热器可分为低压加热器和高压加热器，在给水泵之前对凝结水加热的表面式加热器叫作低压加热器，在给水泵之后对给水进行加热的表面加热器叫高压加热器。

第二篇

检修技术篇

第五章 汽轮机本体

第一节 汽轮机静止部件

572. 简述双层汽缸结构的作用。

答：在双层汽缸的夹层中间，通入一定参数的蒸汽，使内、外缸所承受的压差和温差减少，因此缸壁厚度可比单层缸薄，法兰厚度也小，这种结构因其温差应力较小，易于控制，有利于机组提高启停速度和变工况运行。

573. 大型机组高、中压缸采用合缸结构有什么优点？

答：大型机组高、中压缸采用合缸结构有以下优点：

（1）高、中压缸采用合缸结构，可以使整个机组的轴向尺寸缩短，使机组更加紧凑。

（2）可以避免高温蒸汽热辐射对转子两端支持轴承标高变化产生影响。

（3）高中压通流部分反向布置以减轻转子的轴向推力。

574. 大功率机组为何设置法兰及螺栓加热装置？

答：由于法兰比汽缸壁厚，螺栓与法兰又是局部接触，启动时汽缸壁温度又比螺栓温度高，三者之间将存在一定的温差，造成膨胀不一致，在这些部件中产生热应力，严重时将会引起塑性变形或拉断螺栓以及造成水平结合面翘起和汽缸裂纹等现象。为了减少汽缸、法兰和螺栓之间的温差，缩短启动时间，大功率汽轮机广泛采用法兰及螺栓加热装置。

575. 如何支撑汽轮机低压缸？

答：汽轮机低压缸在运行中的温度较低，金属膨胀不显著，因此，低压外缸的支撑不采用高、中压缸的中分面支撑方式，而是把低压缸直接支撑在台板上。内缸两侧搁在外缸内侧的支撑面上，用螺栓固定在低压外缸上，内、外缸以键定位。外缸与轴承座仅在下汽缸设立垂直导向键。

576. 上汽缸用猫爪支撑的方法有什么优点？

答：采用上汽缸猫爪支撑法时，上汽缸猫爪也叫工作猫爪。下汽缸猫爪也叫安装猫爪，只在安装时起作用，其下面的安装垫铁在检修和安装时起作用。安装完毕后，安装猫爪不再受力。上汽缸猫爪支撑在工作垫铁上，承受汽缸的质量。上汽缸猫爪支撑法的优点是由于以上汽缸猫爪为承力面，其承力面与汽缸中分面在同一水平面上，故受热膨胀后，汽缸中心与转子中心仍保持一致。

577. 下缸猫爪支撑结构有什么优、缺点？

答：下缸猫爪支撑结构的优点：支撑方式简单且安装检修方便，下缸猫爪支撑面与汽缸中分面在同一平面上，从而避免因猫爪热胀引起的汽缸中心偏移；解体上汽缸时，下汽缸不必垫支撑临时垫块。

下缸猫爪支撑结构的缺点：下缸猫爪支撑结构的承力面与汽缸水平中分面不在一个水平面内，当汽缸受热、猫爪温度升高膨胀时，将使汽缸中心线升高而支撑在轴承上的转子中心线不变，造成下汽缸与转子部分件之间的径向间隙变小，甚至使动、静部分发生摩擦。

578. 上猫爪支撑的汽轮机大修时如何进行支撑转换？

答：在转子的前轴封、后轴封及前、后猫爪处架设百分表，以监视置换垫片前后转子相对汽缸、转子相对前箱、转子相对中箱、汽缸相对前箱、汽缸相对中箱的变化量。置换垫片按照由前向后、由左向右的顺序逐一进行转换，要求垫片置换后所监视的百分表读数回零（尤其是转子汽缸前后端轴封套的上抬量最大不能超过 0.02mm），若置换后百分表读数未回零，可通过在垫片下加减不锈钢调整垫的方法进行调整，至百分表回零为止。

579. 螺纹咬死应如何处理？

答：螺母与螺栓咬扣时，切忌用过大力矩硬板。若温度过高，应等螺栓降至室温，向螺纹内浇入少许润滑油，用适当的力矩来回活动螺母，并同时用大锤敲振。也可适当地加热螺母，逐渐使螺纹内的毛刺圆滑后将螺母卸下。当无法卸下螺母时，可请熟练的气焊工用割炬割下螺母保护螺杆。

580. 如何进行汽缸螺栓底扣和螺栓的检查清理工作？

答：先用钢丝刷和煤油清洗螺栓上的锈垢，再用细锉刀及有片状油石修理螺纹、垫圈及螺母底平面的碰伤及毛刺。修理好的螺栓必须戴螺帽检查，应能用手轻快地拧到底。当螺母丝扣有损伤时，应采用丝锥过扣修理。

581. 如何进行汽缸螺栓的试扣工作？

答：首先应测量丝扣晃动间隙，仔细检查螺栓和螺母的丝扣是否完好；然后涂二流化钼粉用手轻快地将螺母拧到底，若遇到卡涩现象，必须将螺母退出，查找原因，不得用手锤，敲振或强行拧进，对于汽缸大螺栓，在汽缸底扣上试扣，也必须按上述工艺进行。

582. 如何防止汽缸结合面泄漏？

答：防止汽缸结合面泄漏应做到以下几点：

（1）运行中严格控制汽缸金属温升速度，防止热应力过大造成法兰变形引起漏气。

（2）检修中仔细检查缸面，施工中防止工具、硬物损伤缸面，引起漏气。

（3）按紧螺栓的顺序合理紧螺栓，螺栓紧力适当。

（4）选用合适的涂料，防止坚硬的砂粒、铁屑等混入涂料中。

（5）结合面间隙符合要求。

583. 正式组装汽缸螺栓时，应如何处理丝扣？

答：若螺栓丝扣上涂防锈油应将防锈油洗净、擦干，再用黑铅粉或二硫化钼擦亮，并将多余的黑铅粉或二硫化钼清理掉，以免堆积在丝扣之中造成卡涩。

584. 松紧汽缸结合面螺栓时，应按什么顺序进行？

答：汽缸结合面间隙主要因下汽缸自重产生垂弧而造成，松紧汽缸结合面螺栓从最大间隙处开始，两侧对称地向前后顺序松紧螺栓。采用这样的顺序松紧螺栓，可将垂弧间隙逐渐赶向两端而消除，不至于使垂弧间隙最大处的螺栓难以拆卸甚至损坏。

585. 汽缸水平结合面螺栓的冷紧应遵守哪些规定？

答：（1）冷紧顺序一般应从汽缸中部开始，按左、右对称分几遍进行紧固，对所有螺栓每一遍的紧固程度应相等，冷紧后汽缸水平结合面应严密结合，前后轴封处上下不得错口，冷紧力矩一般按制造厂规定执行。

（2）冷紧时一般不允许用大锤等进行撞击，可用扳手加套管延长力臂或用电动、气动、液压工具紧固。

586. 揭汽缸大盖的必备条件是什么？

答：当汽轮机高压缸调节级后金属温度下降至120℃，时拆除高中压缸、高压导汽管及中压导汽管、联通管保温。将缸外附件一一拆除，并将汽缸结合面、导汽管、前后轴封管、法兰加热供汽管等各部位法兰连接螺栓及定位销全部拆除，同时将热工测量元件拆除，仔细检查，确认大盖与下汽缸及其他管线无任何连接时，才允许起吊汽缸大盖，对于具有内外缸的机组，内外缸应无任何连接。

587. 起吊汽缸大盖时，是什么原因造成转子上抬的？

答：超吊汽缸大盖，有转子上抬现象，说明大盖内部某些轴封套或隔板套的外缘凸肩与上汽缸对应的凹槽严重卡死。在起吊汽缸大盖时，将轴封套或隔板套带起，转子随之被带起。

588. 汽轮机运行时，汽缸承受的主要负荷有哪些？

答：汽轮机运行时，汽缸承受的主要负荷有：

（1）高压缸承受的蒸汽压力和低压缸因处于不同的真空状态

下工作而承受的大气压力。

（2）汽缸、转子、隔板及隔板套等部件质量引起的静载荷。

（3）由于转子振动引起的交变动载荷。

（4）蒸汽流动产生的轴向推力和反推力。

（5）汽缸、法兰、螺栓等部件因温差而引起的热应力。

（6）主蒸汽管道、抽汽管道对汽缸产生的作用力。

589. 扣缸前必须具备哪些技术资料？

答： 扣缸前必须具备以下技术资料：

（1）汽缸水平记录。

（2）汽缸水平结合面间隙记录。

（3）轴系中心、扬度记录。

（4）汽缸内部洼窝中心记录。

（5）通流部分径向、轴向间隙及调整记录。

（6）内缸、持环的支撑位置及间隙记录。

（7）汽缸内部所有部件在检修中处理的问题及有关检测报告。

（8）各级验收签证报告。

590. 汽缸大盖吊好后，应紧接着完成哪些工作？

答： 汽缸大盖吊好后，为了防止拆吊隔板套、轴封套时将工具、螺母及其他异物掉进抽汽口、疏水孔等孔洞中，必须首先用布包等堵好缸内孔洞，然后再继续将全部隔板套、轴封套及转子吊出，并用胶布将喷嘴封好，若在一个班内实在完成不了这些工作时，应当用苫布将汽缸全部盖好，并派专人看守。

591. 汽轮机揭缸后上汽缸人员的要求有哪些？

答：（1）工作人员进入汽轮机高、中、低压缸隔离区，需要上汽缸进行有关工作时，必须按要求穿连体服，穿防滑鞋，且工作人员的着装应符合 GB 26164.1—2010《电业安全工作规程　第1部分：热力和机械》中的有关规定。

（2）检修期间必须对检修区域进行隔离封闭，且只设一个出入口，并派专人看守。只有经过批准的上缸人员方能进出隔离区，且所有进、出人员及工具必须进行登记，严禁与检修工作无关的人员随意进入。

（3）严禁携带与汽缸检修工作无关的其他物品进入汽缸内，如钥匙、手表、手机等。检修必须携带的工具及拆卸下来的部件必须编号并登记，汽缸回装后应清查工具，所有工具必须全部收回。

592. 为什么要测量汽轮机转子半实缸和全实缸串动量？测量方法是什么？

答： 测量汽轮机转子半实缸和全实缸的串动量，与修前或安装数据比较，可以检查转子轴向间隙是否符合要求、汽封块是否装反，防止转子轴向热膨胀间隙变小发生动静碰摩。

测量方法：测量时转子轴向定位，推动转子，测量出级前、级后串动量，两者之和即为转子总的串动量。

593. 为什么在检修中要防止异物进入汽缸？

答： 异物一旦进入汽缸，在机组运行中将随汽流高速运动，击伤动、静叶片，使叶片卷边或产生裂纹，甚至会造成叶片断裂，严重时会损坏整个通流部分。

594. 为什么铸造隔板结合面常做成斜形和半斜形的？

答： 为保持铸造隔板在结合面处的喷嘴静叶汽道完整、光滑，把隔板结合面做成斜形的，使静叶不在结合面处被截断。这样运行，汽流流动阻力小又不泄漏，可提高机组的经济性。

595. 为什么要进行隔板弯曲测量？如何进行？

答： 因隔板在运行中，在其前后压差作用下，隔板向出汽侧产生挠曲变形（碟形）。若挠曲变形成为塑性变形，说明隔板刚度不足。检修中测量隔板弯曲值，即测量隔板的塑性挠曲变形值。

测量方法通常是将长平尺放在隔板进汽侧，靠近上、下隔板结合面的固定位置，用精度为 0.02mm 以上的游标深度尺或塞尺，测量长平尺与隔板面之间的距离。

596. 由于温度应力引起汽缸结合面法兰变形而反复出现的结合面局部间隙应如何处理？

答： 由于温度应力引起汽缸结合面法兰变形而反复出现的结

合面局部间隙的处理方法如下：

(1) 研刮。

(2) 喷涂修补。

(3) 焊补修刮。

(4) 涂镀。

(5) 加高温涂料等。

597. 叙述刮研汽缸结合面的过程。

答：在清扫干净的汽缸结合面上，涂上一层红丹。空缸扣大盖，并将法兰螺栓隔一个紧一个，用塞尺测量结合面间隙，将间隙值记在汽缸外壁和专用记录纸上。根据测量的红丹的痕迹，决定下缸结合面应刮磨的地方及应刮去金属层厚度，并用刮刀修出深度标点。用天平刮刀研刮至标点底部接触红丹为止。再空缸扣大盖检查结合面间隙，若间隙不大于 0.10mm，可按下缸结合面上红丹的印痕进行精刮，直到符合质量标准后，再用油石将结合面磨光。最后，还可采用喷涂、喷镀、焊补等方法，以减少汽缸修刮量。

598. 汽缸的支撑方式有哪几种？

答：汽缸是支撑在台板上的，台板通过垫铁用地脚螺栓固定在基础上。汽缸的支撑方式有两种：

(1) 汽缸通过轴承座支撑。

(2) 使汽缸通过其外伸的撑脚直接放置在台板上。

599. 汽缸结合面发生泄漏的主要原因有哪些？

答：汽缸结合面发生泄漏的主要原因如下：

(1) 涂料不好，内有坚硬的杂质或颗粒。

(2) 紧固汽缸螺栓时紧力不足或顺序不合理使汽缸的自重垂弧造成的间隙不能消除。

(3) 多种原因造成的汽缸结合面法兰变形。

600. 汽缸的清理检查工作包括哪些？

答：汽缸的清理检查工作如下：

(1) 汽缸和内部各个部件的结合面、接触面和通流部分应清理干净，除去毛刺、氧化皮、焊瘤、锈垢和其他杂物。

（2）清理、检查内、外缸壁和水平结合面有无裂纹及漏汽情况。

（3）检查喷嘴组并修正。

（4）调整和整修工作垫片。

（5）低压缸人孔门、安全门检查。

601. 汽缸密封胶的涂抹需要注意哪些问题？

答：缸面清洁干净，无油污、异物及灰尘；按涂层厚度约0.5mm均匀涂覆于缸体表面，螺孔周围及汽缸内侧应留有一定尺寸的空白，以防止密封脂挤压后进入通流系统；扣缸后紧固螺栓，清理四周被挤出的密封脂；启动升温后，密封脂随之固化。

602. 汽缸的哪些部位容易产生热疲劳裂纹？

答：在工作温度高、温度变化剧烈和汽缸截面变化大的部位，例如下汽缸疏水孔周围、调节级汽室以及汽缸法兰根部等部位容易产生热疲劳裂纹。

603. 汽缸回装前对缸体内应做哪些准备工作？

答：汽缸回装前对缸体内应做的工作如下：

（1）将下汽缸及轴承座内的部件全部吊出，彻底清扫干净，不留杂物。

（2）将抽汽孔、疏水孔等处的临时封堵取出，喷嘴的封条撕下。

（3）将凝汽器及轴承内部的杂物清扫干净，并逐次将掉入缸内的物件用压缩空气吹扫干净。

604. 怎样测汽缸的纵向水平？

答：应在空缸状态下进行测量，用水平仪直接放在水平结合面上进行测量。测量位置应是安装时测量位置，以便于对各次测量数值进行比较。

605. 怎样测汽缸的横向水平？

答：应在空缸状态下进行测量，用长平尺架在两侧水平结合面上，再将水平仪放在平尺上进行测量。测量位置应是安装时的测量位置，以便于对各次测量数值进行比较。

606. 汽缸水平面螺栓热紧时应注意哪些？

答：汽缸水平面螺栓热紧时应注意如下事项：

（1）螺栓的热紧值应符合制造厂的要求。当用螺栓伸长值进行测定时，应在螺栓冷紧后记下螺母和螺杆的相对尺寸，以便加热后再测量；当用螺母转动弧长测定时，则应在螺栓及上缸法兰的对应位置，划出螺母热紧的转弧值。

（2）对螺栓加热应使用专用工具，加热必须充分均匀，尽量不使螺纹部位直接受热。

（3）热紧螺栓应按制定的顺序进行，加热后一次紧到规定值，若达不到规定值，不应强力猛紧，应待螺栓完全冷却后，重新加热再行拧紧。

607. 汽缸螺栓造成偏斜的原因有哪些？

答：汽缸螺栓造成偏斜的原因如下：

（1）汽缸螺栓的底螺纹中心线与汽缸法兰平面不垂直。

（2）汽缸螺栓的大螺母内螺纹中心与螺母端面不垂直。

（3）垫圈厚度有较大的偏差。

608. 造成螺纹咬死的原因有哪些方面？

答：螺栓长期在高温下工作，表面产生高温氧化膜，松紧螺帽时，因工作不当，将氧化膜拉破，使螺纹表面产生毛刺；或者螺纹加工质量不好，光洁度差，有伤痕，间隙不符合标准以及螺丝材料不均匀等，均易造成螺纹咬死现象。

609. 简述汽轮机隔板的作用、组成及其在汽缸内的固定方法。

答：汽轮机隔板是用来固定喷嘴并形成各级之间间隔的。

汽轮机隔板主要由隔板体、喷嘴叶片和外缘三部分组成。隔板在汽缸中的支撑与定位主要由销钉、悬挂销和键及 Z 形悬挂销完成。

610. 对汽轮机隔板的结构有什么要求？采用隔板套有什么优、缺点？

答： 为了使汽轮机隔板在工作时有良好的经济性和可靠性，对其结构有以下要求：

（1）应有足够的强度和刚度。

（2）有良好的严密性，采用密封措施。

（3）采用合理的定位措施，尽量使运行状态下的隔板中心与转子中心保持一致。

（4）隔板上的喷嘴应具有良好的流动性。

（5）结构应简单。

高压汽轮机各级的隔板，通常不直接固定在汽缸上，而是固定在隔板套上，由隔板套再固定在汽缸上。采用隔板套的优点是使级间距离不受或少受抽汽口的影响，从而可以减小汽轮机的轴向尺寸，简化汽缸形状，可减少汽轮机启停和负荷变化时的温差和热应力，且在检修时不需反转大盖；缺点是将引起汽缸径向尺寸及法兰厚度的增加。

611. 超高参数汽轮机的隔板结构有哪几种形式？它们各有什么特点？

答： 超高参数汽轮机的隔板结构根据隔板所处的温度、压力不同，分别有窄喷嘴隔板、焊接喷嘴隔板和铸入喷嘴隔板三种形式。

（1）窄喷嘴隔板。适用于压力差较大的级。此种隔板因为所受压差大，所以板体做得特别厚，以保证有足够的强度和刚度。在喷嘴通道中，为了保证强度，还将静叶片做成狭窄形；而且在喷嘴进汽一边连有许多加强筋，更加增强了隔板的强度和刚度。

（2）焊接喷嘴隔板。由于隔板的弯曲应力完全通过静叶片传递到隔板外缘上，并无加强筋加固，因此静叶片要有足够的强度和刚度，而且使用场合的压力差不允许过大。

（3）铸入喷嘴隔板。即将成型的静叶片在浇铸隔板时同时铸入。此种隔板适用于温度和压力差较低的场合。

612. 为什么汽轮机第一级喷嘴安装在喷嘴室而不固定在隔板上？

答：汽轮机第一级喷嘴安装在喷嘴室而不固定在隔板上有以下几点好处：

（1）将与最高参数的蒸汽相接触的部分尽可能限制在很小的范围内，使汽轮机转子、汽缸等部件仅与第一级喷嘴降温减压后的蒸汽接触，这样可使转子、汽缸等部件采用低一级的耐高温材料。

（2）由于高压缸进汽端承受的蒸汽压力较新蒸汽压力低，所以可在同一结构尺寸下，使该应力部分下降，或者保持同一应力水平，使汽缸壁厚度减薄。

（3）使汽缸结构简单、匀称，提高汽缸对变工况的适应性。

（4）降低了高压进汽端轴封漏汽压差，为减小轴端漏汽损失和简化轴端汽封结构带来一定好处。

613. 简述拆调速级喷嘴组的方法和步骤。换调速级喷嘴组，对新喷嘴组应做哪些核查工作？

答：需先将喷嘴组与汽室之间的固定圆销取出，再用大锤将一块楔形铁打入两喷嘴组之间预留的膨胀间隙中，使喷嘴组移动20～30mm，阻力大大减少；再在喷嘴组内端垫上铜棒敲打，便可将旧喷嘴取出。

换调速级喷嘴组前应检查结构尺寸，与拆下的旧喷嘴进行比较，特别要注意核对影响通流部分间隙的尺寸和喷嘴组的喷嘴数目。

614. 隔板找中心的目的是什么？常用的方法有哪些？

答：隔板找中心的目的是使隔板的中心对准转子的中心，以使隔板汽封获得均匀的间隙。隔板找中心常用的方法有用钢丝找中心、利用物理光学仪找中心、用假轴找中心、用激光准直仪找中心、用转子找中心。

615. 隔板大修时外观检查的重点有哪些？

答：隔板大修时外观检查的重点如下：

（1）进出汽侧有无与叶轮摩擦的痕迹。

（2）铸铁隔板导叶铸入处有无裂纹和脱落现象。

（3）导叶有无伤痕、卷边、松动、裂纹等。

（4）汽封片应完整无损，隔板疏水孔、疏水槽等应畅通。

（5）按要求检查中分面接触情况，看有无因弯曲变形而使水平结合面变成斜面。

（6）各个定位键的配合间隙、隔板与隔板套或汽缸的配合间隙，悬挂销的膨胀间隙、挂耳螺栓有无断裂现象。

（7）上、下隔板的轴向、径向应平整、无错口。

（8）弯曲情况检查测量与安装时对比，注意发生碗形或瓢偏变形情况。

616. 隔板结合面严密性不好的原因有哪些？

答：隔板结合面严密性不好的原因如下：

（1）隔板外缘与相应凹槽配合过紧。

（2）上隔板挂耳上部无间隙，或上隔板套上部销孔堵塞杂物；上隔板销钉被顶住，使上隔板套不能落下。

（3）结合面上有毛刺、伤痕，或法兰发生变形。

617. 如何进行隔板和隔板套水平结合面间隙的测量？间隙标准是多少？

答：隔板装入隔板套之后，将上隔板套扣到下隔板套上，用塞尺先进行隔板套结合面严密性检查，确认合格后，再对各级隔板结合面进行严密性检查。严密性要求标准一般以 0.1mm 塞尺塞不入为合格。

618. 汽轮机隔板发生变形的原因有哪些？

答：汽轮机隔板发生变形的原因如下：

（1）隔板刚度不足。主要是因为隔板结构设计不合理，材质不对或是制造工艺不良。

（2）隔板局部过热产生变形，主要是因为动、静间隙过小，运行操作不当，造成隔板与转子发生严重摩擦。

619. 隔板卡死在隔板套内时应该如何处理？

答：用吊车吊住隔板，并将隔板套带起少许，然后在隔板套左、右两侧的水平结合面上垫上铜棒，用大锤同时向下敲打；也可沿轴向用铜棒敲振隔板，将氧化皮膜振破，逐渐取出隔板。如果用此方法难以取出隔板，则在隔板套对应位置上钻孔、攻螺纹，用螺栓将隔板顶出。

620. 发生永久性弯曲的隔板应如何处理？

答：在强度和刚度允许的范围内，可将凸出的部分车去，以保证隔板与叶轮之间的轴向间隙符合要求。必要时应作承压试验检查。弯曲变形过大时，应更换新隔板。

621. 对于轴封套、隔板套发生严重卡死的问题，应如何防止？

答：对于轴封套、隔板套发生严重卡死的问题防止方法如下：

(1) 因过早拆除汽缸保温会使汽缸冷却过快而形成卡涩，故一定要等汽缸调节级金属温度降至一定温度时才允许拆除汽缸保温层，一般为100℃。

(2) 每次检修时应注意检查高温部分隔板套及轴封套止口的配合尺寸，有无因氧化皮过厚而造成的卡涩现象，有卡涩的要按规定进行清理氧化皮和修锉毛刺的工作，恢复应有的配合间隙，并在回装时擦二硫化钼。

622. 怎样检查隔板销饼是否高于隔板水平结合面？高于水平结合面有什么后果？

答：将直尺尺面立着，长度方向平放于隔板销饼及隔板水平面上，若销饼高于结合面，则直尺与结合面之间必有间隙。

销高出水平结合面，顶住隔板或隔板套，造成隔板套或汽缸结合出现间隙而发生漏汽。

623. 哪些原因会使隔板挂耳或销饼高出水平结合面？

答：下列原因会使隔板挂耳或销饼高出水平结合面：

(1) 销饼和挂耳下方有许多的黑铅粉、杂物。

(2) 调整中心时加了垫片。

（3）销饼互换了位置等。

624. 什么情况下需对上隔板挂耳间隙进行测量和调整？

答：下列情况下需对上隔板挂耳间隙进行测量和调整：

（1）当隔板中心位置经过调整时及挂耳松动重新固定之后。

（2）发现压板螺钉在运行中断裂时。

（3）怀疑挂耳间隙不正确，引起隔板套结合不严时。

625. 一级或几级隔板的通流间隙需安装调整，应怎样进行？

答：可采用移动隔板套或隔板的方法，将隔板套或隔板轮缘的前后端面，一侧车去所需的移动量，另一侧加销钉、垫环或电焊堆焊。但出汽侧端面是密封面，不可采用加销钉或局部堆焊的办法，而必须加垫环或全补焊，保持端面密封效果。同时应将隔板套或隔板的上下定位销作相应的移位处理。

626. 汽轮机内部的汽封按结构分哪几种？

答：汽轮机内部的汽封按结构分有轴端汽封、隔板汽封、围带汽封。

627. 汽轮机汽封径向间隙过大或过小对汽轮机组有何影响？

答：汽轮机汽封径向间隙过大时，不仅使漏汽损失增大，级效率下降，而且隔板汽封漏汽加大时，使叶轮前后压差增大，因而使转子所受轴向推力加大，影响机组安全。汽封径向间隙过小时则有可能使汽封齿与大轴发生摩擦，引起大轴局部过热而发生弯曲，这是因为机组在启动和运行过程中，汽缸及转子不可避免地会有温差变形，汽缸与转子之间的相对位置（中心）也不可能和检修时完全一致。

628. 汽封的作用是什么？

答：汽封的作用如下：

（1）减少动静部分之间的间隙，减少漏汽，提高机组效率。

（2）汽封的材料为软金属材料，可以避免设备的磨损，以保护设备。

（3）防止空气漏入汽缸，保持足够的真空度。

629. 汽封块与汽封之间的弹簧片有何作用？

答： 汽封块与汽封套之间空隙很大，装上弹簧片后，直弹簧片被压成弧形，逐渐将汽封弧块弹性地压向汽轮机转子轴心，保持汽轮机动静部分的标准间隙，一旦汽封块与转子发生摩擦，便使汽封块能进行弹性向外退让，减少摩擦的压力，防止大轴发生热弯曲。

630. 迷宫式汽封最常用的断面形式有哪几种？各有何优、缺点？

答： 迷宫式汽封最常用的断面形式有两种：一种是枞树型，一种是梳齿形。

枞树型汽封的优、缺点：优点是结构紧凑，缺点是形状复杂，造价高。

梳齿形汽封优、缺点：梳齿形汽封分为汽封环梳齿式和轴上镶 J 形齿式两种，汽封环梳齿式优点是结构简单，更换备件容易，缺点动静部分发生摩擦时大轴易受热弯曲；J 形齿式汽封缺点是结构复杂、更换备件困难，优点是动静发生摩擦时轴一般不发生过热弯曲。

631. 试述布莱登汽封的作用原理。

答： 布莱登汽封取消了传统汽封背弧的弹簧片，取而代之的是在每圈汽封弧块端面加装了 4 只螺旋弹簧，汽封弧块进汽侧中心位置铣出一条槽，使上游蒸汽压力作用于汽封弧块背面，汽封弧块"开关"状态依靠弹簧力与蒸汽对汽封弧块的压力平衡。在启机时，由于蒸汽流量小，在弹簧力的作用下，汽封弧块处于张开状态而远离转子，避免与转子碰磨；随着蒸汽流量的增加，作用于可调式汽封弧段背面的压力会逐渐大于作用在正面的压力，产生一个压差，当这个压差达到能克服螺旋弹簧的推力时，汽封环就闭合，使汽封齿与轴的间隙变小。停机时，进汽量逐渐减少，当流量减到一个数值时，螺旋弹簧的推力大于压差、摩擦力、弧段重力等，就使汽封环张开。因此，经过精密计算而设计的各级汽封螺旋弹簧可以使各级可调式汽封按照需要，在不同的蒸流量下，逐一关闭，使整个过程平稳有序地进行。

632. 布莱登汽封检修的要点有哪些？

答： 布莱登汽封检修的要点如下：

（1）由布莱登汽封厂家技术人员对弹簧进行性能鉴定，出具鉴定报告，如不能使用，在回装期间应更换弹簧。

（2）检修时安装布莱登汽封检修用工艺弹簧，将汽封按编号安装到相应汽封槽道内，注意不能错装，进汽方向应正确。

（3）检查测量布莱登汽封的周向膨胀间隙及各汽封块的径向退让间隙，做好记录。根据测量数据，对布莱登汽封块进行调整，至周向膨胀间隙及各汽封块的径向退让间隙符合设计值。

633. 组装汽封块时应注意什么？

答： 汽封块要对号组装，对于不是对称的高低齿汽封块，应注意汽封齿与转子上凸台凹槽对应关系，注意不要装反。

634. 汽封环自动调整间隙的性能如何检查？

答： 弹簧片不能过硬，一般用手能将汽封块压入，松手后又能迅速自动恢复原位，并注意检查汽封块退让间隙应足够大，不能小于设计规定值。

635. 如何调整汽封块径向间隙？

答： 调整汽封块径向间隙方法如下：

（1）目前大型机组汽封块没有调整块，若汽封间隙过大，主要通过车床车削汽封块后部配合凸肩来进行调整。

（2）若汽封间隙大小不均匀，可采用车床偏心车削的方法来解决。进行偏心车削时，应仔细测量间隙不均匀的状况，并详细记录。同时在每块要车削的汽封块两端标明车削量及外圆直径尺寸。

（3）若汽封间隙小，通常采用游标卡尺测量汽封两凸肩厚度后，用平头凿子在靠近端面 20～30mm 的凸肩侧面，在承力面敲出两点凸肩，再测量捻出两点凸肩厚度。厚度的增加量应为间隙所需的放大量，若捻出的凸肩过高，可用小锉刀修锉到要求尺寸。

汽封间隙少量偏小也可通过修刮梳齿的方法增大间隙。采用小锉刀、刮刀、砂布等工具均匀修刮，并且反复测量，直到汽封间隙符合要求。

636. 上、下汽封辐向间隙的调整，需考虑受汽缸自然垂弧的影响，试问修正值如何？

答：上、下汽封辐向间隙的大小，受汽缸自然垂弧的影响。当扣上汽缸大盖，紧好汽缸结合面螺栓后，汽缸垂弧明显减少。因此，下汽缸在紧螺栓后上抬了一定数值。调整汽缸辐向间隙时，应考虑下汽缸在紧螺栓后的上抬值对汽封间隙的影响。下汽缸的上抬数，约等于汽缸未紧螺栓之前结合面间隙值的 1/2。因此，汽封间隙修正值应为各相应部位汽缸在未紧螺栓前结合面间隙值的 1/2。下缸上抬 δ，则下汽封间隙应增加 δ，上汽封间隙应减少 δ。

637. 大修中如何检修汽封块？

答：应全部拆卸编号，拆时用手锤垫铜棒敲打，防止把端面敲打变形。用砂布、小砂轮片，钢丝刷和锉刀等工具，清扫汽封块、T 形槽及弹簧片上的锈垢、盐垢及毛刺，将汽封齿刮尖。用台钳夹汽封块时，需垫铜皮或石棉纸垫，防止夹坏。

638. 拆汽封块时，若汽封块锈死较严重，汽封块压下就不能弹起来，怎样处理？

答：一般先用铁柄螺丝刀插在汽封齿之间，用手锤垂直敲打螺丝刀柄，来振松汽封块，若汽封块锈死严重，则可用螺丝刀插入 T 形槽内将它撬起，再打下，来回活动，直至汽封块能自动弹起后再拆。用手锤垫弯成弧形的细铜棍敲打汽封块端面。不能用扁铲或螺丝刀打入汽封块接缝中去撑开汽封块。

639. 如何判断汽封块弹簧片的弹性？

答：一般用手能将汽封块压入，松手后又能很快自动恢复原位为好。弹簧片过硬不能保证汽封块退让效能，过软则不能保证汽封块的组装位置，造成漏汽。

640. 怎样调整隔板汽封轴向位置?

答: 隔板汽封轴向间隙不合格时,在不允许用改变隔板轴向相对位置的情况下,为调汽封轴向间隙可将汽封块的一侧车去所需的移动量,另一侧焊上 3 点并车平,这是临时措施,应在下次大修时,更换汽封块。

641. 对汽缸保温有哪两点要求?

答: 对汽缸保温有以下两点要求:

(1) 周围空气温度为 25℃ 时,保温表面的最高温度不得超过 50℃。

(2) 汽轮机在任何工况下,上、下缸之间的温差不应超过 50℃,内、外缸之间温差不超过 30℃ 或符合制造厂出厂要求。

642. 拆化妆板及保温层时应注意哪些事项?

答: 拆化妆板及保温层时应注意以下事项:

(1) 拆化妆板及保温层前,应检查露在化妆板外面的连接管路和仪表接线是否妨碍对化妆板的起吊,并确认仪表已拆除。

(2) 拆除保温层前应用布包扎并堵好已经拆去仪表和排水管的接头,防止破碎的保温材料掉入、堵塞。

(3) 对应于汽缸下部的裸露设备应设保护措施,并做好警示。

(4) 对拆下的化妆板及保温材料要放置好,并妥善保管。

(5) 停机时拆汽缸保温的金属温度低于 120℃。

第二节 汽轮机轴承

643. 转子支持轴承起何作用?

答: 在支持轴承的轴瓦与轴颈的楔形空隙中建立油膜,支撑转子的重量,使转子转动摩擦阻力减少,并由支持轴承确定转子的径向位置。

644. 支持轴承可分为哪几种类型?

答: 支持轴承可分为以下几种类型:

（1）按轴承的支持方式可分为固定式和自位式两种。

（2）按轴瓦可分为圆筒形支持轴承、椭圆形支持轴承，多油楔支持轴承和可倾瓦支持轴承等。

645. 轴瓦的球面支撑方式有什么优点？

答：球面支撑结构是将瓦枕两侧面和轴瓦壳体外侧面，做成球面互相配合，因而使轴瓦能随着轴的挠度而变化，自动调整瓦和轴的中心一致，使轴瓦与轴颈保持良好接触，能在长度方向上均匀分配负荷。

646. 轴瓦的高压油顶轴装置有什么作用？

答：在启动盘车之前，利用顶轴油泵向顶轴油腔供入高压油，将轴顶起 0.02～0.06mm，以降低转子启动时的摩擦力矩，为使用高速盘车，减少转子暂时性热弯曲创造条件，同时也减少轴瓦的摩擦。

647. 圆筒轴瓦有何特点？

答：圆筒轴瓦为单油楔轴瓦，顶部间隙等于两侧间隙之和，结构简单，易于检修，油量消耗少，摩擦耗功少，适用重载、低速转动条件，在高速轻载条件下，油膜刚性差，容易引起振动。

648. 引起轴承振动的轴瓦方面的原因有哪些？

答：引起轴承振动的轴瓦方面的原因有：

（1）轴瓦垫铁接触不良，轴瓦紧力不够。

（2）轴瓦乌金脱胎，乌金面油间隙不正确。

（3）油膜振荡。

649. 轴承温度升高有哪些原因？

答：轴承温度升高的原因有冷油器出口温度升高、汽轮机负荷升高、润滑油压降低、轴承进油量减少或回油不畅、油质恶化、轴承磨损、乌金脱落或熔化、轴承振动过大使油膜破坏。

650. 可倾瓦轴承温度高的原因有哪些？

答：可倾瓦轴承温度高的原因有：

（1）瓦块与乌金工作面有损伤和脱胎现象，且接触不均匀。

（2）自位垫片及内、外垫片的接触面粗糙、有损伤，接触不均匀。

（3）在轴承体上下部分就位后，未用螺塞代替固定各轴瓦的临时螺栓。

（4）挡油环等其他零件未按其结构顺序装好，各瓦的自位垫块及垫片调换位置。

（5）轴承间隙不符合要求。

（6）温度测点装置校验不合格。

651. 汽轮机支撑轴瓦常发生的缺陷有哪些？

答：汽轮机支撑轴瓦常发生的缺陷有：

（1）润滑油含水、有杂质颗粒等，油质不良或供油不足。

（2）由于检修安装不合格，使轴瓦间隙、紧力不合适，造成轴承润滑不良。

（3）轴瓦合金质量差或浇铸质量差。

（4）机组振动大。

（5）轴电流腐蚀。

（6）轴瓦负荷分配不均匀。

652. 在汽轮机组各轴瓦进油口前加装节流孔板有何作用？

答：在汽轮机组各轴瓦进油口前加装节流孔板的作用是：

（1）调节流量。

（2）使轴瓦的润滑油量均衡。

（3）保证合适的温升。

653. 何种情况下更换汽轮机主轴瓦？

答：下列情况下更换汽轮机主轴瓦：

（1）轴瓦间隙大，超过质量标准又无妥善处理方法时。

（2）轴瓦钨金脱胎严重，熔化或裂纹、碎裂等无法采用补焊修复时。

（3）轴瓦瓦胎损坏，裂纹、变形等不能继续使用时。

（4）发现轴瓦钨金材质不合格时。

654. 简述汽轮机支撑轴承顶部间隙的测量方法。

答：汽轮机支撑轴承顶部间隙的测量方法如下：

（1）顶部间隙用压铅丝法测量，铅丝直径可为测量间隙设计值的 1.5 倍，轴瓦的水平结合面紧螺栓后应无间隙。连续测量两次以上，取两次测量数值的平均值。测量时在轴瓦两侧结合面放置 0.5～1.0mm 厚的塞尺片。

655. 支持轴承的轴瓦间隙应符合图纸要求，图纸无要求时，椭圆瓦顶部及两侧间隙和圆筒形瓦顶部及两侧间隙各取多少？

答：当轴颈直径大于 100mm 时，圆筒形轴瓦的顶部间隙为轴颈直径的 1.5/1000～2/1000，两侧间隙各为顶部间隙的 1/2。当轴颈大于 100mm 时，椭圆形轴瓦的顶部间隙为轴颈直径的 1/1000～1.5/1000，两侧间隙各为轴颈直径的 1.5/1000～2/1000。

656. 在空缸室温状态下，若转子未在轴瓦上就位，则轴承两侧及底部垫铁间隙应各为多少？

答：用塞尺检查轴瓦下部 3 块垫铁与洼窝的接触，在轴瓦未承受转子质量的情况下，两侧垫铁处用 0.03 mm 塞尺塞不入，即没有间隙，下部垫铁应有 0.05～0.07mm 间隙。

657. 用铅丝法测量轴瓦紧力时，应注意些什么？

答：用铅丝法测量轴瓦紧力时，应注意如下事项：

（1）轴瓦位置要放在工作位置，定位销不能整劲。

（2）轴瓦盖结合面垫铁及洼窝清扫干净、无毛刺。

（3）在轴承盖结合面上，放置几块厚度适当的垫片，限制铅的压缩量，防止压偏。

（4）在紧轴承盖结合面螺栓时，要均匀地对称紧固，不紧偏。

658. 汽轮机轴承外油挡间隙不合格如何调整？

答：汽轮机轴承外油挡间隙不合格调整方法如下：

（1）轴承外油挡间隙大于设计质量标准值。通常采用更换轴承外油挡或使用专用工具对其铜齿进行捻齿的方法。

（2）轴承外油挡间隙小于设计质量标准值。通常采用修刮轴承外油挡铜齿方法。

659. 如何判断轴瓦垫铁接触是否良好？

答： 在轴瓦不承受转子质量的情况下，用塞尺检查轴瓦下部 3 块垫铁与洼窝的接触，两侧垫铁处用 0.03mm 塞尺塞不入，底部垫铁处应留有 0.05～0.07mm 间隙。在转子放置在轴瓦上后，下轴瓦的 3 块垫铁应均匀、无间隙，用红丹粉检查每块垫铁的接触痕迹，接触面积应在 70％以上，且均匀分布。

660. 如何进行轴瓦垫铁研刮工作？

答： 在轴瓦洼窝内表面涂上一层薄的红丹粉，下轴瓦的 3 块垫铁根据着色痕迹，用细锉刀或刮刀进行修刮，3 块垫铁同时合格后，再将下部垫铁的垫片厚度减薄 0.05～0.07mm，即可以达到研刮要求。

661. 机组大修将轴瓦分解后，应对轴瓦做哪些检查？

答： 机组大修将轴瓦分解后，应对轴瓦做如下检查：

（1）轴承合金面上的工作痕迹形成的弧角是否符合要求，研刮花纹是否被磨亮。

（2）轴承合金表面有无划损，腐蚀现象。

（3）轴承合金表面有无裂纹、脱胎及局部脱落现象。

（4）垫铁承力面上或球面上有无磨损和腐蚀的痕迹、固定垫铁的沉头螺栓是否松动、内部垫片是否有损坏现象。

662. 汽轮机支撑轴承中常见缺陷有哪些？

答： 在轴瓦内部表现为有轴承合金磨损、产生裂纹、局部脱落、脱胎及电腐蚀等。

663. 大修中对轴瓦垫铁应检查什么内容？

答： 大修中对轴瓦垫铁应检查如下内容：

（1）垫铁承力或球形面上有无磨损、腐蚀及毛刺。

（2）固定垫铁的沉头螺栓是否松动。

（3）内部垫片是否有损坏。

664. 怎样进行轴瓦研磨着色？

答：为防止轴瓦垫铁刮偏造成轴瓦歪斜，必须正确地进行垫铁研磨着色。轴瓦研磨着色时，要使轴瓦位于安装位置上，用铁马稍微抬起转子轴头，但仍使转子一部分质量压在轴瓦上，用两根撬棍插入轴瓦两侧吊环内来回活动轴瓦着色。洼窝所涂红丹粉不宜太多，活动要平稳，幅度不要过大，然后将轴头稍微上抬，再用吊车翻出轴瓦进行修刮。

665. 大修中，何种情况下需要对汽轮机球面瓦进行刮研？

答：大修中，下列两种情况下需要对汽轮机球面瓦进行刮研：

（1）更换轴瓦。

（2）球面接触不良，不符合检修质量标准。在刮研时，要使球面接触面积不小于 60% 且接触点分布均匀，否则轴承抗振性不能满足要求。

666. 检修中应该如何防止断油烧瓦？

答：检修中防止断油烧瓦的方法如下：

（1）检修中应该建立好封堵油管台账，检修结束后认真核对检查，多方确认无误后方可回装。

（2）回装前必须使用内窥镜检查油管内部是否有杂物，并要通过三方验收合格。

667. 轴承箱应该做哪些检查后方可开始回装？

答：轴承箱应该做下列检查后方可开始回装：

（1）确认轴承检修质量监督点全部完成并验收，取出进油孔封堵物，并经各级签字确认。

（2）清扫轴承座、轴承洼窝，并用白面、白布清扫干净，经各级验收合格。

（3）装入下轴承后通知热控检查测温元件，确认无异常。

（4）装入上瓦后检查内部设备完备并签字（包括热工专业）确认，清扫轴承室。

（5）在前箱体结合面上涂抹好密封胶，回装前箱盖（包括上油挡），打入销钉并对称紧好箱体及油挡结合面螺栓。

668. 简述拉前轴承箱的工序。

答： 为了检修前轴承箱下部的纵销和箱底，需将前轴承箱拉出。在拉前箱前，应测量轴承箱和汽缸水平，轴颈扬度、汽缸洼窝中心及立销、角销间隙，将轴承箱内部件拆出，拆开与箱体连接件，拆开猫爪压板螺栓，再用两个千斤顶起猫爪，并用倒链从两侧拉住汽缸，防止左右移动，取出猫爪横销。最后用倒链缓慢向前拉出前箱并吊开。当前箱在滑动中遇有卡涩时，应查明原因，不允许强行拉出。

669. 转子推力轴承起何作用？

答： 在推力瓦块与推力盘之间，建立楔形油膜，承受转子的轴向推力，并确定转子的轴向位置。

670. 简述推力轴承构造形式的分类？

答： 推力轴承构造形式有两种，一种是装有活动瓦块的密切尔式，另一种是无活动瓦块的固定式。其中密切尔式又分为单独推力瓦和推力与承力一体的综合式推力瓦两种。现在大型机组采用综合式推力瓦，主油泵推力瓦则采用固定式推力瓦。

671. 怎样测量汽轮机的转子推力间隙？

答： 将百分表固定在汽缸上，使测量杆支持在转子的某一光滑平面上与轴平行，并且还要装一个百分表在汽缸上监视推力轴承座，盘动转子，同时用足够力量的专用工具将转子分别依次推向前后极限位置，在推向两极限位置过程中，所得百分表的最大与最小值之差，便是转子推力间隙。对于某些轴承刚度较小的机组，还应装设备轴承座与汽缸间相对位移的百分表，以便减掉轴承座变形值，即减掉轴承座的移动。

672. 推力瓦非工作瓦块的作用是什么？

答： 在汽轮机转子推力盘的非推力侧，装有非工作瓦块是为了承担急剧变工况时发生的反向推力，限制转子的轴向位移，防止发生动静部分相磨。

673. 汽轮机推力轴承常见缺陷有哪些?

答: 推力瓦块轴承合金被磨损,产生裂纹、局部脱落及电腐蚀。

674. 推力瓦块大修时,应检查哪些内容?

答: 推力瓦块大修时,应检查如下内容:

(1) 各瓦块上的工作印痕大小是否大致相等。

(2) 轴承合金表面有无磨损及电腐蚀痕迹。

(3) 轴瓦合金有无夹渣、气孔、裂纹、剥落及脱胎现象。

(4) 瓦胎内外弧及销钉孔有无磨亮的痕迹。

(5) 用外径千分尺检查各瓦块的厚度,并作记录。

675. 推力瓦块为什么要编号?

答: 为消除因推力盘微小不平而引起的瓦块与推力盘接触不良现象,需进行瓦块在组合状态下的研刮,对瓦块进行编号,可防止瓦块之安装位置发生错乱,并便于监视运行时各瓦块的温度。

676. 若轴瓦合金面有气孔或浃渣,应如何处理?

答: 采用剔除气孔或夹渣后,进行局部堆焊办法处理。其步骤是应先将气孔和浃渣等杂物用尖铲或其他工具剔除干净,并把准备堆焊的表面清洗干净,再采用局部堆焊处理,施焊过程中,既要保证堆焊区新旧合金熔合,又要保证非堆焊区温度不超过100℃,防止发生脱胎或其他问题。

677. 对于综合式的推力轴承,在测量推力间隙时应注意什么?

答: 对于综合式的推力轴承,在测量推力间隙时应考虑轴承外壳移动的影响。在测量中应装设一只千分表测量瓦壳的轴向移动量,所测转子移动量应减去瓦壳的移动量,即为转子的轴向推力间隙。若瓦壳移动量过大,应查明原因,进行处理。

678. 推力间隙过大,会造成什么后果?

答: 若推力间隙过大,会在转子推力发生方向性改变时,增加通流部分的轴向间隙的变化，而且对非工作瓦块会产生过大的冲击力，导致转子的轴向位置不稳定，有些机组会因调速系统结构特性的原因，造成调速器窜动，使负荷不稳。

679. 引起推力瓦常见的缺陷和损坏原因有哪些？

答：引起推力瓦常见的缺陷和损坏原因有轴向推力过大、供油不足、油质不良、瓦块钨金质量不良、检修时瓦块与推力盘研合得不好、轴电流引起的电腐蚀、机组振动使瓦块受冲击载荷过大等。

680. 更换推力瓦块时，对瓦块有何要求？

答：各瓦块厚度差不允许大于 0.02mm，瓦块本身厚度差也不允许大于 0.02 mm。瓦块与推力盘接触均匀布满，瓦块厚度要保证与上次大修记录基本相符。

681. 如何测量推力瓦块的磨损量？

答：将瓦块钨金面朝上平放在平板上，使瓦块背部支撑面紧密贴合平板。再将百分表磁座固定在平板上，表杆垂直对准瓦块钨金面；缓慢移动并记录百分表计，最大值与最小值之差即为瓦块最大厚度差即最大磨损量。

682. 密封瓦的作用是什么？

答：为防止氢冷发电机内部高压氢气沿着发电机两端机壳与转子之间的缝隙泄漏，在发电机的两端安装了密封瓦装置，靠其流动着的高压油来密封氢气，防止外泄。

683. 密封瓦的常见问题有哪些？

答：密封瓦的常见问题有密封瓦温度高，密封瓦漏油、漏氢等。

684. 密封瓦间隙测量方法是什么？

答：使用假轴测量法。用外径千分尺测量前后密封瓦处轴颈及假轴直径，计算偏差值，以便在测量密封瓦径向间隙时做相应的修正。检查密封瓦与假轴的间隙，将密封瓦按每块瓦的配合标记套在假轴上组成整圆，用橡皮带束紧密封瓦，检查密封瓦块间结合面应无间隙，在两侧密封瓦与假轴之间插入相同厚度的垫片，在底部密封瓦与假轴间隙为零的情况下，测量顶部密封瓦与假轴的间隙。

685. 密封瓦检修后回装时为什么要进行各部位绝缘测量？

答：为了防止发电子转子接地，故要进行各部位绝缘测量。

686. 密封瓦检修过程中绝缘测量的部位在哪里，要求如何？

答：测量内挡油盖对地绝缘电阻，用 1000V 绝缘电阻表测量其值不小于 1MΩ；测量过渡环对密封座及端盖对地绝缘电阻，用 1000V 绝缘电阻表测量其值不小于 1MΩ；检查轴承盖与轴瓦的绝缘电阻，用 1000V 绝缘电阻表测量其值不小于 1MΩ。

687. 如何防止密封瓦检修后出现漏氢现象？

答：防止密封瓦检修后出现漏氢现象的方法如下：

（1）密封瓦的各备件质量必须经过检验合格后方可使用。特别注意绝缘垫片的质量。

（2）检修过程中各部分间隙必须严格执行质量标准。接触面积不小于 75％且接触均匀，将密封瓦上、下两半的垂直面必须在同一平面内，不得错口。

（3）检修过程必须有各级质量验收，H 点必须停工待检合格后方可继续进行下一步工作。

（4）要严格执行检修工艺，并建立相应的检修作业台账。包括工器具取用台账、封堵台账等。

第三节　汽轮机转子

688. 按制造工艺，转子分为哪几种类型？

答：按制造工艺，转子分为套装转子、整锻转子、组合转子、焊接转子。

689. 汽轮机高中压转子、低压转子及发电机转子、给水泵汽轮机转子、轴瓦在大修中都应该进行哪些金属检测？

答：汽轮机高中压转子、低压转子及发电机转子、给水泵汽轮机转子、轴瓦在大修中应该进行的金属检测项目见表。

汽轮机高中压转子、低压转子及发电机转子、给水泵汽轮机转子、轴瓦在大修中应该进行的金属检测项目

部件名称	项目类别	检查部位	检查方法	检查比例（%）
汽轮机高中压转子	标准	速度级叶轮根部的变截面处和汽封槽部位	PT 或 MT	100
	标准	叶轮、轮缘小角及叶轮平衡孔部位，叶片、叶片拉筋、拉筋孔部位	PT 或 MT	100
	标准	大轴两端及速度级叶轮侧平面	金相、硬度	100
	标准	高中压转子末级、次末级叶片	PT 或 MT	100
	标准	两端轴颈表面	PT	100
	标准	围带	PT 或 MT	100
	标准	转子超声波探伤	UT	100
	标准	末级叶片及叶根	UT 或 MT	100
低压转子	标准	叶轮根部的变截面处和汽封槽部位	PT 或 MT	100
	标准	两端轴颈	PT、硬度	100
	标准	末级叶片及叶根	MT 或 PT	100
	标准	叶片拉筋、拉筋孔及围带	PT 或 MT	100
发电机转子	标准	两端轴颈	PT、硬度	100
	标准	护环	UT、PT、硬度、金相	100
	标准	发电机风扇叶	PT	100
	标准	发电机风扇叶固定螺栓	UT、硬度	100
给水泵汽轮机转子	标准	给水泵汽轮机转子轴颈PT、硬度，叶片宏观检查，末级叶片磁粉检查	PT、硬度、磁粉	100

续表

部件名称	项目类别	检查部位	检查方法	检查比例（%）
轴瓦	标准	给水泵汽轮机推力瓦各轴瓦脱胎检查	PT、超声	100
	标准	汽轮机支撑轴瓦及推力瓦、密封瓦各轴瓦脱胎检查	PT、超声	100

690. 什么叫转子的临界转速？

答：机组在启停过程中，当转速达到某一数值时，机组产生剧烈振动，但转速越过这一数值后，振动即迅速减弱，直至恢复正常。这个机组固有的能产生剧烈振动的某一转速值称为转子的临界转速。

691. 汽轮机转子叶轮常见的缺陷有哪些？

答：键槽和轮缘产生裂纹以及叶轮变形。在叶轮键槽根部过渡圆弧靠近槽底部位，因应力集中严重，常发生应力腐蚀裂纹，轮缘裂纹一般发生在叶根槽处、沿圆周方向应力集中区域和在振动时受交变应力较大的轮缘部位，叶轮变形一般产生于动静摩擦造成温度过热的部位。

692. 转子修前应测量哪些数据？

答：转子修前应测量如下数据：

（1）测量各轴径向的油隙、浮动油挡的径向与轴向间隙、外油挡的径向间隙。

（2）测量各对轮的同心度。

（3）拆去各对轮螺栓，测量各缸通流部分动静间隙（注意转子轴向位置应正确）。

（4）测量动静叶片径向及轴向间隙；测量高、中、低压汽轮封径向及轴向间隙；测量各平衡活塞径向间隙及轴向间隙。

（5）测量推力轴承的推力间隙。

（6）测量各轴承座油挡洼窝中心。

（7）测量各轴颈扬度（联对轮和松对轮两个状态）。

（8）测量轴系中心。

（9）测量推力盘瓢偏、转子对轮端面瓢偏、轴径晃度、转子各监视部位晃度和瓢偏。

693. 为什么要在转子相差 90°角的两个位置测量通流间隙?

答：通流间隙的测量，一般是使转子在相差 90°的两个位置进行。第一个位置测量后，转过 90°做第二个位置测量。第二次测量的目的首先是校验第一次测量的准确性，其次是检查叶轮是否发生了变形和瓢偏。

694. 汽轮机转子发生断裂的原因有哪些?

答：汽轮机转子发生断裂的损坏原因，主要是低周疲劳和高温蠕变损伤。运行问题，主要是超速和发生油膜振荡。材料和加工问题，主要是存在残余应力、白点、偏析、夹杂物、气孔等，材质不均匀性和脆性，加工和装配质量差。

695. 引起汽轮机偏心的原因有哪些?

答：引起汽轮机偏心的原因如下：

（1）转子两侧加热不均匀。

（2）转动部分和静止部分发生摩擦。

（3）材质不良。

（4）转子在加热或冷却过程中，由于材料内部存在局部缺陷，在不同方向传热不均引起偏心。

（5）由于残余应力未完全消除，在转子使用初期即产生永久变形。

（6）因为调质热处理工艺不当，在转子的不同部位产生了不同的蠕变，随着时间加长，转子偏心慢慢增大。

696. 如何进行转子晃度的测量?

答：应将汽轮机转子放置在汽缸轴承上，首先将测量部位打磨光滑，一般测量部位是在转子中部，将千分表架固定在汽缸水平结合面上，表的测量杆支持到被测表面上并与被测量面垂直，将转子被测圆周分成 8 等分，逆时针方向编号，顺时针盘动转子从编号 1 开始测量，依次记录各点测值，最后回到位置 1 的测数必须与起始时的测数相符，所测出的数值，方向应有规律，否则应查明原因并重新测量。每个直径两端所测的数值之差叫这个直径上的晃度，所测各个晃度值中最大值为转子的晃动度，并注明最大晃度的位置。

697. 如何防止汽轮机大轴弯曲事故的发生？

答：防止汽轮机大轴弯曲事故发生的方法如下：

（1）开停机前、后严密监视大轴弯曲数值在允许范围内，轴向位移、差胀保护、轴系监测保护装置等投入与解列严格执行规程。

（2）上、下缸温差严格控制在50℃以内。

（3）防止因动、静部分摩擦而引起转子局部过热。

（4）汽轮机热态停机后严格执行盘车规定，汽缸温度低于150℃以下方可停用盘车。

（5）轴封供汽汽源在高低压汽源切换时防止因积水进入轴封而引起局部收缩。

（6）汽轮机振动发生异常，要认真分析，查明原因处理后方可继续启动，原因不明不得强行再次启动。

698. 什么是大轴弯曲？

答：汽轮机主轴在热应力和机械力作用下发生的挠曲变形称为大轴弯曲。大轴弯曲分弹性弯曲和塑性弯曲两类。大轴弹性弯曲是指由于转子本身径向存在温差，引起的热弯曲。转子最大内应力不超过材料屈服极限，当外力和热应力消除后，其弯曲自然消失。如转子最大内应力超过材料屈服极限，当外力和热应力消除后，其变形也不能消失，称为塑性弯曲，也称永久性弯曲。塑性弯曲总是弹性弯曲开始的，而且在温度均匀后永久弯曲的凸面居于原来弹性弯曲凸面的相对一侧。

699. 直轴的方法大致有哪些？

答：直轴的方法大致有：

（1）机械加压法。

（2）捻打法。

（3）局部加热法。

（4）局部加热加压法。

（5）内应力松弛法。

700. 转子的静弯曲度与轴颈扬度有什么关系？

答：转子因自重而产生静弯曲，通常用转子的静弯曲值，这种表示方法仅仅是一种旁证。标准测法，应是用千分表在轴各点上测。当转子处在非水平位置时，轴颈扬度是代数值之差的一半。

701. 什么情况下应测量转子的弯曲度？

答：下列情况下应测量转子的弯曲度：

（1）一侧轴封被严重磨损，轴颈在运行中振动大及轴承钨金多处脱落。

（2）轴端部件有摩擦和脱落。

（3）轴端或叶轮轮毂有单侧严重摩擦。

（4）汽轮机振动大。

（5）机组大修时。

702. 简述汽轮机转子轴弯曲的测量方法。

答：固定转子轴向位置，打磨转子测量部位，按逆旋转方向编上序号，将圆周 8 等分，沿转子长度方向均匀架设若干只百分表，表架在轴承座或汽缸水平结合面上，表的测量杆指在被测量的部位，按旋转方向盘转子，顺次对准各点，测量读数，最后回到"1"位置应与起始读数相同，读数异常应重复测量，同直径两端读数差值一半即为该截面轴弯曲度。

703. 怎样测量轴颈的扬度？

答：可将水平仪直接放在轴颈上测量，测量一次后，将水平仪调转 180°再测一次，取两次测量结果的代数平均值。测量时转子应放到规定位置，并注意使水平仪在横向保持水平。

704. 怎样测量轴径的椭圆度？

答：用外径千分尺在同一横断面，测得最大直径与最小直径差，为该横断面处轴颈的椭圆度。

705. 主轴因局部摩擦过热而发生弯曲时，轴会向哪个方向弯曲？原因是什么？

答：摩擦处将位于轴的凹面侧。因为发生单侧摩擦时，过热部分膨胀产生的压力一旦超过该温度下金属的屈服极限时，则将发生永久变形。冷却后，受压力部分材料将缩短，故成为弯曲的凹面。

706. 按叶型断面不同叶片可分为哪两类？

答：按叶型断面沿叶片高度方向的变化情况，叶片可分为等截面的直叶片和变截面的扭曲叶片两类。

707. 枞树形叶根有何特点？

答：枞树形叶根的优点：

（1）合理利用叶根和轮缘部分的材料，承载能力高，强度适应性好。

（2）采用轴向单个安装，装配和更换都很方便。

枞树叶根的缺点：接合面多，加工复杂，精度要求高，对材料塑性要求较高。

708. T 形叶根有何特点？

答：T 形叶根的特点有：

（1）结构简单，加工和装配方便。

（2）在叶片离心力的作用下，对轮缘两侧产生较大的弯曲应力，使轮缘有张开的趋势，因此其载荷不大。

（3）为了增加其强度，可采用外包凸肩的 T 形叶根。

709. 叶轮上的平衡孔有何作用？

答：由于汽封泄漏，使叶轮前侧压力高于后侧，叶轮平衡孔的作用就是平衡叶轮两侧压差，减少转子的轴向推力。

710. 汽轮机转子叶轮常见缺陷有哪些？

答：汽轮机转子叶轮常见缺陷有键槽和轮缘产生裂纹以及叶轮变形。在叶轮键槽根部过渡圆弧靠近槽底部位，因应力集中严重，常发生应力腐蚀裂纹、轮缘裂纹，一般发生在叶根槽处，沿圆周方向应力集中区域和在振动时受交变应力较大的轮缘部位，叶轮变形一般产生于动静相磨造成温度过热的部位。

711. 汽轮机叶片上的硬垢可以用哪些方法清除？

答： 汽轮机叶片上的硬垢的清除方法有：

（1）人工使用刮刀、砂布、钢丝刷等工具清扫。

（2）喷砂清扫。

（3）用高压水清洗，但清洗后表面必须吹干。

712. 对叶片检查包括哪些项目？

答： 对叶片检查的项目如下：

（1）检查铆钉头根部、拉筋孔周围、叶片工作部分向根部过渡处、叶片进出汽口边缘、表面硬化区、焊有硬质合金片的对缝处、叶根的断面过渡处及铆钉处等有无裂纹。

（2）检查复环铆钉处有无裂纹、铆的严密程度、复环是否松动、铆头有无剥落、有无加工硬化后的裂纹。

（3）检查拉筋有无脱焊、断开、冲蚀及腐蚀，叶片表面受到冲蚀、腐蚀或损伤情况。

713. 大修时应重点检查哪些级的动叶片？

答： 大修时应重点检查如下级的动叶片：

（1）对同型机组或同型叶片已经出现过缺陷的级的动叶片。

（2）本机已发生过断裂叶片的级。

（3）调速级和末级叶片以及湿蒸汽区工作叶片水蚀部位。

714. 试简述拆卸轴向枞树形叶根叶片的方法。

答： 对叶片检查的项目如下：铲掉半圆销子大头侧捻边，将半圆销从小头侧向大头侧打出，铲掉叶根底部斜垫厚端的捻边，将斜垫从薄端向厚端打击。用手锤通过铜棒将叶片沿轴向轻轻打击。

715. 更换整级叶片后须做哪些检查项目？

答： 更换整级叶片必须做如下检查项目：

（1）应测定单个和整组叶片的振动特性。

（2）应测定通流部分间隙。

（3）应对转子找低速动平衡。

716. 汽轮机高压段为什么采用等截面叶片？部分级段为什么要采用扭曲叶片？

答： 在汽轮机高压段，蒸汽流量相对较小，叶片短，叶高较大，沿整个叶高的圆周速度及汽流参数差别相对较小。此时，依靠改变不同叶高处的断面型线不能显著地提高叶片工作效率，因此多将叶身断面型线沿叶高做成相同的，即做成等截面叶片。这样做虽使效率略受影响，但加工方便，制造成本低，而强度也可得到保证，有利于实现部分级叶片的通用化。

大型机组为增加功率，叶片往往做得很长。随着叶片高度的增加，当叶高比较小时，不同叶高处圆周速度与汽流参数的差异不可忽视。此时，叶身断面型线必须沿叶高相应变化，使叶片扭曲变形，以适应汽流参数沿叶高的变化规律，减小流动损失。同时从强度方面考虑，为改善离心力所引起的拉应力沿叶高的分布，叶身断面面积也应由根部到顶部逐渐减小。

717. 试简述组装轴向枞树形叶根叶片的步骤。

答： 消除叶轮及叶根梳齿上的锈垢和毛刺，将叶片从出汽侧向入汽侧装到叶轮上。叶根的接触情况就由加工工艺质量来保证，不再研合。叶根底部斜垫需就地研合，装入斜垫时应使薄端与叶轮平齐，厚端低于叶轮端面 2mm，打入斜垫时应先把叶片轴向放正。按叶根销子孔研合两半圆销，接触面积应达到 70%，两半圆销的小头装入后应与叶根平齐，大头比叶根低 2mm。将两半圆销从叶轮两侧相对插进销孔，同时用同等紧度打入，用 0.03mm 塞尺检查叶根接触间隙，塞不进为合格。用样板检查叶片轴向及辐向位置。最后捻封斜垫厚端和半圆销大头端。

718. 叶轮键槽产生裂纹的原因有哪些？

答： 叶轮键槽产生裂纹的原因有：

（1）键槽根部结构设计不合理，造成应力集中。

（2）键槽加工装配质量差，圆角不足或有加工刀痕等。

（3）蒸汽品质不良，造成应力腐蚀。

（4）材料质量差，性能指标低。

（5）运行工况变化大，温差应力大。

719. 为何末几级动叶片进汽侧叶片顶部水蚀严重?

答: 在汽轮机的末几级中，蒸汽速度逐渐加大，水分在隔板静叶出汽边处形成水滴，水滴运动速度低于蒸汽速度，因此，进入动叶片时发生与动叶背弧面的撞击，对动叶背弧面造成侵蚀。叶片越长，叶顶圆周速度越大，水滴撞击动叶背弧面的速度也越高。由于离心力作用，水滴向叶顶集中，故叶顶背弧面水蚀严重。

720. 如何防止汽轮机断叶片事故?

答: 防止汽轮机断叶片事故的方法如下:

（1）叶片的应力、结构设计合理，叶片自身振动特性合格，整级叶片振动特性合格。

（2）严格检查叶片自身质量，材质要良好，叶片加工质量良好，无刀痕，倒角良好。

（3）严格工艺，保证叶片安装质量，保证叶根接触良好，叶根与叶根槽配合良好。

（4）铆钉紧度适当，复环与叶片铆钉铆接良好。

（5）拉筋焊接时防止叶片、孔周围过热产生脆硬。

（6）运行时各机组参数保持在正常范围内（如负荷、蒸汽压力、蒸汽温度、蒸汽品质、真空度等）。

（7）启、停机或变负荷操作要严格执行规程，防止误操作。

（8）防止发生水冲击和机组强烈振动。

721. 调节级喷嘴叶片出汽边发生断裂的原因有哪几个方面?

答: 调节级喷嘴叶片出汽边发生断裂的原因有以下几个方面:

（1）浇铸时冷却速度不均匀产生内应力，促使喷嘴叶片产生裂纹。

（2）表面氮化层过厚而且不均匀。

（3）调节级动叶片阻挡喷嘴汽道，形成喷嘴叶片受一个交变作用力，使喷嘴叶片产生振动，喷嘴叶片一阶振动安全率小于15%，正处在共振状态中运行，故产生振动裂纹。

（4）喷嘴叶片出口边厚度太小。

722. 在何种情况下，应对转子叶轮进行整级叶片重装或更换？

答：在下列情况下，应对转子叶轮进行整级叶片重装或更换：

（1）因材料缺陷，设计不当或加工制造工艺不良造成一级内有多只叶片断裂时，应对整级叶片进行更换。

（2）整级叶片因受水击、机械损伤、严重腐蚀和水蚀，威胁安全运行时，应对整级叶片进行更换；

（3）因装配工艺质量差造成多只叶片断裂时，可进行部分更换和整级重装。

723. 发现动叶片断裂后应怎么办？

答：发现动叶片断裂后应进行如下处理：

（1）保存叶片断口，做原状摄影和记录。

（2）根据断口情况分析判断叶片断裂原因。

（3）全面检查叶片振动特性。

（4）检查叶片材质、化学成分、金相组织、物理性能。

（5）检查叶片表面有无机械损伤、腐蚀、冲蚀或加工不良所造成的应力集中。

（6）处理断叶片时，原则上是不拆除全级叶片，只做保证安全运行一个大修周期的处理。若需全级拆除而又不能当即更换全级叶片时，则必须装假叶根，以保护叶根槽。处理断叶片时必须注意转子的平衡问题。

724. 更换叶轮整级叶片时，如何对叶片称重分组？对叶根厚度不同的叶片怎样配置？

答：对于350mm以上的长叶片，应逐个称重和在圆周上对称配置。

对于叉形叶根的叶片应把不同叶根厚度的叶片合理配置，以保持叶片节距符合要求。叶片装入叶轮的叶根槽后，按图纸要求，顺时针方向将叶片分组、编号，把相同重量的叶片组配置在圆周对称的位置上，对称叶片组的质量差不得大于5g，以免破坏平衡。

725. 汽轮机转子上各部件的瓢偏度，如何测量和计算？

答：将被测端面在圆周上分为8等分，在直径线两端对称装两只千分表，表座架在汽缸上，表杆垂直顶向被测端面，盘动转子，记录千分表数、列表，每次两表读数求代数差值，将代数差的最大值与最小值之间再求差值，最后取差值之半即瓢偏度。简言之，求出两表代数差，大差小差再差半，就是最大瓢偏度。

726. 大修工作中，哪些问题会造成叶片损伤？

答：大修工作中，下列问题会造成叶片损伤：

(1) 动静间隙不合格。

(2) 喷嘴隔板安装不当。

(3) 起吊搬运工作中将叶片碰伤。

(4) 汽缸内或蒸汽管中留有杂物。

(5) 调速和保安系统检修质量不合格。

(6) 机组超速等。

727. 简述拆叉形根叶片的方法。

答：一般是设法先拆下一个叶片，拆法是铲掉铆头，用小于铆钉直径的钻头，在铆钉中心钻一未透深孔，再用小千斤顶将铆钉顶出，之后切断拉筋，在该叶片上焊吊环，将相邻叶片出汽边端妨碍叶片拔出的部分铲掉，用倒链将叶片拔出，其余叶片再拔出也就容易了。也可以将叶轮拆下来，用摇臂钻床在叶根铆钉处钻一个未透孔，用冲子冲出或用千斤顶出铆钉，待铆钉拆出后（留5片不拆，做定位用），将拉筋切断，在叶片上焊上吊环，并将相邻叶片出汽边下端铲掉一部分，以不影响叶片拔出，先拔出一片后，其余叶片即易拔出。若需全级拆除而又不能立即更换全部叶片时，则必须装假叶根以保护叶根槽。处理断叶片时必须注意转子的平衡问题。

728. 拆卸转子联轴器前，应当进行哪些测量工作？

答：拆卸转子联轴器前，应当进行下列测量工作：

(1) 测量联轴器的瓢偏度、晃度。

(2) 用深度尺测量联轴器端面与轴端面之间距离。

(3) 做好联轴器与轴在圆周方向相对装配位置的记号。

729. 叶轮在大轴上发生松动的原因有哪些？

答：叶轮在大轴上发生松动的原因如下：

(1) 叶轮材料不符合要求或设计计算时所用的许用应力过高。

(2) 汽轮机超温运行。

(3) 汽轮机偶然超速转动。

(4) 材料蠕胀以及在高温段运行的叶轮产生应力松弛。

(5) 叶轮材料有缺陷。

(6) 叶片振动对轮缘作用产生的交变应力。

730. 汽轮机叶片振动断裂的断面上，一般可以看到哪两个不同区域？如何区分？

答： 汽轮机叶片振动断裂的断面上，一般可以看到疲劳断裂区和静力破裂区。因共振疲劳而产生的裂纹，在运行中因激振、摩擦而延展，呈贝壳裂纹，疲劳裂纹分布方向与叶片振动方向相垂直。如果应力超过疲劳极限过多时，导致疲劳裂纹延展，使叶片有效截面积减少，到应力超过屈服极限时，叶片折断，疲劳破裂区较静力破裂区小，因疲劳裂纹延展而产生的断裂区，叫疲劳断裂区。因应力超过疲劳极限时，而使叶片断裂的断裂区，叫静力断裂区。

731. 造成汽轮机叶片发生损坏的运行方面的原因有哪些？

答： 造成汽轮机叶片发生损坏的运行方面的原因如下：

(1) 偏离规定的频率范围运行。

(2) 超出力运行。

(3) 主蒸汽温度过低或过高。

(4) 蒸汽品质不合格。

(5) 真空度过高或过低。

(6) 发生水冲击。

(7) 启停机或变负荷操作不当。

(8) 各种因素引起和机组强烈振动。

(9) 主汽门关闭不严漏汽引起叶片腐蚀。

(10) 低负荷或过高真空使末级叶片下部回流冲刷。

(11) 叶顶入汽侧背弧面水蚀。

732. 喷砂法清理隔板结垢砂粒应如何筛选？喷砂应注意什么？

答： 筛选砂粒中，不使过大的砂粒（通常采用 40～50 目的细黄砂）或玻璃珠。喷砂中限制风压为 $4\sim6MPa$，并注意喷枪与被清工作面的距离适度，防止将叶片打成麻坑，损伤叶片。喷砂时工作人员应戴防护眼镜，穿防护服，以保证人身安全。

733. 汽轮机级产生的轴电流的原因有哪些？有何特征？如何处理？

答：静电效应的静电荷是因为蒸汽与叶片的干摩擦而产生的。电位可达 $100\sim200V$，电流为 $3\sim5mA$。在汽轮机转子上装设接地碳刷可以消除它的危害。

转子发生轴向磁化而产生的感应电流。发电机转子绕组发生层间短路时，会使转子发生轴向磁化，磁力线被切割后，将在轴颈与轴瓦间的回路中产生单极感应电流，电位可达 $35mV$，电流微小，需对转子进行退磁处理才能消除。

转子发生轴向磁化而产生的交流轴电流。产生原因是转子与定子不同心、定子绕组发生层间短路等，造成转子轴瓦台板环路中感应出交流轴电流。其电压不大于 $35V$。但若发电机和励磁机轴承座对台板之间，密封瓦对发电机端盖之间的绝缘被破坏时，这种轴电流很大，因此很危险。在发电机前部位及汽轮机轴上装设接地碳刷，能防止该部位发电腐蚀。在发电机后部却绝不允许装设接地碳刷，而只能采取保持发电机后部各轴承座对台板、密封瓦、发电机端盖之间的绝缘良好，来防止轴电流的形成。

734. 汽轮机联轴器找中心的目的有哪些？

答：汽轮机联轴器找中心的目的如下：

（1）要使汽轮机的转动部件与静止部件在运行时，中心偏差不超过规定的数值，以保证转动与静止部分在辐向不发生触碰。

（2）要使汽轮发电机组各转子的中心线能连接成为一根连续的曲线，从而在转动时，对轴承不致产生周期性交变作用力，避免发生振动。

735. 汽轮机中心不正的危害有哪些？

答：汽轮机中心不正的危害如下：

（1）转子和轴封摩擦，从而增大轴封间隙。隔板轴封间隙的增大不仅增加漏汽损失，降低了效率，同时会造成轴向推力增大。轴端汽封间隙的增大，增加了轴封的漏汽量，从而导致蒸汽进入轴承，润滑油中含水变质，除严重影响轴瓦和润滑油膜的建立外，还会使调速部件产生锈蚀，发生卡涩现象。

（2）转子与静止部件的摩擦使摩擦部位发热，由于热膨胀的不均匀使轴发生弯曲变形。

（3）中心不正是汽轮发电机组常见的激振源之一。

736. 运行中影响汽轮机中心的因素主要有几方面？

答：运行中影响汽轮机中心的因素主要有以下几个方面：

（1）猫爪的支撑形式和尺寸对汽轮机中心的影响。

（2）油膜厚度的影响。

（3）凝汽器的影响。

（4）上、下缸温差的影响。

737. 为何要使汽轮机的各转子连接成为一根连续（无折点）的轴？

答：转子因自身重量均产生自然静弯曲，即转子在轴瓦上就位后两端出现扬度。如果两个转子均水平就位，则静弯曲将导致在对轮连接出现上张口，两个转子轴线在对轮连接处出现折点。这样运行过程中转子及轴承就产生交变作用力，引起振动，故必须通过调整轴瓦高度即改变两转子轴颈扬度，使整个转子轴线成一条连续曲线，以降低转子对轴承产生交变作用力，避免发生轴承振动。

738. 联轴器找中心的注意事项有哪些？

答：联轴器找中心的注意事项如下：

（1）找中心专用工具架应牢固，以免松弛，影响测量准确度。

（2）找中心专用工具固定在联轴器上应不影响盘车测量。

（3）用千分表测量时，千分表应留有足够的余量，以免表杆顶丝出现错误数据。

（4）用塞尺测量时，塞尺片不多于 3 片，表面光滑无皱痕，插进松紧要均匀，以免出现过大误差。

（5）测量的位置在盘车后应一致，避免出现误差。

（6）盘车时，要注意不要盘过头或没盘够，以免影响测量准确度。

（7）用千分表或塞尺测量时，都需进行复核一次，若两次测量误差小于 0.02mm，则可结束，否则再进行第三次或第四次复测，若有两次测量结果小于误差要求，即可确认，否则应找明原因，再测。

（8）检查各轴瓦的安装位置是否正确、轴颈在轴瓦内和轴瓦在洼窝内的接触是否良好。

（9）盘动转子检查有无动静相磨的声音，应确认转子未压在油挡和汽封齿上。

（10）对于带软轴的联轴器，应当用专用卡子将联轴器临时固定，使联轴器外圆的晃度小于 0.03mm。

（11）在测量时，两半联轴器不能有任何刚性连接。需将两半联轴器之间的临时销子松动，并将盘转子的钢丝绳稍稍松开之后才可记录测数。

739. 轴系扬度应符合什么要求？

答：轴颈扬度与安装时记录相比，无异常变化；低压转子保持水平，相邻轴颈扬度基本一致，各轴颈扬度基本应符合各转子组成一条光滑连续曲线的要求。

740. 轴向位移保护的定值应根据什么而定？

答：轴向位移保护的定值应根据汽轮机转子动、静部分间隙而定，轴向位移保护的动作值应小于推力瓦乌金厚度。

741. 汽轮机组油挡与轴颈间应留多大间隙？

答：上部间隙为 0.02～0.25mm，两侧间隙为 0.10～0.20mm，下部间隙为 0.05～0.10mm。

742. 联轴器中心允许偏差一般为多少？

答：对于挠性联轴器，圆周不超过 0.08mm，端面不超过 0.06mm；半挠性联轴器，圆周不超过 0.06mm，端面不超过

0.05mm；刚性联轴器，圆周不超过 0.04mm，端面不超过 0.02mm。

743. 正常大修时找中心的步骤如何？

答：正常大修时找中心的步骤如下：

（1）测量汽缸、轴承座水平，即用水平仪检查汽缸、轴承座位置是否发生歪斜。

（2）测量轴颈扬度，转子对汽缸前、后轴封套洼窝找中心及汽轮机各转子按联轴器找中心，即在保证汽轮机各转子同心的前提下，尽量按汽缸中心恢复转子的原来位置，并且通过转子与汽缸位置的变化，监视汽缸的变形情况。

（3）轴封套、隔板按转子找中心，采用调整轴封套、隔板套的方法来补偿由于汽缸中心变化对动静部件中心关系的影响。

（4）在汽轮机全部组合后，复查汽轮机各转子中心及找汽轮机转子与发电机转子联轴器的中心、发电机转子与励磁机转子联轴器的中心。

744. 轴系调整的原则是什么？

答：轴系调整的原则是尽量恢复机组安装时转子与汽缸的相对位置（或上次大修时）以保持动、静部件的中心关系，减少隔板、轴封套中心的调整工作，以便于保持发电机的空气间隙。

745. 联轴器找中心产生的误差原因有哪几个方面？

答：联轴器找中心产生的误差原因有如下几个方面：

（1）轴瓦转子安装引起的误差。

（2）测量工作引起的误差。

（3）垫片调整工作引起的误差。

（4）轴瓦垂直方向移动量过大引起的误差。

746. 简述用假轴法测量隔板及轴封套中心的步骤。

答：假轴按轴瓦距离、转子轴颈尺寸定做，测量器具采用内径千分尺、千分表等，是用两半的卡子固定在假轴上的，轴向位置可以任意平移。进行测量时，可将所有下隔板及下汽封套吊装到汽缸内，然后放置假轴，将测量器具分别移至各隔板及轴封套处，依次对准其水平方向，对左、右及下部 3 个位置进行测量，中心偏差的计算方法为水平方向中心偏差为左、右间隙之差的一半，垂直方向的中心偏差为下部间隙与左、右间隙平均值之差。

747. 调整轴瓦位置的方法有哪两种？

答：调整轴瓦位置的方法有如下两种：

（1）具有专用轴承座的轴瓦，通过在轴承座与基础台板间加减垫片来改变轴瓦垂直方向位置，通过轴承座左、右移动来改变轴瓦的水平方向的位置。

（2）带调整垫铁的轴瓦是采用下半轴瓦上三块调整垫铁内的垫片厚度来移动轴瓦位置的。

748. 用加减垫铁垫片的方法调整轴瓦水平、垂直位置时，各垫铁垫片的加减厚度为多少？

答：轴瓦垂直移动 X_b 时，即底部垫铁增减 X_b，两侧垫铁应增减 $X_b\cos\alpha$；轴瓦水平移动 X_a 时，下部垫铁不动，两侧垫铁一侧加 $X_a\sin\alpha$，一侧减 $X_a\sin\alpha$，其中 α 为侧垫铁中心线与垂直中心线的夹角。

749. 分析机组振动时，从检修方面应考虑哪些因素？

答：机组振动时，从检修方面应考虑以下因素：

（1）汽缸水平及轴颈扬度有无变化。

（2）滑销系统和销槽有无磨损、变形，间隙和接触面是否合格，滑动是否受阻。

（3）轴瓦的间隙、瓦盖紧力和下瓦接触情况是否符合要求，球面瓦的紧力和接触是否符合要求。

（4）转子是否找过平衡、所加平衡重量分布如何、平衡重块是否被冲刷或活动。

（5）轴颈的椭圆度和轴的弯曲情况。

（6）套装叶轮是否松动、膨胀间隙是否变化、是否更换过零件或进行过加工。

（7）动静部分有无摩擦、摩擦部位如何。

（8）发电机转子上有无松动的零件、通风口，空气间隙是否正常，线匝间有无短路。

（9）机组中心情况、联轴器的晃度和瓢偏情况。

（10）基础、台板是否正常，台板螺栓是否松动。

（11）联轴器及大轴中心孔内是否有积存液体等。

750. 什么是波德（BODE）图？有何作用？

答：波德图又称幅频响应和相频响应曲线图，一般是旋转机械基频上的幅值和相位对转子转速的直角坐标图。波德图表明转子趋近和通过转子临界转速时的相位响应和幅值响应，从波德图包含的信息中可以辨识临界转速与转子系统中的阻尼以及确定校正平衡的最佳转速，如图 5-1 所示。

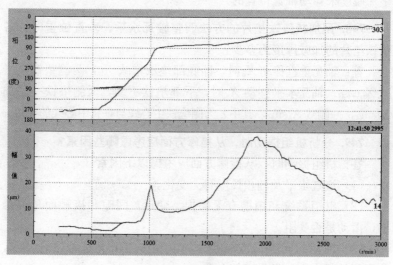

图 5-1 波德图

751. 转子平衡的两个基本条件是什么？

答：转子平衡的两个基本条件如下：（1）阻尼、转速一定时，振动幅值与不平衡力大小成正比，不平衡量增大，振幅也按比例增大。

（2）阻尼、转速一定时，振动高点滞后与不平衡力的角度不变。

752. 汽轮发电机组的振源有哪些？

答：汽轮发电机组的振源如下：

（1）机械性干扰力。主要包括转子质量不平衡，热不平衡，靠背轮晃度、瓢偏超标，靠背轮中心偏差超标，轴承缺陷，油膜刚度等方面。

（2）电磁干扰力。主要包括转子上匝间短路、静子铁芯的振动和发电机空气间隙的不均匀。

（3）振动系统的刚性不足与共振。系统静刚不足，除了设计原因外，还有轴承座与台板、轴承座与汽缸、台板与基础之间的连接不够牢固等原因。

753. 什么叫振动的共振安全率？

答：为了保证叶片振动的安全性，必须使汽轮机的工作转速避开叶片的共振转速。由于在共振转速附近叶片的振幅仍然很大，汽轮机工作转速有一定变化以及由于运行工况改变时，叶片工作温度将发生变化，叶片频率也将随之变化等原因，要求转速避开一定的范围，这个转速范围称为共振安全率。

754. 常见叶片调频方法有哪几种？

答：常见叶片调频方法如下：

（1）改善叶根的研合质量或捻铆叶根、增加叶片安装紧力以提高刚性。

（2）改善围带或拉金的连接质量。

（3）改变叶片组的叶片数。

（4）加装拉金。

（5）在叶片顶部钻减荷孔。

755. 静止部件与叶片摩擦引起的振动特点是什么？

答：当静止部件不是直接与转轴摩擦，而是与转轴上的围带、叶片或铆钉头之类的转动部件摩擦时，它不可能造成轴的热弯曲，引起系统刚度变化也很小，起主要作用的是叶片、围带等部件受的摩擦力，它使转轴受到一与旋转方向相反的力矩，从而降低系统阻尼，可能引起反向涡动的自激振动，其频率为转子的一阶临界转速。

756. 怎样检查和处理转子平衡质量？

答：检查是否有松动现象和冲刷现象，若松动应予以紧固。若冲刷量过大则更换平衡重块。

757. 为什么当共振倍率 $K \geqslant 7$ 时，可以不采用调频叶片？

答：因为共振安全率的标准随共振倍率 K 的增大而降低，K 越大，叶片在两次激振力作用之间作衰减振动的周期越多，共振振幅越小，振动应力也就越小，所以规定当 $K \geqslant 7$ 时，允许叶片在共振状态下工作，故可以不采用调频叶片。

758. 汽轮机动叶片因振动造成疲劳裂纹后，怎样判断振动方向？

答：叶片因共振疲劳而产生疲劳裂纹，一般地说，裂纹分布方向与叶片振动方向垂直。叶片若因切向振动发生断裂，则疲劳裂纹为轴向分布；若轴向振动发生断裂，则疲劳裂纹为切向分布。

759. 汽轮发电机组振动试验一般包括哪些内容？有什么作用？

答：汽轮发电机组振动试验包括的内容及作用如下：

（1）机组振动分布特性试验。以查明机组振动部位和轴承座的刚度。

（2）负荷试验。以查明振动与机组负荷的关系。

（3）真实试验。在于判别机组振动与真空及排汽温度之间的关系。

（4）油膜试验。主要是通过改变润滑油的温度和压力，考察其对机组振动和油膜稳定性的影响。

（5）励磁电流试验。以查明发电机磁场对振动的影响。

（6）转速试验。以查明转子有无质量不平衡和共振现象。

760. 按振动方向可将叶片振动分为哪三类？

答：按振动方向可将叶片振动分为切向弯曲振动、轴向弯曲振动、扭转振动。

761. 何谓叶片切向弯曲振动?

答:围绕叶片截面最小惯性主轴的振动叫叶片切向弯曲振动,简称切向振动。

762. 何谓叶片扭转振动?

答:叶片全长沿高度方向,围绕着通过截面重心的轴线往复地转动一个角度的振动叫叶片扭转振动。

763. 如何确定叶片的振动特性?

答:人为地使叶片产生自由振动或强迫共振,利用仪器将振动的频率和振型测定下来,从而确定叶片的振动特性。

764. 叶片断落在运行中或停机过程中有哪些现象?

答:叶片断落在运行中或停机过程中的现象如下:

(1)汽轮机内部或凝汽器内部有突然的响声,此时机房底层常可清楚听到。

(2)机组发生强烈振动或振动明显增大。

(3)凝结水硬度和导电度突增,凝结水水位升高,凝结水泵电动机电流增大。

(4)蒸汽流速、调节阀开度和监视段压力等功率的关系发生变化。

(5)抽汽止回阀卡涩。

(6)停机过程听到机内有金属摩擦声或惰走时间减少。

765. 汽轮发电机组在进行振动试验前必须收集哪些资料?

答:汽轮发电机组在进行振动试验前,必须收集下列资料:

(1)机组振动异常的历史、现状和振动各频率分量的幅值、相位。

(2)机组运行时汽缸膨胀及转子的差胀、油压、油温,汽轮机各汽缸的排汽温度,发电机风温和其他与运行有关的参数是否正常。

(3)机组轴系结构、各转子的临界转速、制造厂转子的平衡方法和平衡结果及各转子平衡块的分布情况。

(4)机组安装时轴系标高、联轴器张口等技术数据。

（5）近期机组检修情况，尤其注意机组投运以来的重大振动故障的处理情况、滑销系统是否有变动。

766. 为什么汽轮机在启动前和停机后均需长时间盘车？

答：启动前的盘车可以消除转子弯曲，使启动力矩减小；停机后长时间盘车则主要是为了使转子冷却均匀，避免转子因上、下冷却不均匀而造成汽轮机转子弯曲事故。

767. 汽轮机盘车装置的作用是什么？

答：汽轮机盘车装置的作用是：

（1）防止转子受热不均匀产生热弯曲而影响再次启动或损坏设备。

（2）可以用来检查汽轮机是否具备运行条件。

768. 对盘车装置有何要求？

答：对盘车装置的要求是既能按需要盘动转子，又能在汽轮机冲动转子达到一定转速后自动脱离工作状态。

769. 目前国内电厂使用的盘车，分类如何？

答：目前国内电厂使用的盘车，从结构上可分为螺旋杆盘车和摆动齿轮盘车；从转速上可分为高速盘车和低速盘车。

770. 汽轮机采用高速盘车有何优、缺点？

答：汽轮机采用高速盘车的优点：

（1）高速盘车的鼓风作用，可使机内各部分金属温差减少。

（2）高速盘车可使轴瓦形成油膜，减少轴瓦干摩擦。

汽轮机采用高速盘车的缺点：盘车装置结构复杂，并且必须装配高压油顶轴装置，且容易发生故障。因此，大型机组有采用低速盘车的趋势。

771. 简述摆动齿轮盘车的工作原理。

答：盘车启动前拔出保险销，顺时针转动手轮，与手轮同轴的曲柄随之转入，克服缓冲器的弹簧推力，通过拉杆压迫摆动外壳，使摆动外壳带动摆动齿轮啮合，盘车装置投入运行，与此同时，手轮转动的位置正好使行程开关的触头落入手轮的凹坑中，电动机通电带动转子旋转。

汽轮机转子冲转后，当盘车齿轮的转速高于摆动齿轮的转速后，摆动轮变主动为被动轮，盘车齿轮推动摆动齿轮和摆动外壳向右移动，使盘车齿轮与摆动齿轮脱开，盘车自动退出工作状态。与此同时，连杆在压弹簧的作用下，使手轮逆时针转动，脱开了行程开关触头，电动机切断电源停止转动，保险销在弹簧力作用下自动落入手轮销孔，锁住手轮。

772. 盘车齿轮啮合应保证接触面积为多少？

答：检查盘车啮合情况，用涂色法，一般接触面积大于 70%，印痕在牙齿中部，无歪斜现象。用压铅丝法检查齿侧间隙为 0.3～0.4mm。

773. 盘车配合间隙应为多少？

答：盘车配合间隙如下：

（1）滑动啮合齿在齿轮螺旋线上应滑动灵活、无卡涩，与盘车齿轮脱开应有 15mm 的轴向间隙。

（2）摇杆应不卡涩，摇杆轴套筒与壳体轴向间隙为 0.3～0.4mm。

（3）摇杆辊子上的滚动轴承与滑动啮合齿轮凸肩间隙为 2～3mm，与摇杆间的间隙为 0.1～0.2mm。

第六章

汽轮机调速部分

第一节　润滑油系统

774. 润滑油系统的主要组成部分有哪些?

答：润滑油系统的主要组成部分有集装式油箱、射油器、主油泵、油烟分离器、排烟风机、交流润滑油泵直流润滑油泵、溢油阀、冷油器、管阀等。

775. 汽轮机油系统中各油泵的作用是什么?

答：主油泵多数由汽轮机主轴带动，它具有流量大、出口压力稳定的特点，即扬程—流量特性平缓，以保证在不同工况下向汽轮机调速系统和轴瓦稳定供油。主油泵不能自吸，因此在主油泵正常运行中，需要给射油器提供 $0.05\sim0.1$MPa 的压力油，供给主油泵入口。

在转子静止或启动过程中，高压启动油泵代替主油泵，在机组启动前应首先启动高压油泵，供给调速系统用油。待机组进入工作转速后，停止高压启动油泵运行作为备用。

机组正常运行时，机组润滑油是通过射油器来供给的。在机组启动或射油器故障及润滑油压低时，交流润滑油泵投入运行，确保汽轮机润滑油的正常供给。直流润滑油泵则在厂电故障或交流润滑油泵故障时投入运行，以保证任何情况下轴承的润滑。

交流密封油泵在机组运行中向发电机密封油提供压力油。当厂用电故障或交流密封油泵故障及密封油压低时，直流密封油泵投入运行，保证发电机密封油正常供给。

776. 汽轮机的主油泵有哪几种类型?

答：汽轮机的主油泵分为离心式油泵和容积式油泵。其中，容积式油泵包括齿轮油泵和螺旋油泵。大型汽轮机都采用主轴直接带动的离心式油泵。

777. 主油泵具有哪些优、缺点？

答： 主油泵安装在机头前轴承箱内，是与汽轮机转子同轴的高速离心泵。主油泵具有以下特点：

（1）转速高，可由汽轮机主轴直接带动而不需任何减速装置。

（2）特性曲线比较平坦，调节系统动作大量用油时，油泵出油量增加，而出口油压下降不多，能满足调节系统快速动作的要求。

主油泵的缺点：油泵入口为负压，一旦漏入空气就会使油泵工作失常。因此必须用专门的注油器向主油泵供油，以保证油泵工作的可靠与稳定。

778. 对主油泵找中心有何要求？

答： 一般要求主油泵转子中心较汽轮机转子中心略高，要按制造厂要求规定调整，其目的主要考虑正常运行后补偿由于温度而造成的膨胀差。主油泵中心比汽轮机转子中心偏高 $0.075 \sim 0.10$mm，如中心不合格则应进行重新调整。

779. 试述双侧进油主油泵的检修要点。

答： （1）主油泵解体前应测量转子的推力间隙，此间隙不宜太大，一般应在 $0.08 \sim 0.12$mm 间，运行中最大不超过 0.25mm。如推力瓦磨损导致间隙太大，应采取堆焊的方法进行处理，在补焊时应考虑转子的轴向位置不要改变，以防改变调整器夹板与喷嘴间隙。

（2）检查主油泵轴瓦及推力瓦。

1）检查轴承合金表面工作痕迹所占位置是否符合要求。

2）检查轴承合金有无裂纹、局部脱落及脱胎现象。

3）检查合金表面有无磨损，划痕和腐蚀现象。

4）测量轴瓦间隙应符合要求。

（3）测量密封环间隙，密封环间隙要符合制造厂家规定，一

225

般密封环间隙为 0.4～0.7mm。

（4）用千分表测量、检查叶轮的瓢偏及晃度，晃度一般不超过 0.05mm。

（5）检查主油泵叶片有无气蚀和冲刷，如气蚀和冲刷严重，应进行处理或更换配件。

（6）检查泵的结合面应严密，清理干净后扣泵盖紧 1/3 螺栓，0.05mm 的塞尺塞不进为合格。

（7）全部结合面螺栓紧好后，泵的转子动作灵活，出口止回门应严密、灵活，无卡涩。

780. 试述单侧进油主油泵的检修要点。

答：单侧进油主油泵的检修要点如下：

（1）检修时注意各部件的拆前位置，并做好记号，定位环的上、下半环不要装错，短轴的限位螺栓应记好位置。

（2）检查密封环是否有磨损，间隙是否合乎要求，如果磨损严重，间隙增大时应采取零焊法进行处理。

（3）组装前要用红丹粉检查泵轮端面与短轴端面，轴套与泵轮外端面的接触情况，要求应沿圆周方向均匀接触，否则应进行研刮。

（4）组装时要测量轴晃度，应小于 0.05mm。

（5）小轴的弯曲应小于 0.03mm。

781. 试述立式油泵的检修工艺。

答：立式油泵的检修工艺如下：

（1）卸下对轮螺栓，吊走电动机。

（2）卸开与泵连接的油管和油箱盖连接螺栓，把泵吊到检修场地，进行解体测量，分解前做各结合面相对位置记号。

（3）旋下对轮顶丝，用专用工具把对轮拔出。

（4）卸下轴承压盖，旋下锁紧螺母。

（5）卸下上法兰，拆下密封压盖，掏出填料，连同轴承一起吊出。

（6）将滤网同锥形吸入室一同拆下，取出密封环压盖，测量并记录叶轮的瓢偏及轴端跳动。

（7）旋下叶轮锁紧螺母，抽出叶轮，取出支撑盘和轴承。

（8）卸下泵壳与出油管，将结合面分开，抽出轴。

（9）测量轴弯曲、密封环间隙，检查有无磨损、锈蚀，检查轴承的磨抽情况，分解的各部件用煤油清洗干净。

（10）组装过程按与分解相反顺序进行，注意填料不要加得太紧。

（11）在组装过程中，对轮的瓢偏、晃动度测量，应符合质量标准。

782. 试述立式油泵的检修质量标准。

答：立式油泵的检修质量标准有：

（1）轴弯曲小于或等于 0.05mm。

（2）轴窜动为 0.2～0.35mm。

（3）密封环间隙为 0.2～0.23mm。

（4）下部导轴承与轴套的总间隙为 0.075～0142mm。

（5）推力轴承与轴套的总间隙为 0.3～0.4mm。

（6）各轴承应转动灵活，无卡涩、无锈蚀。

（7）叶轮瓢偏值小于或等于 0.1mm。

（8）叶轮晃度小于或等于 0.2mm。

（9）找中心圆差和面差均小于或等于 0.05mm。

（10）叶轮应无磨损、裂纹。

783. 试述冷油器的构造及各部件的作用。

答：冷油器主要由外壳、铜管、管板、隔板及上、下水室等组成。铜管胀在两端管板上，油在铜管外部流动，水从铜管里面流过，为了提高冷却效率，增加油在冷油器内的流程和流动时间，用隔板将冷油器隔成若干个弯曲的通道。为了减少油走短路，隔板与外壳之间保持尽量小的间隙。

784. 试述冷油器的检修工序。

答：冷油器的检修工序如下：

（1）在检修前打开放油门，将冷油器内的油全部放掉，放净后松开出、入口法兰螺栓及壳体与下部水室的连接螺栓，吊下上水室端盖。

（2）起吊前，下部水室的连接螺栓应予留两条，以防冷油器倾倒。冷油器起吊过程中要有专人指挥，相互配合，平稳起吊，放到指定检修场地。

（3）拆掉上水室，掏出盘根，吊起外壳，放到指定的场地，外壳起吊前要做好外壳与下管板相对位置记号。

（4）冷油器芯子水平放置，用高压水枪冲洗铜管内部，或用带刷子的捅杆捅洗。

（5）水侧清洗完全，将芯子放入专门的清洗槽内，配合化学进行油侧的清洗工作。

（6）油侧清洗干净后，用凝结水冲净，再用压缩空气吹干。

（7）验收合格后进行回装。

（8）冷油器进行耐油试验，合格后就位。

785. 试述油箱的构造。

答：为了分离油中的空气、水分和杂物，必须使油箱的油流速度尽量慢，而且均匀，因此油箱内部分成几个小室，并装有两道或三道滤网，将油过滤，油箱分为净段和污段，轴承和调速系统等的回油都进入污段，而备油泵及射油器的入口则接在净段、污段和净段用滤网隔开，油箱装有油位计，并有最高、最低油位标志。油箱上部装有排烟风机，随时排掉油箱内油烟。油箱底部一般做成 V 形或斜坡形，并在最底部装排污管，以便排出水分和油污。

786. 试述油箱的作用及要求。

答：油箱首先是用来储油，同时起分离油中气体、水分、杂质和沉淀物的作用。油箱的容积对不同的机组各不相同，它取决于汽轮机的功率和结构。透平油具有一定的黏度，油烟杂质等从油中分离与沉淀需一定的时间，因此要求油有足够的停留时间，保证杂质的分离和沉淀，油箱的容积应满足油系统循环倍率的要求，一般要求油的循环倍率在8~10倍范围内。

787. 冷油器的换热效率与哪些因素有关？

答：影响传热效率的因素很多，冷油器的换热效率主要与下列因素有关：

（1）传热导体的材质对传热效率影响很大，一般要用传热性能好的材料，如铜管。

（2）流体的流速。流速越大，传热效果越好。

（3）流体的流向。

（4）冷却面积。

（5）冷油器的结构和装配工艺。

（6）冷油器铜管的脏污程度。

788. 提高已投入运行的冷油器的换热效率主要有哪些途径？

答：提高换热效率的办法很多，但对于已投入运行的冷油器很多因素已固定，在此情况下，有以下几种途径：

（1）经常保持冷却水管的清洁、无垢，不堵，要对铜管进行定期清洗。

（2）保证检修质量，尽量缩小隔板与外壳的间隙，减少油短路，保持油侧清洗无油垢。

（3）在可能的情况下，尽量提高油的流速。

（4）尽量排净水侧的空气。

789. 冷油器检修注意事项主要有哪些？

答：冷油器检修时应注意下列事项：

（1）检修工作不能连续时，冷油器芯子要用苦布盖好，防止异物掉入管内。

（2）起吊和检修过程中，注意保护铜管及胀口部分，以防磕碰损伤。

（3）芯子与外壳装配时，壳体与管板按相对位置记号对正。

（4）清洗剂的浓度配制合适，温度和时间要掌握好，防止脱锌。

（5）回装过程要注意冷油器下部管板与壳体和水室的法兰止口应配合好。

790. 冷油器检修的质量标准是什么？

答：冷油器检修的质量标准如下：

（1）冷油器油、水侧应干净，无油垢、污泥和水垢。

（2）铜管表面光滑，无压痕碰撞和脱锌、无凸凹缺陷。

（3）水压试验标准压力为 0.5MPa，保持 5min，铜管及胀口无渗漏。

（4）外壳内及法兰盘清理干净，用面团黏净，垫片配制合适，涂料均匀，厚薄适当。

791. 大修后的冷油器如何查漏？

答：大修后冷油器组装好后用清洁的凝结水进行油侧打水压试验进行查漏。具体方法是：在进、出口油管加上堵板，然后接上试压泵打水压。要求打压到 0.5MPa，保持 5min，检查铜管本身、胀口及结合面有无泄漏。胀口渗漏时可进行补胀，当胀口胀不住时，则可将铜管剔出打上铜闷头。如有个别铜管泄漏时，可采取两头加堵铜闷头的办法堵漏。

此外，对于立式冷油器还可用压缩空气查漏，具体方法和步骤如下。

（1）在未盖水室前，关出水门，水侧灌水至铜管口上 5～10mm 处关进水门。

（2）关进、出油门，冷油器油侧接上压力表并通入压缩空气至 0.2MPa 保持 5min，检查铜管、胀口、结合面等是否泄漏。

（3）若个别铜管泄漏，则做好记号，放水后两头用铜闷头堵好。

792. 试说明射油器的结构和工作原理。

答：射油器由油喷嘴、滤网、扩散管等组成，其工作原理是：当压力油经油喷嘴高速喷出时，在喷嘴出口形成真空，利用自由射流的卷吸作用，把油箱中的油经滤网带入扩散管，经扩散管减速升压后，以一定压力排出。

793. 射油器的作用是什么？

答：射油器除供给离心式主油泵入口用油外，还供给润滑系统用油，这样可避免用高压油供给润滑油，减少功率的额外消耗，以提高系统的经济性。

794. 射油器出口油压太高是何原因？如何处理？

答：射油器出油压太高主要原因是高压油流量太大，供油量过剩，只要将油喷嘴出口直径减少即可（要按实际情况计算）。

795. 油箱的检修工艺和质量标准是什么？

答：在检修和清理油箱之前，先将油箱顶部清理干净，以防杂物落入油箱内，然后再进行内部的检修和清理工作。

（1）打开油箱上盖，取出油滤网。

（2）工作人员穿好专用工作服，做好相应安全措施，进入油箱内部，用平铲将油箱底部的油污和沉淀物清理到油箱底部的沟箱内部，用白布擦净后再用面团粘净。

（3）油箱内防腐漆应完好，如脱落时可重新涂刷。

（4）油位计浮子阀进行浸油试验，如发现漏油应进行补焊处理，组装后应灵活、不卡涩，指示正确。

（5）油滤网用煤油清洗和用压缩空气吹干净，滤网如有较大破坏，应予以更换。

（6）检修完毕，验收合格，检查油箱内无遗留物，将滤网对准滑道，放到底，无卡涩，盖好油箱盖。

796. 清理油箱时应注意哪些事项？

答：清理油箱时应注意如下事项：

（1）工作人员的服装应清洁，扣子要牢，衣袋里不许带杂物，尤其是金属物。

（2）进入油箱的一切工器具要清点登记，工作结束后要清点无误，严防留在油箱内。

（3）照明行灯要按进入金属容器内部的要求，一般应为24V及以下，外面应有专人监护。

（4）清洗时应使用煤油，不要用汽油，现场不许有明火。

（5）油箱里面通风应良好，监护人应定时与工作人员联络，遇有异常情况，立即将人拉出。

797. 油管道在什么情况下必须进行清扫？如何清扫？

答： 油管道不必每次大修都进行清扫，要视油质情况而定，油质好可不进行清扫，一旦油质劣化或轴承严重磨损，使油中混有大量的钨金沫时，即需要更换新透平油，同时对油管路进行清扫。清扫工作一般将管道拆下来进行，拆前各连接处要做好记号，管内存油应从管最低部位处放出，油管的清洗先用 100℃ 左右的水或较高温度、压力的蒸汽冲洗净油垢，再用压缩空气吹干，对较粗管子可用布团反复拉，直至白布拉后无锈垢颜色为止。

798. 组装油管道时的工艺要求是什么？

答： 组装油管道时的工艺要求如下：

（1）油管道的法兰应光洁、平整，接触面积应在 75％ 以上，并分布均匀，或在一圈内连续接触达一定宽度，无间断痕迹，法兰应内外施焊。

（2）两个连接法兰面应相互平行并自由对正，无偏斜、变形，相互间留有一定的间隙但不要太大。

（3）法兰垫应使用塑料垫与橡胶垫，垫片的厚度一般应为 0.5～1mm。低压管道的法兰垫片可适当厚些，但不超过 2mm，垫片应平滑、无伤痕。

（4）连接法兰的螺栓材料应用优质结构钢，螺栓完好，长短、粗细适宜。

（5）油管连接时不要强力对口，如法兰对口憋劲，可采取对好口断管重焊的方法消除或组合后在憋劲的弯头处烤红消去应力。

799. 试述油管道焊接工艺要求和注意事项？

答： 油管道的焊接工作，在条件允许情况下，要将油管拆下清洗后进行，焊前要将油管内部用 100℃ 的水或蒸汽吹洗干净，外部也要擦净，两端要敞口，并做好防火措施。焊接时坡口、对缝符合要求，最好是四级以上的熟练焊工操作，焊口要求整齐，无气孔、夹渣，保证不渗漏。焊完后，对焊口进行彻底清理，用手锤和扁铲清除药皮和焊渣，然后用压缩空气吹扫管道，将焊渣全部清除干净为止。

800. 防止油系统漏油有哪些措施？

答： 防止油系统漏油有如下措施：

（1）油管、法兰、阀门不符合要求的要进行更换，按其工作压力、温度等级，提高一级标准选用。

（2）尽量减少使用法兰、阀门、接头等部件，管道布置尽量减少交叉。

（3）平口法兰应内外施焊，焊缝应平整，焊后无变形、不整劲，法兰结合面要进行修刮，接触面积要保证在75%以上，接触良好。

（4）对于靠近高温热体的地方，应采用高颈带止口的法兰，其外部应加装防护罩。

（5）发现焊口有细微裂纹时应彻底处理，管子表面如有相互接触时，应采取隔离措施，防止油管摩擦、振动。

（6）改善油泵轴的密封、门杆的密封及轴承挡油环的密封。

（7）检修时要严格工艺要求施工，保证质量。

801. 对油系统阀门有何要求？

答： 油系统阀门严禁使用铸铁阀门，各阀门应水平设置或倒置，以防门芯脱落断油，并应采用明杆门，应有开关方向指示和手轮止动装置。

802. 试述溢流阀的检修工艺和质量标准。

答： 溢流阀的检修工艺和质量标准如下：

（1）松下调整螺栓的保护罩，测量记录调整螺栓的高度。

（2）解体溢流阀，取出弹簧、托盘、滑阀。

（3）将拆下的零件及外壳用煤清洗干净，清扫各节流孔，排汽孔应通畅，消除油垢、毛刺，并用面团粘净。

（4）检查弹簧无变形、无裂纹，滑阀无严重磨损和锈蚀，测量各部间隙合格。

（5）检修完毕经验收合格后可回装。装配时，将滑阀和套、弹簧等部件涂好透平油，滑阀动作灵活、无卡涩。

（6）调整螺栓的位置与拆前相同。

803. 防止油系统进水主要有哪些措施?

答: 防止油系统进水的主要措施有:

(1) 调整好汽封间隙。

(2) 加大信号管的通汽截面积。

(3) 消除或减低轴承内部负压。

(4) 缩小轴承油挡间隙。

(5) 改进轴封供汽系统。

(6) 轴封抽汽系统合理,轴封抽汽器工作正常。

804. 防止油系统着火应采取哪些措施?

答: 防止油系统着火应采取下列措施:

(1) 在制造上应采取有效措施,如将高压油管路放在润滑管内,采用抗燃油作工作介质的,油箱放在零米或远离热源的地方。

(2) 在现有的系统中,高压油管的阀门应采用铸钢门,管道法兰、接头及一次表门应尽量集中,放置在了防爆油箱内,靠近热管道的法兰,应制做保护罩。

(3) 轴承一部的疏油槽及台板面应经常保持清洁无油垢,大修后应将疏油槽清扫干净,保持疏油通畅。

(4) 大修后试运时,应全面检查油系统中各结合面、焊缝处有无渗油现象,油管有无振动,如有应有及时擦净,如不能马上消除应用油槽接好,漏出油要及时倒到指定的油箱内。

(5) 凡靠近油管道的热源均应保温良好,保温表面不应有裂纹,保温层外面要加装铁皮。

(6) 防止氢压过高或密封油压过低,其目的是为了防止氢气漏到油系统内。

(7) 排烟机应连续运转,如因故停机时应将油箱盖打开。

805. 试述蓄能器的检修工序及注意事项。

答: 蓄能器的检修工序及注意事项如下:

(1) 关闭进、出口阀门,通过充气阀释放罐内气体,然后开回油阀门,将油放回油箱。将蓄能器连接管法兰拆开后吊到检修场地，拆下蓄能器下部三通道，进行管蓄能器的清理，用面团粘净。蓄能器内壁应无油泥。将三通管清理干净后，用面团粘净。

（2）拆除液动截止阀上盖连接油管及法兰螺栓，揭开法兰盖，取出活塞进行清理检查。活塞表面应无毛刺、拉伤，动作灵活、无卡涩。在阀门座内靠自重能自由下落，密封面严密，否则要进行研磨。

（3）检查充气阀上的小孔应畅通。

（4）检查液位计上、下采样管畅通。

（5）进行蓄能器回装，回装完毕充气时应充入干燥的氮气，以避免抗燃油因遇水而发生水解变质。

806. 油系统截门使用聚四氟乙烯盘根时，在加工和装配工艺方面有哪些要求？

答：油系统截门使用聚四氟乙烯盘根时，在加工和装配工艺方面有如下要求：

（1）门杆应光洁、无轴向划痕、无凸凹缺陷，弯曲小于0.05mm，椭圆度小于0.02mm。

（2）格兰锥面应车平。

（3）盘根槽内壁应车光。

（4）盘根圈外径与盘根槽间隙应为0～0.02mm，盘根圈与门杆间隙应为0～0.02mm。

（5）盘根圈厚度为盘根圈外径减门杆外径的1/2。

807. 造成油系统进水的主要原因有哪些？

答：造成油系统进水的主要原因有：

（1）因汽封径向间隙过大，或汽封块各弧段之间膨胀间隙太大而造成汽封漏汽窜入轴承润滑油内。

（2）汽封信号管通汽截面太小，漏汽不能从信号管畅通排出。

（3）汽动油泵漏汽进入油箱。

（4）轴封抽汽器负压不足或空气管阻塞。

（5）冷油器水压调整不当，水漏入油内。

（6）盘车齿轮或靠背轮转动鼓风的抽吸作用，造成轴承箱内局部负压吸入蒸汽。

（7）油箱负压太高。

（8）汽缸结合面变形漏汽。

808. 油系统大修后为什么要进行油循环？

答： 因为在大修中所有调速部件、轴瓦、油管均解体检修，各油室、前箱盖均打开，所以在检修中难免落入杂物，在组装和扣盖时虽然经清理检查，也难免遗留微小杂物在里面，这对调速系统、轴承的正常运行都是十分有害的，是不允许的。油循环就是要在开机前用油将系统彻底清除掉一切杂物，同时有临时油滤网将油中杂质滤去，保证油质良好、系统清洁。

809. 简述油循环的方法及应注意事项。

答： 油循环的方法是在冷油器出口的油管道上加装临时滤网、开启润滑油泵、进行油循环、冲洗系统，在油循环过程中应注意临时滤网前、后压差和油箱滤网前、后的油位差，如果滤网前、后压差过大就要停止油循环，清理滤网，以防压差过大将铜丝网顶破，铜丝网进入轴瓦。如果拆下滤网发现铜丝已被顶破，残缺不全，必须揭瓦检查、清量。

油循环必须直至油质检验合格方可。

810. 润滑油系统在修前、修后需要注意哪些事项？

答： 润滑油系统在修前、修后需要注意如下事项：

（1）汽轮机润滑油系统的消缺处理，一般均要停运整个润滑油系统才能得以进行，而汽轮机润滑油系统的停运受多方面因素限制，最主要的是受汽轮机缸温的限制，因而在机组试运阶段，如果汽轮机润滑油系统出现问题，耽误工期一般较长。

（2）在润滑油系统设备安装与初次投用前，应对相关设备与管道进行彻底的检查与清理，及时发现设备的缺陷，做到防患于未然。

（3）润滑油油质是润滑油系统最薄弱的一个环节，在润滑油系统投用后，尤其是在机组试运行期间，务必要加强汽轮机润滑油系统的管理和对其油质的监控。

（4）在机组启动初期，应加强汽轮机润滑油系统相关参数的记录与分析，并及时进行与同机历史记录、同形式机组运行参数的对比，不放过每一个疑点，以便尽早地发现与解决问题；在运行中要加强对汽轮机润滑油系统的巡检与监视，尽早地发现问题，避免事故的扩大。

（5）汽轮机润滑油系统启停都比较方便，因而经常被忽视，但几乎所有的润滑油系统缺陷如不能及时发现与处理，都会导致汽轮机烧瓦、大轴损坏事故，因此务必引起重视。

（6）为了减少汽轮机润滑油系统事故发生的可能性，缩短汽轮机润滑油系统消缺的时间，应从以下几个方面努力：开发润滑油油质在线监测与分析系统，发展汽轮机轴承摩擦在线检测技术，优化汽轮机组滑停技术，分析与掌握不同类型汽轮机转子的传热特性，引进和发展汽轮机的快冷技术。

811. 简述汽轮机主油箱排烟风机的特性及作用。

答： 汽轮机主油箱排烟风机的特性及作用如下：

（1）油箱装设排油烟机的作用是排除油箱中的气体和水蒸气。这样一方面使水蒸气不在油箱中凝结；另一方面使油箱中压力不高于大气压力，使轴承回油顺利地流入油箱。

反之，如果油箱密闭，那么大量气体和水蒸气积在油箱中产生正压，会影响轴承的回油，同时易使油箱油中积水。

（2）排油烟机有排除有害气体使油质不易劣化的作用。

（3）联锁：

1）主油箱压力为 0.5MPa 时，联启备用排油烟风机。

2）运行中一台排油烟风机跳闸，联启备用排油烟风机。

812. 润滑油作为低压安全油的作用是什么？

答： 由汽轮机转子直接带动的主油泵除通过注油器将润滑油供给汽轮机及发电机的轴承外，还供给机械超速遮断装置以及手动遮断装置用油，后者形成的安全油将通过隔膜阀与 EH 油系统连接在一起。如果危急遮断器动作或手动搬动跳闸杠杆，导致保安油压泄掉，都会引起隔膜阀开启，因泄去 AST 母管油压而停机。

813. 顶轴油系统的作用有哪些？

答：顶轴装置是汽轮机组的一个重要装置。它在汽轮发电机组盘车、启动、停机过程中起顶起转子的作用。汽轮发电机组的椭圆轴承（3、4、5、6号）均设有高压顶轴油囊，顶轴装置所提供的高压油在转子和轴承油囊之间形成静压油膜，强行将转子顶起，避免汽轮机低转速过程中轴颈和轴瓦之间的干摩擦，减少盘车力矩，对转子和轴承的保护起着重要作用；在汽轮发电机组停机转速下降过程中，防止低速碾瓦；运行时顶轴油囊的压力代表该点轴承的油膜压力，是监视轴系标高变化、轴承载荷分配的重要参数之一。

814. 为什么冷油器停用程序是先停油侧后停水侧？

答：一般两台以上冷油器并联运行，停一台检修，停运程序是先停油侧后停水侧，以避免高温油被短路。操作时先缓慢关闭其进油门，可防止在铜管泄漏时，因油压低于水压，而使冷却水进入油侧。最后根据需要泄压放水，检查运行组冷油器油压、油温是否正常，如果油温上升，则应开大冷却水调整门。

815. 冷油器运行中有哪些注意事项？

答：冷油器运行中有如下注意事项：

（1）当冷油器运行时其中一台发生故障或需维修，只要手动三通阀的手柄转动 180 度，则即切除本台冷油器，使另一台立即投入工作，此时应注意运行冷油器的出口温度。

（2）在冷油器正常工作时，必须开启两台冷油器的连通阀，使备用冷油器充满油。

（3）切换前备用冷油器必须确认冷却水侧已接通。

816. 切换阀操作有哪些注意事项？

答：进行切换操作，在切换阀内，密封架上设置了止动块，用以限制阀芯的转动，当手柄搬不动时，表明切换阀已处于切换后的正常位置，此时应压紧扳手，使阀芯、手柄不得随意转动，当需要两台冷油器同时投入工作时，应将换向手柄搬到中间处，这样，润滑油可经阀芯分别进入两台冷油器。

817. 汽轮机停机后，什么时候停润滑油泵？

答： 汽轮机停机后，盘车也停止后，汽轮机转子金属温度仍然很高，顺轴颈向轴承传热。如没有润滑油冷却轴颈，轴瓦温度会升高，严重时熔化轴承钨金，损坏轴承；另外，还会造成轴承中的剩油积聚氧化，甚至冒烟着火。因为需要靠润滑油泵运行来冷却轴颈和轴瓦，故在高压汽轮机停机后，润滑油泵至少运行 8h 以上，再根据轴瓦温度停润滑油泵。

818. 汽轮机轴承润滑油压力低和断油的原因有哪些？

答： 汽轮机轴承润滑油压力低和断油的原因有：

（1）运行中油系统切换时发生误操作，且对润滑油压力又未加强监视，从而引起断油烧瓦。

（2）机组启动定速后，停高压油泵时未监视油压，由于射油器工作失常，使主油泵失压，润滑油压力降低，而又未联动辅助油泵，故使轴承断油。

（3）油系统积存大量空气且未及时排出，使轴承暖间断油。

（4）机组在启、停过程中，因高、低压油泵同时故障而断油。

（5）主油箱大量跑油，使油位降到最低，影响射油器工作。

（6）油系统中存有棉纱等物，使油管堵塞。

819. 汽轮机油的主要用途是什么？

答： 透平作为调速系统和润滑油系统的工质，它的用途主要有三个：

（1）对调速系统来说它传递信号，经放大后作为操作滑阀和油动机的动力。

（2）对润滑系统来说，对各轴瓦起润滑和冷却作用。

（3）对氢冷式发电机来说，为发电机提供一定压力的密封油。

820. 汽轮机油应具有哪些特征？

答： 汽轮机油应具有如下特征：

（1）高度的抗乳化能力，易与水分分离，以保持正常的润滑、冷却作用。

（2）较好的安全性，在使用中，氧化沉淀物少，酸值不应显著增长。

（3）高温时有高度抗氧化能力。

（4）最初的酸度及灰分较低，并且没有机械杂质。

（5）较好的防锈性，对机件能起良好的防锈作用。

（6）抗泡沫性好，在运行中产生泡沫少，以利于正常循环。

821. 汽轮机供油系统的主要任务有哪些？

答：汽轮机供油系统的主要任务有两个：

（1）供给调速及保安系统压力用油。

（2）供给汽轮发电机组各轴承所需的润滑、冷却用油。

822. 什么是汽轮机油的黏度？黏度指标是什么？

答：黏度是判断汽轮机润滑油稠和稀的标准。黏度大，油就稠，不容易流动；黏度小，油就稀，容易流动。

黏度以恩氏度作为测定单位，常用的汽轮机润滑油黏度为恩氏度 2.9～4.3。黏度对于轴承润滑性能影响很大，黏度过大，轴承容易发热；过小，不易建立油膜，严重时使油膜破坏。油质恶化时，油的黏度会增大。汽轮机油黏度受温度影响很大，温度过低，油膜厚且不稳定，对轴有黏拉作用，容易引起振动甚至油膜振荡；但油温过高，其黏度降低过多，使油膜过薄，过薄的油膜也不稳定且易被破坏，因此，对油温的上、下限都有一定的要求。起动初期轴颈表面线速度低，比压过大，汽轮机油的黏度小了就不能建立稳定的油膜，因此，要求油温较低。过临界转速时，转速很快提高，汽轮机油的黏度应该比低转速时小些，即要求的油温要高些，汽轮机起动时油温应在 30℃ 以上，过临界转速时油温在 38～45℃。

823. 汽轮机油酸价高，油中进水对机组运行有什么影响？

答：汽轮机油如呈酸性，则对设备产生腐蚀作用。油的酸价高，表明油被氧化程度严重，腐蚀性较强，如油中水分过高，就会导致油系统和调速系统部件腐蚀，并将产生铁锈和杂质，还会产生不溶于水的油渣，使轴承润滑条件恶化，冷油器传热效率降低，油温升高；调速系统动作不灵、卡涩，产生摆动等不良后果。

824. 汽轮机组轴承座检查应符合哪些条件？

答：汽轮机组轴承座检查应符合下列条件：

（1）轴承座的油室及油路应彻底清洗、吹干，保持清洁、畅通、无杂物。

（2）轴承座紧好螺栓后，水平结合面用 0.05mm 塞尺塞不通；压力油孔做着色实验，油孔四周接触应连续无间断。

（3）汽轮机测速小孔的盖必须严密不漏。

（4）轴承座油室应作灌油实验，确保 24h 无渗漏，如有渗漏需进行修补并重新试验。灌油高度不低于油管上口外壁。

825. 油管振动相碰应如何处理？

答：油管振动相碰处理方法有两种：

（1）应先查出引起油管振动的原因（如空气引起、机组振动引起、管子共振、支架不合适等），根据不同原因采取放空气、增加支架、夹持牢固等措施。

（2）运行中相碰的管子应立即用橡皮垫包扎好，并定期检查。

826. 油温对汽轮机振动有什么影响？

答：汽轮机转子和发电机转子在运行中，轴颈和轴瓦之间有一层润滑油膜。假如油膜不稳定或者油膜被破坏，转子轴颈就可能和轴瓦发生干摩擦或半干摩擦，使机组强烈振动。

引起油膜不稳和破坏的因素很多，如润滑油的黏度、轴瓦间隙、油膜单位面积上受的压力等。在运行中如果油温发生变化，油的黏度也跟着变化。当油温偏低时，汽轮机油黏度增大，轴承油膜变厚，汽轮机转子容易进入不稳定状态，使汽轮机油的油膜破坏，产生油膜振荡，使汽轮机发生强烈振动。

827. 试述润滑油温过高的原因及处理方法。

答：润滑油温过高的原因及对应处理方法有：

（1）个别轴瓦回油温度过高。通常是由于轴承进油分配不均匀，个别轴承进油不畅以及轴瓦本身工作不正常所引起的。如果发现个别轴瓦回油量显著减少，则应注意查明进油堵塞的原因并及时消除。有时轴瓦本身存在乌金碎裂、油膜不稳定等缺陷时，也会造成油温升高和温度不稳定的现象。当经过检查确认轴瓦本身工作正常，但却存在有的轴瓦油温很高、有的轴瓦油温很低时，可把油温高的进油孔放大一些。

（2）各轴承油温普遍升高、通常是由于冷油器冷却效果不良所引起。出现这种情况时，应首先打开冷油器水侧放空气门，以检查水侧是否有空气及冷却水压力是否足够。如果阀门中有水流出，则说明水侧无空气。如果冷却水压力也足够时，应隔离冷油器，清理其水侧。清理水侧后效果仍不明显，则说明油侧铜管结垢或脏污严重，待停机后解体清理、检查油侧。

（3）盘车设备和轴承壳体温度过高，从而造成该处轴承回油温度过高。靠近盘车装置的轴承，往往由于盘车齿轮的鼓风摩擦造成回油温度过高。此问题通常可以通过加装盘车齿轮罩壳或缩小罩壳间隙的方法加以解决。

828. 试编制防止油系统漏油的措施。

答：防止油系统漏油的措施有：

（1）当汽轮机油系统的管路、法兰、阀门不合要求时应进行更换，在更换或改进中应按其工作压力、温度等级提高一级标准选用。

（2）为了系统安全可靠地运行，应尽量减少不必要的法兰、阀门、接头和部件，管路的布置尽量减少交叉，要设在远离热源的地方，以便于维护。

（3）对于靠近高温热源及膨胀较大的地方，建议采用高颈带止口的法兰。

（4）平口法兰应内外施焊，内圈作密封焊，外圈应采用多层焊。焊缝应平整，焊前的坡口和间隙应符合标准，施焊时要采取措施，防止法兰产生过大的变形。

（5）如发现焊口有微细裂纹，检修时应彻底处理，最好将原焊肉铲除进行重新补焊。

（6）油管表面互相接触时，应及时采取隔离措施，各油管间及油管与其他设备间最好应保留一定距离。

（7）改善油泵轴的密封、门杆的密封及轴承挡油环的密封，做好动、静密封点的防漏工作。

（8）凡油系统中由于螺栓丝扣漏油的，可采用罩帽加紫铜垫的方法加以消除，或在丝扣部分涂上密封胶；机头活动部分或盘车轴外伸端漏油时一般多由于间隙过大或排油不畅通造成，检修时应设法消除。

（9）热工引线要求在引出时应有一段从下往上的管段，以往油液流顺线流出。

829. 简述油循环的方法及油循环中应注意什么？

答：油循环的方法是在冷油器出口的油管道上加装临时滤网；开启润滑油泵，进行油循环冲洗。在油循环过程中应注意临时滤网前、后压差和油箱网前、网后的油位差，如果滤网前、后压差太大就要停止油循环，清理滤网，以防压差过大将铜丝网顶破，铜丝进入轴瓦中。如果拆下滤网发现铜丝网已被顶破，同时残缺不全，必须揭瓦检查、清理。如发现油箱滤网前、后油位差太大，必须清理滤网，同时进行滤油，至油质合格。

830. 常用的润滑油脂有哪些？

答：常用的润滑油脂有工业脂、复合钙基脂、锂基脂、特种脂、二硫化铝基脂、电力脂、航空脂等。

831. 润滑油系统的主要组成部分有哪些？

答：润滑油系统的主要组成部分有集装式油箱、射油器、主油泵、油烟分离器、排烟风机、启动油泵、交流润滑油泵、直流润滑油泵、溢油阀、冷油器、滤油机、管阀等。

832. 润滑油压降低的原因有哪些？

答：一般汽轮机的润滑油是通过注油器供给的，润滑油压降低可能有以下原因：

（1）注油器工作不正常，如喷嘴堵塞。

（2）油箱油位低，使注油器的吸油量受到影响。

（3）油中产生大量泡沫，使润滑油含有大量空气。

（4）溢油阀位置不对，调整螺栓松动或滑阀卡住。

（5）油系统有严重漏油现象。

833. 在各轴承的进油口前，为什么要装节流孔板？

答：装设节流孔板的目的是使流经各轴承的油量与各轴承由于摩擦所产生的热量成正比，合理地分配油量，以保持各轴承润滑油的温升一致。

834. 轴承的润滑油膜是怎样形成的？影响油膜厚度的因素有哪些？

答：油膜的形成主要是由于油有黏性。轴转动时将油带进油楔，由间隙大到间隙小处产生油压。由于转速的逐渐升高，油压也随之增大，并将轴向上托起。

影响油膜厚度的因素很多，如润滑油的油质、润滑油的黏度、轴瓦间隙、轴颈和轴瓦的光洁度、油的温度、油膜单位面积上承受的压力、机组的转速和振动等。

835. 填料使用中应注意哪些问题？

答：填料使用中应注意如下问题：

（1）温度、压力及介质必须相符，不能错用。

（2）填料的厚度应与填料间隙相符。

（3）填料应 45°吻合搭接。

（4）每圈填料 90°错开，高压阀门填料之间宜加 2～3mm 铅粉，以减少和门杆之间的摩擦。填料加装高度应能使填料盖置入 3～5mm 即可。

（5）填料加好后，均匀对称拧紧填料压盖螺栓，试转阀杆感到吃力即可。

（6）注意填料存放，温度太高容易烤干失去弹性；太湿容易吸收水分，影响质量，一般应放在不潮湿的室内。

836. 什么是油系统的循环倍率？循环倍率大有何危害？

答：油系统的循环倍率是指所有油每小时通过油系统的次数，即系统每小时的循环油量与油系统的总油量之比。循环倍率越大，表明油在油箱中停留的时间越短，油的分离作用和冷却效果变差，容易导致油品质恶化。

837. 主油泵工作失常、压力波动的主要原因有几个方面?

答: 主油泵工作失常、压力波动的主要原因有以下几个方面:

(1) 注油器工作失常,出口压力波动,引起主油泵工作不正常;注油器喷嘴堵塞、油位太低、油箱泡沫太多,使注油器入口吸进很多泡沫,使主油泵出口压力不稳。

(2) 油泵叶轮内壁气蚀和冲刷严重,对油泵出口压力的稳定影响很大。

838. 当主油泵转子与汽轮机转子为直接刚性连接时,主油泵有关间隙调整有哪些注意点和要求?

答: 主油泵转子与汽轮机转子为直接刚性连接时,检查主油泵进油侧油封处的轴端径向晃度一般不应大于 0.05mm。当调整汽轮机转子汽封洼窝中心时,也应同时检查主油泵转子在泵壳内的中心,使密封环的间隙符合要求。

839. 造成油系统漏油的原因有哪些?

答: 造成油系统漏油的主要原因是设备结构、安装、铸造、检修等有缺陷造成。如法兰结合面变形,造成接触不良;垫子材料不当,螺栓紧力不足或紧偏。螺栓紧力过大造成滑牙,油管道固定不牢产生振动,油管道整劲,阀门盘根密封不佳、管道之间摩擦,焊口裂纹有气孔、砂眼等原因造成了油系统漏油。

840. 如何进行油循环工作?

答: 油系统检修结束后,油箱进油进行油循环,油循环应将润滑油系统与调速系统隔开,以防脏物进入调速系统。一般油循环常用下述两种方法:

(1) 各轴承的上瓦不扣,在下瓦的两侧间隙塞好干净的白布,临时扣上各轴承盖,然后开启电动润滑油泵,以高速油冲洗油管路及轴承室,将杂质带回油箱进行滤清,循环 4~8h,停油泵,取出白布检查,合格后正式组装好各瓦。

(2) 在各轴承进油法兰临时加装滤网,并在滤网前加装压力表,启动润滑油泵,及时检查压力表。如压力表变化不明显时,可定时检查清理滤网,合格后取出滤网,组合好法兰。

以上两种方法在油循环结束后，均需将油箱滤网抽出清扫。

841. 如何防止油系统漏油？

答： 防止油系统漏油的方法很多，用新涂料和密封材料，采用新工艺、新技术，提高检修质量，保证合理的间隙等都能防止油系漏油。

842. 运行中油管接头、法兰甚至管子漏油应如何处理？

答： 运行中处理油管上的漏油或其他缺陷，必须采取措施后方可进行。

（1）首先应检查接头、法兰漏油的原因，如属于振动引起螺母和螺栓松动，则紧一下就可以，但切不可硬紧。

（2）如果不松动，则可能是接头裂开或其他缺陷引起漏油，必须采取临时加强措施，防止恶化，并定期检查，待停机后仔细检查处理。

843. 防止油中进水应采取哪些有效措施？

答： 防止油中进水应采取的措施主要有：

（1）调整好汽封间隙。

（2）消除或降低轴承内部负压。

（3）缩小轴承的油挡间隙。

（4）改进轴封供汽系统。

（5）轴封抽汽系统合理，轴封抽汽器工作正常。

844. 大修汽轮发电机时，拆盘式密封瓦前，应进行什么实验？

答： 大修汽轮发电机时拆盘式密封瓦前应进行打压找漏实验，试验所用气体为空气。拆盘式密封瓦前应化验氢气含量，合格后才允许开始拆卸。

845. 促使油质劣化的原因通常有哪些？

答： 促使油质劣化的原因通常有：

（1）油中进入水分。

（2）油中混入空气。

（3）油温过高或局部过低。

(4) 油中混入灰尘、砂粒、金属碎屑等杂质。

(5) 金属元件的电腐蚀和轴电流的存在。

(6) 油系统循环倍率过高或总油量太少。

(7) 不同油质的互相混合。

846. 为什么滤油器装在冷油器之后而不装在冷油器之前？

答：冷油器的底部容易积存脏物，这样容易使润滑油在循环过程中将脏物带入轴承，影响机组的安全运行。滤油器装在冷油器之后，就是为了保证进入轴承润滑油的清洁。

847. 主油泵轴向窜动过大应如何处理？

答：主油泵轴向窜动过大，说明主油泵推力轴承的工作面或非工作面磨损较大，应取出推力轴承，用酒精或丙酮将磨损面清洗干净，请有经验的焊工补焊巴氏合金，为防止周围温度过高，可将部件部分浸在水中，露出补焊部分进行堆焊，焊后按实际尺寸在车床上加工，并留有 0.05mm 左右的研刮裕量，进行修刮，并修刮出油楔，涂红丹粉研磨检查直至合格为止。

848. 滚动轴承添加润滑剂时的技术注意点有哪些？

答：滚动轴承添加润滑剂时的技术注意点有：

(1) 轴承里要添满抹实，但不应超过轴承体有效空间的 1/2。

(2) 装在水平轴上的一个或多个轴承要添满轴承和轴承之间的空隙（如用多个轴承），但不应超过轴承体有效空间的 2/3。

(3) 装在垂直轴上的轴承，只装满轴承，上盖中只添空间的 1/2，下盖只添空间的 1/2～3/4。

(4) 在易污染的环境中，对低速或中速轴承，要把轴承和盖里全部空间添满。

849. 支持轴承常见的缺陷有哪些？产生缺陷的原因是什么？

答：支持轴承常见的缺陷常有如下外部表现：运行中润滑油温升过高，机组发生振动。在轴瓦内部常表现为轴承合金磨损，产生裂纹、局部脱胎及电腐蚀等，以上缺陷若不及时消除，都会发展为轴承合金熔化事故。

产生缺陷的原因可归纳为以下几项：

（1）润滑油的油质不良及油量不足。

（2）由于轴承合金表面修刮不合格，轴瓦位置安装不正确，使轴瓦与轴颈的间隙不符合要求或接触不良。

（3）轴承合金质量不好或浇铸工艺不良。

（4）汽轮机振动过大，轴颈不断撞击轴承合金。

（5）运行中产生油膜振荡，使轴承油温升高太多造成轴承事故。

（6）轴电流腐蚀。

850. 造成油系统进水的主要原因是什么？应采取哪些防止措施？

答： 造成油系统进水的主要原因有：

（1）由于汽封径向间隙过大，或汽封块各弧段之间膨胀间隙太大，所以造成汽封漏汽窜入轴承润滑油内。

（2）汽封连通管通流截面太小，漏汽不能从连通管畅通排出，造成汽封漏汽窜入轴承润滑油内。

（3）汽动油泵漏汽进入油箱。

（4）轴封抽汽器负压不足或空气管阻塞，造成汽封漏汽窜入轴承润滑油内。

（5）冷油器水压调整不当，水漏入油内。

（6）盘车齿轮或联轴器转动鼓风的抽吸作用造成轴承箱内局部负压而吸入蒸汽。

（7）油箱负压太高，造成汽封漏汽窜入轴承润滑油内。

（8）汽缸结合面变形漏汽，造成蒸汽窜入轴承润滑油内。

防止油中进水应采取下列措施：

（1）调整好汽封间隙。

（2）加大轴封连通管的通流截面积。

（3）消除或减低轴承内部负压。

（4）缩小轴承油挡间隙。

（5）改进轴封供汽系统。

（6）保证轴封抽汽系统合理，轴封抽汽器工作正常。

851. 组装油管时的工艺要求和注意事项是什么?

答:组装油管时的工艺要求和注意事项如下:

(1)法兰内外焊口应无裂纹,法兰无变形,结合面平整、光洁、无径向伤痕,接触面均匀,如新安装的法兰,应对结合面进行研磨,达到接触面积在75%以上。

(2)两个连接法兰间应平行,并保留一定间隙,外圆对正。

(3)油管法兰的止封垫料,多采用隔电纸或耐油石棉纸,禁止使用塑料或橡胶。使用隔电纸时应加涂料。一般采用609密封胶,高压管道的垫片不宜过厚,一般为0.8~1.0mm,低压管道的垫片可以稍厚一些,但一般不大于2mm,如法兰盘接触良好,选用耐油石棉纸时可不加涂料,垫片尺寸要合适。

(4)连接法兰的螺栓材料应用优质结构钢,螺栓完好,长短适宜。

(5)油管连接时不要强力对口,如法兰对口憋劲,要采取对口断管重焊的方法消除。法兰上螺栓时,要对称拧紧。

(6)剪法兰垫时要求垫的内径大于油管内径2~3mm,以防垫的位置不对中心时遮住油管内径。

852. 润滑油系统事故案例与分析:油质不好导致轴瓦拉伤。

答:2004年2月,某厂3号汽轮机2号轴承温度开始上升,最终稳定在约70℃(其他轴承温度均小于32℃)。停汽轮机盘车后,该处温度缓慢下降,再次投用盘车,该处温度又重新回升。当时该机组正处于冲管阶段,汽轮机盘车投用,盘车启动前汽轮机润滑油质化验结果为合格。检查各顶轴油压力(3~8号轴承),与盘车前期比,均无明显异常;检查2号轴承润滑油供油及回油,也未见异常。检查温度测点,未见异常。

该机组冲管结束后,对2号轴承进行翻瓦检查,结果发现,该处支持轴承轴瓦有明显拉毛现象。怀疑有异物进入轴瓦所致,联想到此前各润滑油进油滤网多次被脏物堵塞,基本上可认为2号轴承在盘车期间温度缓慢上升是脏物进入轴瓦,导致轴瓦与转子摩擦增大、发热所致。对该轴瓦进行刮磨、复装后,工作正常。由于此次轴承温度异常升高发生在机组冲管期间,冲管后有足够的时间进行翻瓦检查，没有对工期造成影响。

853. 润滑油系统事故案例与分析：油质变差导致无法启动。

答：2005 年 4 月，某厂 5 号机组 168 h 试运前夕，汽轮机润滑油油质化验结果表明该油质明显恶化，大于 NAS12 级，超出汽轮机允许启动的要求。由于油质恶化超标严重，决定全部更换新油。新油经过充分滤油后，油质达到汽轮机启动要求，机组顺利启动。

分析油质恶化原因，大致认为如下：机组 168h 试运前消缺时，高压缸进行了开缸处理，大量保温层被拆除后又重新复装，在此过程中大量保温层微小飞扬物弥漫于汽轮机运行平台。另外，由于汽轮机缸温还比较高，其润滑油系统仍在运行中，主油箱排油烟风机没有停运，整个汽轮机润滑油系统处于微负压状态。在这种状态下，弥漫于汽轮机运行平台的大量的保温层微小飞扬物就不可避免地会被吸入汽轮机润滑油系统中，从而造成该系统油质恶化。

854. 润滑油系统事故案例与分析：顶轴油管路断裂导致停机。

答：2004 年 11 月，某厂 4 号机组负荷 400MW 主油箱油位 1652mm，这时突然发现 7 号瓦轴振由 114m 下降到 105m，检查发现主油箱油位开始突降，在 7 号轴承处有大量润滑油向外喷出，但无法具体确认漏油位置。05：09，负荷为 350MW，手动停机；到 05：11，主油箱油位下降到 1554mm。汽轮机转速下降到 1700 r/min 时，破坏机组真空，总惰走时间为 19min。在惰走过程中，7 号轴承温度最高升到 96℃（正常为 60℃），发生在转速为 81r/min 时。

就地检查，确认 7 号轴承顶轴油管路与其套管接口处断裂，就地关闭 7 号瓦顶轴油压力调节阀，喷油现象消失，主油箱油位稳定。事后，停汽轮机润滑油系统，对 7 号轴承进行翻瓦检查，发现该处下瓦有部分磨损。对断裂处的顶轴油管路重新焊接修复，对 7 号轴承下瓦进行修刮，再次开机，工作正常。

855. 润滑油系统事故案例与分析：直流油泵倒转导致停机。

答：2004 年 11 月，某厂发现 2 号机组汽轮机在交流润滑油泵停运后，润滑油压偏低，重新启动润滑油泵后，就地检查发现直流油泵严重倒转。

为确保设备运行安全，随即进行停机处理。汽轮机润滑油系统停运后，进入主油箱进行检查，发现直流油泵出口止回阀卡涩，造成泄漏，并且原设计中该处有 2 个止回阀，实际只安装了 1 个。更换卡涩的止回阀后，润滑油系统工作正常。

第二节 调 速 系 统

856. 抗燃油供油系统的主要组成部分有哪些？

答： 抗燃油供油装置由抗燃油箱、抗燃油泵、蓄能器、滤油器、冷油器、排烟风机、溢流阀、再生泵、循环泵、管阀等组成。

857. 在大修时自动主汽门裂纹检查应着重检查哪些部件？

答： 自动主汽门裂纹多产生在主蒸汽入口管与壳体相连接的内壁、汽门体同导汽管相连接的内壁，门体底部内外壁，这些部位大多为铸造应力大的转角部位、有铸造缺陷的部位、受机械应力和热应力大的部位、原制造厂补焊区，因此，应着重对这些部位进行检查。

858. 自动主汽门的作用是什么？对其有何要求？

答： 自动主汽门的作用是在汽轮机保护装置动作后，迅速切断汽轮机的进汽而停机，以保证设备不受损坏。自动主汽门应动作迅速，关闭严密，当汽门关闭后，汽轮机转速能迅速下降到1000r/min 以下，从保护装置动作到自动主汽门全关的时间应不大于 0.5~0.8s，对大功率机组应不大于 0.6s。

859. 自动主汽门由哪些部分组成？

答： 自动主汽门由下部的主汽阀和上部的自动操纵座、油动机组成。操纵油动机主要由油动机油塞、操纵滑阀和活动小滑阀以及弹簧等组成，主汽阀由阀壳、阀碟、预启阀等组成。

860. 自动主汽门活动错油门（小错油门）的作用是什么？

答： 自动主汽门活动错油门的作用有：

（1）在正常运行中活动主汽门是为了避免卡涩和锈死，因此，需定期进行活动试验。

（2）开机时作自动主汽门严密性试验，用活动错油门可将自动主汽门全关闭。

861. 手动危急遮断器的用途是什么？

答： 手动危急遮断器的用途有：

（1）在运行中某项参数或监视指标超过规定的数值而必须紧急停机时，可手打危急遮断器。

（2）在机组发生故障危及设备和人身安全时可手打危急遮断器紧急停机。

（3）正常停机当负荷减到零，发电机与电网解列后，手打危急遮断器停机。

862. 在调速系统大修后进行开机前静止试验的目的是什么？

答： 开机前静止试验是在汽轮机静止状态下开启启动油泵时进行的。其目的是测量各部件的行程界限和传动关系，调整有关部件的启动位置及动作时间等。如果厂家提供有静止试验的关系曲线，也要通过该试验检查调速系统各元件的关系是否符合厂家要求、工作是否正常。

863. 调速系统大修后应进行哪些静止试验？

答： 静止试验项目随机组不同而异，大体有以下几项：

（1）测取同步器行程和油动机开度关系，以及自动主汽门和油动机的开启时间是否正确。

（2）测取各调速汽门开启顺序，以及调速汽门的重叠度。

（3）测取同步器的全行程。

（4）按厂家要求调整各错油门的起始位置。

（5）按厂家给定的静止试验关系曲线时进行校核。

（6）检查传动机构的迟缓率。

864. 超速保护装置常见的缺陷有哪些？

答：超速保护装置常见的缺陷有以下几方面：

（1）危急遮断器动作转速不符合要求。

（2）危急遮断器不动作。

（3）危急遮断器动作后而传动装置及危急遮断油门不动作。

（4）危急遮断器误动作。

（5）危急遮断器充油试验不动作。

（6）危急遮断器动作后不复位或保持装置挂不上闸等。

865. 危急遮断器不动作的原因有哪些？

答：危急遮断器不动作的原因有以下几种：

（1）飞锤（或飞环）脏污卡涩或油中进水锈死。

（2）飞锤（或飞环）导向间隙太大，产生偏斜。

（3）飞锤（或飞环）导向间隙太小。

（4）弹簧紧力调整不当，过度拧紧。

866. 危急遮断器已击出，但传动机构及遮断油门不动作是什么原因？

答：危急遮断器已击出，但传动机构及遮断油门不动作有以下几种原因：

（1）飞锤（或飞环）行程不足。

（2）飞锤（或飞环）与挂钩的打板间隙太大。

（3）传动机械安置不当，如挂钩搭扣过溶不易打掉或挂钩弹簧过紧。

（4）危急遮断器滑阀犯卡。

（5）有脉冲油压的可能因脉冲油门卡住。

（6）复位油压未消除。

867. 危急遮断器产生误动作的原因有哪些？

答：危急遮断器产生误动作的原因如下：

（1）前箱振动大。

（2）安装危急遮断器的小轴晃度太大。

（3）飞锤（或飞环）的弹簧压紧螺帽自动松开。

(4) 挂钩搭扣深度不够或啮合角度不对，挂闸后容易滑脱。

(5) 危急遮断器弹簧失去弹性，弹簧损坏或由于锈蚀使弹簧弹力降低。

868. 危急保安器的动作转速如何调整？应注意哪些？

答：危急保安器大修后开机，必须进行超速试验，动作转速应为转速的 110%～112%，如不符合要求就要进行调整，如动作转速偏高，就要松调整螺母；如动作转速偏低，就要紧调整螺母。调整螺母的角度，要视动作转速与额定调整定值之差，按照厂家给定的调整时与转速变化曲线来确定，调整后超速试验应做两次，实际动作转速与定值之差不得超过 0.6%。

869. 离心力危急保安器超速试验不动作或动作转速高低不稳定是什么原因？

答：离心力危急保安器超速试验不动作或动作转速高低不稳定可能存在以下原因：

(1) 弹簧预紧力太大。

(2) 危急保安器锈蚀犯卡。

(3) 撞击子（或导向杆）间隙太大，撞击子（或导向杆）偏斜。

870. 试述离心飞环式危急保安器的检修工艺要求。

答：离心飞环式危急保安器的检修工艺要求有：

(1) 拆下的零部件要用煤油清洗干净后，再用面团粘净。

(2) 如导向杆有磨损只可用天然油石打磨光滑，切不可用纱布或粗油石打磨。

(3) 各部间隙测量准确并做好记录。

871. 试述离心飞环式危急保安器检修注意事项。

答：离心飞环式危急保安器检修注意事项有：

(1) 1 号和 2 号危急保安器的零部件应做好记号，拆下后应分开放置。

(2) 调整螺母应原位装好，用闭锁装置锁牢。

(3) 横销回装时，左右要对称。

872. 试述离心飞环式危急保安器的检修质量标准。

答：离心飞环式危急保安器的检修质量标准有：

（1）飞环及导向杆表面应光滑、无沟痕，不卡涩。

（2）组装时严格按原位原尺寸装回。

（3）飞环 $\phi1$ 泄油孔应通畅不堵塞。

（4）导向杆与套的配合间隙应符合图纸间隙配合的要求。

（5）危急保安器的错油门就位后检查飞环与打板间隙，应符合图纸设计要求。

（6）飞环的最大行程应符合要求。

873. 离心飞锤式危急遮断器飞锤与调整螺母的配合间隙应为多少？间隙太大有何不好？

答：调整螺母与飞锤间隙一般应为 $0.08\sim0.12\mathrm{mm}$，如果间隙太大离心棒容易偏斜，产生卡涩。这不但给调整危急遮断器动作转速造成困难，而且容易产生误动和拒动，影响机组安全运行或造成飞车事故，因此，如发现间隙过大应更换离心棒或调整螺母。

874. 试述自动主汽门操纵座的拆装顺序和检修方法。

答：自动主汽门操纵座的拆装顺序和检修方法如下：

（1）拆下与自动主汽门操纵座相连的油管，拆开横梁与门杆连接的花母，拆掉底座螺栓，拔出销钉，将操纵座吊至检修场地。注意在起吊之前要留两条螺栓不要拆下，以防操纵倾倒。

（2）解体自动主汽门操纵座，在解体前要做好记号，如上横担的方向，两侧螺母，垫圈、上盖的相对位置，拆开与错油门相连的杠杆。

（3）拆上盖时先对称拆开两条螺栓，换上两条长螺栓，并将螺母拧紧。将其余螺栓全部拆下，然后对称缓慢地松开长螺栓的螺母，待弹簧全部松弛后，再取下上盖。

（4）吊出大小弹簧和活塞。

（5）解体自动主汽门滑阀，松开上盖螺栓，拔下销钉，取下上盖和大小弹簧，取出滑阀。

（6）清理检查各零件、油室，测量各部间隙、行程，并做好记录。

（7）清理检修验收后，按原位装回。

875. 中压联合汽门装复时应注意哪些事项？

答：中压联合汽门装复时应注意如下事项：

（1）中压联合汽门组装前必须确认各部间隙在标准范围内；确认汽室及所有蒸汽通道内无任何杂物存在，方可进行组装。组装时先装复主汽门，后装调节汽门。

（2）如阻汽片封套内孔曾进行研磨，组装前必须将封套中的研磨砂等物用煤油清洗干净，然后用蒸汽吹净，各结合面的垫床均应换新，结合平面均应擦干净，凡是高温螺栓处均应擦涂二硫化钼粉或黑铅粉。

（3）阀体应先试装，吊入阀壳用红丹粉检查汽门阀线的接触应良好，复测预启阀行程应符合标准。

（4）蒸汽滤网放入汽室内时应将无网孔的一面对准进汽口。

（5）紧固大盖螺栓必须对角均匀进行，先用扭力扳手（如风扳机）均匀地依次序紧，直到紧至风扳机锤击使螺帽移动甚微时，可认为冷紧已结束；然后再加热螺栓，扭转弧长应符合规定。

（6）大盖紧好后，分别拉动上、下门杆检查，其活动应灵活。

876. 试述自动主汽门操纵座的检修工艺？

答：各零件油室用煤油清洗干净，除去油污和锈垢，油室用压缩空气吹干净，最后用面团粘过。拆下的零件放在专用的油盘内保存好，滑阀不可碰撞，以免损坏凸肩棱角，清洗时用绸布，不可用易掉纤维的棉纱。仔细检查弹簧应无裂纹、磨损和锈蚀，活塞环应光滑、无毛刺和磨损，有沟痕可用天然油石打磨光滑。

877. 试述自动主汽门操纵座检修质量标准。

答：大活塞应无严重磨损，光滑、无毛刺，胀圈无裂纹、磨扣和锈蚀，灵活不卡、有弹性，相邻胀圈要错位 $120°\sim180°$。小滑阀亦要表面光洁、无毛刺，无磨损和锈蚀，凸肩棱角要光整无损，各部间隙、行程要符合要求，组装后灵活不卡。

878. 试述检修自动主汽门操纵应注意哪些?

答： 检修自动主汽门操纵应注意如下事项：

（1）拆上盖时，一定要先换上两条长螺栓，紧固好后再拆其余螺栓，最后用长螺栓松弛弹簧张力，以防伤人。

（2）上盖结合面的垫片应保持原来厚度，以保持行程不变。

（3）安装弹簧时要放正，并准确地装入弹簧槽内。

（4）回装上盖时，要先用两条对称的长螺栓，均匀地将弹簧压紧使上盖子口对正入槽。

（5）装其螺栓，对称拧紧，最后换下两条长螺栓。

879. 自动主汽门检修中应进行哪些检查、测量和修复工作?

答： 自动主汽门检修中应进行下列检查、测量和修复工作：

（1）检查测量阀门全行程、减压阀行程、门杆空行程应符合要求。

（2）运用内外径千分尺或卡尺、卡钳测量门杆与门杆套配合间隙，对单座阀应测量减压阀导向部分的径向间隙，要符合制造厂家的规定。

（3）测量门杆弯曲，在最大行程内应不超过厂家定值。

（4）检查自动主汽门座是否松动。

（5）带减压阀的单座门，应检查主门芯和减压阀两个密封面接触情况，应无麻点和沟痕。

（6）自动主汽门过滤网吊上后，应检查滤网是否完整、无损，有无被蒸汽吹坏或撕裂。

（7）检查自动主汽门壳体有无裂纹。

（8）对自动主汽门螺栓进行检查。

880. 大修时对自动主汽门的裂纹应着重从哪些方面进行检查?

答： 自动主汽门裂纹产生在主蒸汽入口与壳体相连接的内壁、汽门体同导汽管相连接的内壁及门体底部内、外壁，这些大多为铸造应力的转角部位、有铸造缺陷的部位，受机械应力；热应力大的部位及原制造厂补焊区，因此应着重对这些部位进行检查。

881. 调节汽门检修中应检查哪些项目？

答：调节汽门检修中应检查下列项目：

（1）解体门盖之前，先测量调速汽门的阀碟行程。

（2）调速汽门解体后应检查阀座与汽室装配有无松动。

（3）检查汽室有无裂纹和冲刷现象。

（4）检查门杆与阻汽片及与套筒间应无卡涩，间隙应符合制造厂的要求。

（5）检查汽门门杆的弯曲度。

（6）检查汽门的接触严密性，外观检查阀碟与阀座有无氧化皮存在，检查密封面有无腐蚀沟痕等缺陷。

（7）检查预启阀的行程和接触情况。

882. 试述在调速汽门传动装置的检修中，应进行哪些检查、测量和修复工作。

答：对凸轮操纵机构检修，检修中应测量凸轮间隙及凸轮与轴承之间的相对位置，并做好记当。齿条和齿轮在冷态零位的啮合应做好位置记录。检查滚珠或滚珠轴承框架是否完好、转动是否灵活、珠子是否缺损，注意轴承座对轴承外座圈不应有紧力，因轴承工作在高温区应留有膨胀的余地。轴承应涂二硫化钼等干式润滑剂，以保持润滑。检查齿轮架的铜瓦有无磨扣，如磨损严重应换新瓦。

883. 试述调速汽门检修中应进行哪些检查和测量工作。

答：调速汽门检修中应进行如下检查和测量工作：

（1）用直观和放大镜检查蒸汽室的内壁有无裂纹。

（2）检查阀座与蒸汽室的装配有无松动。

（3）测量门杆与门杆套之间的间隙，应符合规定。

（4）检查门杆弯曲度，清理门杆面的污垢及氧化皮。

（5）有减压阀的调速汽门应检查减压阀的行程、门杆空行程、密封面的接触情况，以及销钉的磨损程度。

（6）检查门杆套密封环与槽的磨损情况，装复时，注意对正泄气口。

（7）检查门盖结合面的密封情况，有无氧化皮。

884. 发现汽门壳体有裂纹应如何处理?

答：在裂纹的形状和长度确定后，即可进行处理。裂纹深度不超过壁厚的 1/5 时，如果强度及正常条件允许，最好将裂纹全部铲除；或采用在裂纹两端钻孔法，即在裂纹的两端点处，用钻头钻孔，以防止裂纹继续延伸；也可将细铜条放置于孔内，经过捻打后使其密封；又可钻孔进行攻丝，拧入螺钉，以防裂纹的扩展。裂纹的深度已经超过壁厚的 1/5 时，应做强度的核算，如果强度不允许，则应在裂纹处开槽后进行补焊。

885. 调节汽门、自动主汽门门杆卡涩的原因是什么?

答：调节汽门、自动主汽门门杆卡涩的原因如下：

（1）门杆热处理达不到要求，关闭时因冲击而产生弯曲。

（2）阻汽片套筒与门杆的配合间隙不合格。门杆运行后由于高温蒸汽的作用，使门杆与阻汽片（套筒）内形成氧化皮或结垢，造成卡涩。

（3）主汽门操纵座的活塞由于油内有杂物而导致卡涩。

（4）由于主汽门操纵座的活塞杆与套筒间隙增大，长时间渗油到门杆处而被烤焦后结垢造成卡死。

（5）因门杆与门杆套运行中的温差而产生热膨胀差值，预留的间隙不够，造成卡涩。

（6）凸轮式调节汽门，由于凸轮在轴上的位置不准确，因而使蒸汽室膨胀时，支撑轴承与凸轮的端面产生轴向摩擦，造成卡涩。

（7）有些机组是提板式配汽机构，三脚架热膨胀补偿不足，使提升杆上、下中心距不足，造成卡涩。

（8）叠片式阻汽片的优点是阻汽片能游动，可自定中心。由于预留的轴向膨胀间隙太小，则阻汽片不能游动，因而造成阻汽片与门杆卡涩。

（9）阻汽片的轴膨胀间隙太大或少装一片，则可能使阻汽片翘起，引起卡涩。

886. 调节汽门不能严密关闭的主要原因是什么？

答：调节汽门不能严密关闭的主要原因如下：

（1）油动机在调节汽门关闭侧富裕行程不够。

（2）旧式离心调速器滑环在调节汽门关闭侧富裕行程不够。

（3）单侧进油式油动机的调节汽门弹簧紧力不够。

（4）双座式汽门之两阀线不能均匀接触。

（5）调节汽门门杆弯曲或卡涩。

（6）调节汽门门碟或门座因磨损、腐蚀而漏汽。

887. 如何整修汽门密封面？

答：发现密封面冲蚀严重时，可用以下方法修补：除去阀座边上的点焊口，取出阀座；在车床上车去阀碟与阀座密封面上的蚀损部分，然后在密封面上堆焊，焊条可用热 307 焊条。为消除残余内应力，焊后须用火焰加热堆焊部位，待其呈暗红色时，立即埋入石棉泥内保温及自然冷却。

根据阀碟及阀座的型线制成样板，将堆焊后的阀碟、阀座精车，车后的光洁度应为 1.6。将车后的阀碟置阀座上，以细质氧化铝粉研磨，研磨后消除研磨砂，在阀碟密封面上涂上一层薄薄的红丹粉，检查阀座密封面的全周应有 1～1.5mm 宽度的接触，其光洁度应达到 0.8。

888. 如何研磨汽门座？

答：检修中如发现接触面接触不良时，应按阀座型线作研磨胎具进行研磨，根据接触面的磨损情况选用粗、细不同的研磨剂，最后不加研磨剂加机械油研磨。当研磨量大时应用样板检查研磨胎具的型线，不符合时应及时修理。阀碟与阀座分别研好后，用红丹粉检查接触情况，要求圆周均匀连续接触。

889. 主汽门、调速汽门的门座与汽室发生松动应如何处理？

答：如发生松动时，应取出门座，在装配表面进行补焊加工后装入。因为门座与汽室配合含有 0.07mm 左右的紧力，所以装配时应用二氧化碳将门座冷却至结合面直径比汽室孔小 0.05～0.07mm，在装配表面涂以透平油将门座装入，装好后捻牢。电厂检修时，也常用加热汽室外壳，以专用样板测量门座汽室孔的直径，当孔大于门座外径 0.05～0.10mm 时装入门座。

890. 调节汽门门杆断裂的原因是什么？

答：调节汽门门杆断裂的原因如下：

（1）调节汽门在运行中由于蒸汽的涡流作用，使阀头经常处于高频率下振动，结果造成调节汽门的门杆疲劳断裂，这主要是调节汽门工作不稳定造成的。

（2）门杆的热处理没有达到规范，运行中振动，造成断裂。

（3）机械加工时门杆的直径过渡区没有按照要求加工成小圆角，造成局部材料的应力集中，在运行中振动，造成断裂。

891. 试述更换波纹筒的方法和注意事项。

答：如有组合好的成套波纹筒备件时，只需核对下列有关尺寸，如波纹筒和杆的总长度、挡油传动头与弹簧压盘之间的距离、波纹筒的行程等，并经灌煤油和打压试验不漏即可组装。如需换新波纹筒时，在取下旧波纹筒之前，应在连接波纹筒的上、下端盖做好相对位置的记号，以防组装时错位，然后用电炉将端盖加热，待焊锡熔化后，取下旧波纹筒。新波纹筒的尺寸应与旧的相同，尺寸核对好后可以焊接。先将连接波纹筒的两个端盖的焊槽和波纹筒端清理干净，在波纹筒两端内、外壁及两端盖焊槽内表面涂好焊剂，一个端盖放在电炉加热，焊锡放入槽内，待焊锡熔化后将波纹筒装入槽子内，待锡凝固即可，然后再将另一个端盖焊好，装波纹筒时要对正，中心线端盖垂直。焊好后再灌煤油找漏，测量焊好后尺寸，一切合格后可按原位装回。

892. 试述错油门检修工艺要求和质量标准。

答：错油门解体前应做好相对位置和记号，测量好定位尺寸，测量行程，并做好记录，清理时一般错油门套筒不需要拔出，只有当发生问题时才将套筒取出。

解体时应尽可能做好如下工作：

（1）套筒外壳的配合多采用过渡配合或动配合，因此，在拆装套时不要歪斜，应对称敲打，用专用工具拆装。

（2）拆下的部件用煤油洗净，用面团粘净。

（3）仔细检查错油门，应光滑，无腐蚀、擦伤和毛刺；如有磨损和毛刺，应用油石和不砂纸磨光。

（4）各油室孔眼用压缩空气吹扫，用白布擦净，用面团粘净。

（5）测量好各部间隙，应符合要求，并做好记录。

（6）各部检修完毕后，经验收后方可进行组装，组装时错油门和套筒内部要喷油，以防擦伤。

（7）组装时结合面垫片厚度与拆前相同，无垫时涂一层薄涂料，注意涂料不能涂得太厚，以防涂料流入错油门内。

（8）紧螺栓时要对称紧，错油门应动作灵活。

893. 试述油动机的检修工艺和质量标准。

答：油动机的检修工艺和质量标准如下：

（1）解体前做好各零部件的相对记号，对可调整的零部件应做好定位测量，同时记好反馈错油门调整螺母的位置。

（2）对各杠杆、拐臂的方向做好记号，轴承上打上字号。

（3）油动机解体后零件用煤油清洗干净，清洗时用绸布擦，严禁用棉纱，然后用面团粘净。

（4）检查活塞杆无严重磨损，光滑、无毛刺，如有轻微磨损和毛刺，用油石和水砂纸打磨光滑。

（5）活塞环应无裂纹、腐蚀和磨损，动作灵活，弹性好。

（6）测量活塞与套、活塞杆与套之间的间隙应符合要求。

（7）各滚珠、滚针轴承用煤油清洗干净，抹好黄油，珠子完整，跑道光滑，动作灵活，弹簧弹性良好，无裂纹和永久变形。

（8）组装时活塞杆、活塞、外套都喷油，活塞环的开口相差120°～180°，结合面如有垫应保持原来厚度。

（9）活塞杆和反馈油门的密封一般采用油麻填料，注意格兰不要压得太紧，否则会增加迟缓。

894. 重叠度调整不当对调节性能有何影响？

答：重叠度如太小，甚至为负值时，意味着油动机升程在某段范围内不起调节作用，称为空行程，当负荷停留于该工况点时，将导致油动机晃动；另外，油动机总升程相应增大，造成速度变动率增大。

重叠度如太大，则意味着在该负荷段存在着两只调节汽门同时节流的现象，一方面节流损失增大；另一方面过大的重叠度造成油动机在较小的行程范围内，对应于较大的负荷变化，也就是说局部速度变动率将很小，这必然会引起负荷的自发漂移，无法稳定，这是不允许的。

895. 大型汽轮机主汽门及调节汽门为何应定期进行活动试验？

答：现代大型高参数汽轮机的主汽门及调节汽门的工作条件远比小型中、低参数的机组严峻，因阀门卡涩所导致的后果也更为严重。门杆在静止的状态下长时间工作极易氧化结盐，从而导致卡涩，因此对主汽门、调节汽门应定期进行活动试验，活动门杆以防止卡涩。

896. 如何进行自动主汽门的活动试验？

答：对于液压式调节系统，在自动主汽门操纵座油室外装一只试验放油针阀（有些机组装滑阀），试验时，慢慢打开放油针阀，待自动主汽门向关闭方向逐渐关小。一般要求从全开位置向关小方向移动 5～10mm，表示无卡涩现象，即可关闭放油针阀，恢复正常运行。对于 DEH（或 EHC）系统，使用系统提供的试验部套来进行活动试验。

897. 如何进行自动主汽门的严密性试验？

答：试验在空负荷、额定蒸汽参数、真空度和额定转速下进行。在调节汽门开启情况下，泄去安全油，关闭自动主汽门，记录从操作直至转速稳定时的转速和时间。

试验方法如下：自动主汽门试验前应将安全油与调节汽门控

制油路上的联动保护装置油路切断。泄去安全油，关闭自动主汽门，转速逐渐下降。一般要求 10～15min，机组由额定转速 3000r/min 下降到 1000r/min 以下。

898. 如何进行调节汽门的严密性试验?

答：试验工作在空负荷，且主汽门、调节汽门全开时进行。试验方法是：在额定蒸汽参数、真空度和额定转速下关闭调节汽门，记录转速下降速度，一般要求在 10～15min，转速由额定转速 3000r/min 下降到 1000r/min 为合格。

899. 如何进行调节汽门、自动主汽门的关闭时间试验?

答：试验在静止和空负荷状态下进行，方法有两种。

（1）用电秒表测关闭时间。在自动主汽门和油动机两侧行程终点及行程指示针上，接上电秒表。试验时，自动主汽门、油动机均在全开位置，手打危急遮断器，同时记录自动主汽门和油动机关闭时间。空负荷试验时，采用电动主汽门旁路门节流的方法全开调节汽门，同步器放在高限位置。

（2）用录波器测量关闭时间，便于分析和更准确地测量关闭时间，同时能测量出手拍危急遮断器后，安全油压泄放、自动主汽门及油动机的迟滞时间和关闭的全过程。在自动主汽门和油动机上安装行程发送器，将其位移信号转换成电信号进入录波器，手动危急遮断器处装设掉闸信号，安全油压系统中装压力传感器的信号，上述信号均接入录波器。试验时手打危急遮断器，录波器将自动将汽门关闭时间记录下来。

900. 调速系统空负荷试验的目的是什么?

答：调速系统空负荷试验的目的如下：

（1）测取转速感受机构的特性曲线。

（2）测取传动放大机构的特性曲线。

（3）结合负荷试验，测取调速系统的静态特性曲线、速度变动率、迟缓率。

（4）测取调速器和油动机两侧的富裕行程。

（5）测定同步器的调整范围。

901. 空负荷试验前应做哪些试验？

答： 空负荷试验前应做如下试验：

（1）自动主汽门及调整汽门严密性试验。

（2）手打危急保安器试验。

（3）超速试验，上述试验合格后方可就地进行空负荷试验。

902. 汽轮机空负荷时转速摆动、带负荷时负荷摆动的原因是什么？

答： 汽轮机空负荷时转速摆动、带负荷时负荷摆动的原因是调速系统不稳定。调速系统不稳定的主要原因有：

（1）油质不良。由于油中有机械杂质而引起调速器部件卡涩，引起负荷摆动，应加强滤油。

（2）油压波动。主油泵出口油压波动，引起一次油压、二次油压波动，从而引起调节阀油动机晃动。

（3）调速系统迟缓率太大。调速系统迟缓率增大的原因主要是由于调节部件中机械连接件的松动和调节部件的卡涩或断流式错油门过封度过大等引起。

（4）离心钢带式调速器的轴向窜动过大，一般应将主油泵推力间隙控制在 $0.10 \sim 0.15\text{mm}$ 范围内。

（5）调速系统的部件漏油。如旋转阻尼和油封间隙增大时，将会引起调速系统摆动。

（6）凸轮配汽机构和反馈机构磨损。凸轮的局部磨损破坏了油动机行程和进汽量的线性关系，使调速系统的特性曲线出现局部平坦，局部速度变动率减小而引起调速系统摆动。具有凸轮反馈的机构，如果反馈凸轮和反馈斜槽板局部磨损，会使机组在某一工况下失去反馈从而引起调速系统摆动。

（7）调节阀本身的缺陷。如调节阀磨损、型线不良、重叠度调整不当以及在蒸汽力的作用下造成调节阀的跳动等缺陷，都将会使调速系统摆动。

903. 如何改变和调整调速系统的静态特性？

答： 调速系统静态特性是由敏感机构特性、传动放大器机构特性和执行机构特性三总值发来决定的，改变这三个特性中任何一个特性都会引起调速系统静态特性的改变。

904. 调速系统工作不稳定的原因是什么?

答: 调速系统工作不稳定的主要原因是:

(1) 离心式调速器周期性跳动。

(2) 油系统中有空气和机构杂质。

(3) 液压调节系统中油压波动。

(4) 调节系统中部件漏油。

(5) 调节系统中调节部件磨损、腐蚀和卡涩。

(6) 调速系统迟缓率太大，静态特性不佳。

(7) 反馈率不足。

905. 调速系统带负荷摆动的原因是什么?

答: 产生这种缺陷主要原因是:

(1) 调速系统局部速度变动率太小。由于调速汽门重叠度太大或是其他原因，使调速系统静态特性曲线局部过于平缓，造成在此平缓区间负荷摆动。

(2) 调速系统迟缓率太大。造成调速系统迟缓率大的原因很多，如调速系统部件磨损，部套卡涩、松旷、断流式错油门过封度大等。

(3) 油动机反馈油门不灵（卡涩）。

(4) 油中有水或空气。

(5) 油压波动。

(6) 主油泵带着调速器串动。

906. 汽轮机启动中不能维持空转有哪些原因?

答: 汽轮机启动中不能维持空转有如下原因:

(1) 同步器界限位置偏高，导致启动阀开足后转速高于额定值。

(2) 油动机在关闭调速汽门侧的富裕行程不够。

(3) 调速器滑环富裕行程不够，当滑环到达上限位置时，调速汽门不能落到门座上。

(4) 油动机摆动，使空载转速无法稳定。

（5）调速汽门卡涩，汽门关闭不严或油动机克服蒸汽力不足。

907. 汽轮机甩负荷后不能维持空转有哪些原因？

答： 汽轮机甩负荷后不能维持空转有如下原因：

（1）甩去负荷后，同步器未能及时自动回复到空载位置。

（2）调速系统迟缓率太大或调速部件卡涩。

（3）调速系统速度变动率太大。

（4）同步器上限偏高或调速器滑环在关闭侧的富裕行程不足。

（5）油动机关闭时间太长。

（6）1号调节汽门口径太大，导致调节系统静态特性线在低负荷段太平坦。

908. 液压式调节系统一次油压太低有哪些原因？

答： 液压式调节系统一次油压太低有如下原因：

（1）旋转阻尼挡油环磨损，造成径向间隙太大。

（2）放大器波纹管破裂。

（3）可调节针阀通流不畅。

（4）一次油通道发生泄漏现象。

909. 一次油压不稳定的原因有哪些？

答： 一次油压不稳定的原因如下：

（1）主油泵出口油压波动太大。

（2）转阻尼挡油环径向磨损导致间隙太大。

（3）放大器波纹管存在空气。

910. 二次油压不稳定的原因有哪些？

答： 二次油系统本身及二次油以前各环节的缺陷均有可能导致二次油压的不稳定。主要原因有：

（1）调节油压波动。

（2）一次油压波动。

（3）二次油路放空气孔堵塞。

（4）放大器碟阀中心不正。

（5）二次油进油节流孔通流不畅，引起流通量自发变化。

（6）放大器过压阀弹簧安置不正，导致过压阀关闭不严。

911. 油动机大幅度晃动的原因有哪些?

答: 因为油动机已接近调节系统的终端,在其以前的任何一个环节的不稳定均会导致油动机的不稳定。导致油动机晃动的主要原因有:

(1) 各种原因所引起的各级脉冲油压波动。

(2) 调节系统中有关滑阀、活塞因油污染而卡涩,如继动器或断流式错油门卡涩。

(3) 断流式错油门过封度为负值。

(4) 调节汽门过封度为负值,使油动机出现空行程。

(5) 油系统中空气排除不畅,使调节油中存在空气。

912. 汽轮机带不上满负荷有哪些原因?

答: 汽轮机带不上满负荷有以下原因:

(1) 蒸汽参数低,同时同步器上限位置偏低,富裕量不足。

(2) 离心式调速器滑环及液压式调速器的二次油压在满负荷方向无富裕量。

(3) 反馈弹簧在满负荷侧无富裕调节量。

(4) 继动器滑阀活塞卡涩。

(5) 速度变动率太大。

(6) 某只调节汽门不能灵活开启。

913. 造成主油压下降的原因有哪些?

答: 造成主油压下降的原因如下:

(1) 油泵密封环磨损后间隙增大。

(2) 压力油管路法兰及接头漏油。

(3) 液压式调节系统因调整不当,通过贯流式错油门流出的油量过多。

(4) 轴承润滑用油用量过大。

(5) 主油泵进口油压降低。

(6) 油箱油位下降。

914. 为什么说电液伺服阀是一种精密组件?

答: 电液伺服阀是一种精密组件的原因如下:

因为现代大功率汽轮机调节油压力高，故伺服阀高压油输出的喷嘴孔径很小，一般约为 0.5mm 左右。以挡板式伺服阀来说，挡板的最大位移也仅 0.15mm 左右，因此对中间平衡位置的要求极为严格。此外，为防止高压油的过大内漏，断流滑阀与滑阀套间的间隙也很小，因此，对材质制造加工精度要求高外，对油的清洁度也有较高的要求。

915. 电液伺服阀常见的故障有哪些？

答： 电液伺服阀常见的故障如下：

（1）油液污染，伺服阀油滤网堵塞，会造成系统响应能力下降，调节速度变慢，如油污染而使节流孔局部阻塞，则会导致系统零偏增大，系统频响大幅度下降，导致系统不稳定，如油污染引起伺服阀卡涩，则汽门不能正常开启。

（2）如伺服阀磨损，则会使系统零偏增大，增益下降，油系统压力逐渐降低，严重时会导致汽门不能正常关闭。

（3）伺服阀零偏值调整不当，严重时会导致汽门不能关闭。

（4）弹簧管疲劳或磁钢磁性变化等因素引起的伺服阀振荡会引起汽门摆动。

916. 电液伺服阀零位偏置调整不当有何危害？

答： 电液伺服阀是以断流式滑阀来控制油动机动作的，在电流为零时，阀位处于中间位置，出现极性不同的电流时，滑阀向左或向右移动。电信号的零位偏置正确，在稳定工况时，正确保证断流滑阀精确地处于中间位置而无变化，就保证了油动机的稳定，当零位偏置不当时，会导致油动机摆动，严重时可造成调节汽门不能正常开关。

917. 电液伺服阀磨损的原因是什么？有何危害？

答： 电液伺服阀中的中心杆、射流管或挡板等元件均为精密元件，对其制造质量及检修工艺都要求较高。但由于它们处于长期的运动之中，其接触面会出现磨损，加上腐蚀的因素，这种磨损将会加快。电液伺服阀的磨损会使零位偏置增大，造成汽门摆动、调节汽门开度不能与电压信号相对应，严重时调节汽门不能正常开关。

第三节 密封油系统

918. 简述密封油系统的作用及原理。

答： 对于氢冷发电机，由于发电机的转子必须穿出发电机的端盖，发电机内的氢气可能由此向外泄漏，因此，必须采用密封油系统向发电机密封瓦提供压力略高于氢气压力的密封油，完成密封氢气的任务。密封油进入密封瓦后，经密封瓦与发电机轴之间的密封间隙，在密封瓦间隙处形成密封油，既起密封作用，又能够润滑和冷却密封瓦。

密封油系统的原理：在高速旋转的转子和静子的密封瓦之间注入一连续的油液，形成一层油膜来封住气体，阻止机内的氢气外泄，并阻止外面的空气进入机内。因此，油压必须高于氢压，才能维持连续的油膜。一般要求只要油压比氢压高 0.015MPa 就可以封住氢气。从安全运行的角度考虑，一般要求油压比氢压高 0.03 ～ 0.08MPa。为了防止轴电流破坏油膜，烧伤密封瓦，同时减少定子漏磁通在密封装置内产生附加损耗，在密封装置与端盖和外部油管法兰盘接触处均加装有绝缘垫片，发电机密封瓦的结构示意图如图 6-1 所示。

从结构上看，密封瓦可分为盘式（径向密封）和环式（轴向密封）两种。目前，600MW 机组

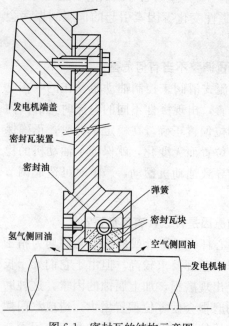

发电机端盖

密封瓦装置

密封油

弹簧

密封瓦块

氢气侧回油

空气侧回油

发电机轴

图 6-1 密封瓦的结构示意图

普遍采用环式密封。环式密封主要有三种：单流环式、双流环式和三流环式。

919. 密封油系统主要组成部分有哪些？

答：密封油系统主要由密封油泵、真空泵、密封油箱、油氢分离器、密封冷油器、排烟风机、油封筒、U形管、管阀等组成。

920. 密封油泵的作用是什么？常见的有哪几种形式？

答：密封油泵的作用是供给密封瓦一定压力的密封油，常见的多采用齿轮泵、螺杆泵等容积泵，为了保证油系统不超压，在油泵的出口装有自动和手动再循环门。

921. 密封油系统U形管的作用是什么？

答：氢冷发电机密封油的回油一般经油氢分离箱、油封筒回主油箱，但油封筒发生事故时也可以通过U形管回主轴箱，这时U形管起到密封的作用，以免发电机的氢气被压入油箱。但此时必须注意，氢气压力的高低，不能超过U形管的密封能力。

922. 密封油系统的回油管一般直径较大，为什么？

答：密封瓦的回油，特别是氢气侧回油，由于和氢气接触，油内含氢量较大，当油回到油管时，由于空间较大，使一部分氢气分离出来，这部分氢气可沿油管路的上部空间回到发电机去，回油管直径较大的目的就在于此。

923. 密封油泵的回油管铺设和安装有什么特殊要求？

答：密封油是用来密封发电机的氢气的，因此，在回油中常会有一定数量的氢气。因此这些氢气要在回油管中进行初步的分离，然后顺着回油管回到发电机去，所以密封油管回油还起着分离和输送氢气的作用，因此，它除有和油系统一样的共性要求外，还有下列特殊要求：

（1）回油管道的安装，要有一定的坡度，发电机侧稍高，不许有降低后又升高的现象，以防整个油管被油封死，阻碍氢气的返回。

（2）回油管的直径要大些，使油管的上部有一定的空间，以使氢气能充分分离，返回发电机。

（3）油管和密封瓦连接处设两道绝缘垫，以防发电机接地。

924. 密封瓦常见的漏氢部位及原因有哪些?

答：密封瓦常见的漏氢部位及原因有：

（1）乌金面与密封盘之间漏氢。其原因为多次启停机以后，盘面或乌金面磨损：

1）检修时密封盘和乌金面研修不好；

2）密封瓦跟踪不好；

3）氢、油压差不对；

4）乌金面与密封盘错位。

（2）密封瓦与瓦壳之间的硅胶条处漏氢。原因有：

1）硅胶条松紧不当造成硅胶条变形和断裂；

2）瓦壳变形等。

（3）瓦壳对口和瓦壳法兰泄漏。原因有：

1）瓦壳变形；

2）瓦壳螺栓紧固顺序和方法不对或紧力不均；

3）耐油胶垫质量不好等。

925. 氢冷发电机组用密封油常规检验周期和检验项目有哪些规定?

答：氢冷发电机组用密封油常规检验周期和检验项目的规定如下：

（1）常规检验取样部位：对密封油系统与润滑油系统分开的机组，应从密封油箱底部取样化验；对密封油系统与润滑油系统共用油箱的机组，应从冷油器出口处取样化验。

（2）对运行中的氢冷发电机用密封油，应加强技术管理，建立必要的技术档案，对油质要定期进行检验，并根据检验结果，采取相应的处理措施。

（3）机组正常运行时的常规检验项目和周期应符合表 6-1 的规定。

表 6-1　　　　　机组正常运行时的常规检验项目和周期

检验项目	检验周期
水分、机械杂质	半月一次
运动黏度、酸值	半年一次
空气释放值、汽沫特性、闪点	每年一次

（4）新机组投运或机组检修后启动运行 3 个月内，应加强水分和机械杂质的检测。

（5）机组运行异常或氢气湿度超标时，应增加油中水分检验次数。

926. 运行中氢冷发电机组用密封油质量标准？

答：运行中氢冷发电机组用密封油质量标准见表 6-2。

表 6-2　　　　运行中氢冷发电机组用密封油质量标准

序号	项目	质量标准
1	外观	透　明
2	运动黏度（40℃，mm^2/s）	与新油原测定值的偏差不大于 20%
3	闪点（开口杯，℃）	不低于新油原测定值 15℃
4	酸值（KOH，mg/g）	≤0.30
5	机械杂质	无
6	水分（mg/L）	≤50
7	空气释放值（50℃，min）	10
8	泡沫特性（24℃，mL）	600

927. 油氢分离器的作用和工作原理是什么？

答：油氢分离器是油的净化装置，有的油氢分离器还设有专门的真空泵，将箱内抽成真空。油流入该箱内由于压力极低，从而使油中的氢气、空气分离出来，水分蒸发，然后抽出，排往大气。

928. 大修汽轮发电机时，拆卸盘式密封瓦前，应进行什么试验？

答：对于盘式密封瓦，拆前应进行打压找漏试验，试验所用气体为空气。拆前应化验氢气含量，合格后才允许开始拆卸。

929. 汽轮机油系统防火必须采取哪些有效措施？

答：为了有效地防止汽轮机油系统着火而采取的主要措施有：

（1）在制造上应采取有效的措施，如将高压油管路放至润滑油管内，或采用抗燃油作为调节油等；油箱放至 0m 或远离热源的地方。

（2）在现有的系统中，高压油管路的阀门应采用铸钢阀门。管道法兰、接头及一次表管应尽量集中，便于按集中的位置制作防爆箱。靠近热管道的法兰无法放置在防爆箱内时，应制作保护罩或挡油板。

（3）轴承下部的疏油槽及台板面应经常保持清洁、无油污，大修拆保温层时应将油槽遮盖好，修后要将槽内脏物清扫干净，保持疏油畅通。

（4）大修后试运行时，应全面检查油系统中各接合面、焊缝处有无渗油现象和振动，否则要及时处理。平时在运行中发现漏油时，必须查明原因及时修好，漏出的油应及时擦净。如漏油无法消除可能引起火灾时，应采取果断措施，尽快停机处理。

（5）凡靠近油管道的热源均应保温良好，保温层外部用玻璃丝布包扎，表面涂漆两遍，保温层表面不应有裂纹。有条件时可在管道保温层外采取加装铁皮或涂水玻璃等防油措施。

（6）对事故排油的几点要求如下：

1）事故排油门一般应设两个，一次门应在全开状态，二次门应为钢质球形门。

2）事故排油门的操作手轮开关标志应明显，设在运转层操作方便并远离油箱和油管路密集的地方，要有两个以上的通道。

3）事故排油应排至主厂房外的事故排油坑或箱内，严禁把油放至地沟及江河，以免造成浪费及污染，在大修和小修中应检查放油管路是否畅通。放油的时间应与转子惰走时间相适应。

（7）在汽轮机平台下布置和铺设电缆时，要考虑防火问题。电缆在进入控制室、电缆层开关柜处应采取严密的封闭措施。

（8）防止氢压过高或密封油压过低，防止氢超压而漏至油系统。

（9）现场应设置相应的消防灭火设备，水源、水压应满足要求，建立消防专责培训人员。

930. 油箱检修工艺要求是什么？

答：在检修和清理油箱之前，先将油全部放至临时油箱内，并将油箱顶部清理干净，以防止杂物落入油箱内，然后再进行内部的检修和清理工作。

（1）打开油箱上盖取出油滤网，并用塑料布包好。

（2）工作人员穿上专用工作服；钻到油箱内部，用平铲将油箱底部油泥和沉淀物清理到油箱底部的沟槽内，打开放油门放去，也可用 $100℃$ 的水将沉积物冲走。

（3）用煤油和白布清理油箱四壁，用白布擦净后再用面团粘净。

（4）油箱内防腐漆应完好，如脱落时可重新涂刷。

（5）对油位计浮子进行浸油试验，如发现漏油应进行补焊处理，组装后检查应灵活、不卡涩。

（6）油滤网有较大破损的应予更换，用煤油清洗后用压缩空气吹扫干净，用塑料布包好。

（7）检修完毕，验收合格后，将滤网对准滑道，放到底，无止涩；盖好油箱盖。

（8）盖油箱前清点带入油箱的工具等，不可遗留在油箱内。

931. 发电机密封油温度高会有什么影响？

答：随着发电机密封油温度的升高，油吸附气体的能力逐渐增加，$50℃$ 以上的回油大约可吸收 8% 容积的空气，另外，发电机的高速转动也使密封油由于搅拌而增强了吸收气体的能力。因此，为了保证发电机内部氢气的压力和纯度，冷油器出口油温不宜过高。

932. 什么是油中水分?

答: 油中水分（water content in oil）是指用于汽轮机油系统的油中所含水分（mg/L）。

933. 什么是氢冷发电机组?

答: 氢冷发电机型（generator using hydrogen as a coolant）是指发电机转子或（和）定子使用氢气作为冷却介质的发电机组。

934. 发电机氢置换有哪几种方法?

答: 发电机氢置换有以下方法:

（1）中间介质置换法:先将中间气体 CO_2（N_2）从发电机壳下部管路引入,以排除机壳及气体管道内的空气,当机壳内 CO_2 含量达到规定要求时,即可充入氢气排出中间气体,最后置换成氢气。排氢过程与上述充氢过程相似。在使用中间介质时,注意气体采样点要正确,化验分析结果要准确,气体的充入和排放顺序及使用管路要正确。

（2）抽真空置换法:应在发电机停运的条件下进行。首先将机内空气抽出,当机内真空达到 $90\%\sim95\%$ 时,可以开始充入氢气,然后进行取样分析。当氢气纯度不合格时,可以再抽真空,再充氢气,直到氢气纯度合格为止。采用抽真空法时,应特别注意密封油压的调整,防止发电机进油。

935. 什么是氢气湿度?

答: 氢气湿度（hydrogen humidity）是指氢气中的水蒸气含量（μL/L）。

936. 发电机有哪几种冷却方式?

答: 发电机的冷却方式有以下几种:

（1）空气冷却。

（2）氢气冷却。

（3）双水内冷却。

（4）水-氢-氢冷却。

937. 发电机内大量进油有什么危害？

答：发电机内大量进油有以下危害：

（1）侵蚀发电机的绝缘，加快绝缘老化。

（2）使发电机氢气纯度降低，增大排污补氢量。

（3）如果油中含水量大，使发电机内部氢气湿度增大，造成发电机绝缘受潮，严重时可能造成发电机内部相间短路。

938. 发电机内大量进油应如何处理？

答：发电机内大量进油的处理方法如下：

（1）内冷水系统有微量漏氢时，一定要保持氢压高于水压0.05MPa以上，并尽早安排停机处理。大量漏氢时，应立即停机处理，不可延误。

（2）氢冷器漏氢时，应将泄漏的氢冷器进、出口水门关闭，根据温升情况降低发电机负荷，进行堵漏。

（3）密封油压低造成漏氢时，应提高油压。

（4）密封瓦缺陷及发电机各结合面不严造成漏氢时，可在大、小修或临时检修时处理。

939. 发电机密封油系统运行中有哪些检查内容？

答：运行中应监视发电机密封油系统的供油压力、中间回油压力、供油温度、回油温度、回油量及密封瓦温度，定时检查密封油泵、冷油器的运行情况，对于有真空处理设备的机组，还要检查真空泵和抽气器的工作情况，监视真空油箱的真空度、氢气分离箱和补油箱的油位。在双回路供油系统工程中，还应加强对氢侧油箱油位的监视，以防油箱满油造成发电机进油，或因油箱油位过低造成漏氢和氢侧油泵不正常断油。运行中应保持适当的供油压力，油压过高时油量大，带入发电机的空气和水分多，吸走的氢气也多，使氢气纯度下降，补氢量增加，油压过低，则油流断续，氢气易泄漏。

940. 为什么要规定发电机冷却水压力比氢气压力低？

答：对于定子铁芯是氢冷、定子绕组是水冷、转子绕组是氢内冷，且水冷铜管是嵌在定子线棒之间的机组，如果氢压高于水压，则钢管受压应力，且钢管破裂时水不外漏，如果水压高于氢压，则钢管受拉应力。一般金属受压应力的极限比受拉应力的极限大很多，因此，冷却水压要比氢压低。

941. 发电机氢压自动升高有哪些原因？如何处理？

答：发电机氢压自动升高的原因：

（1）因补氢门未关严在其他机组补氢时同时补入本机或是自动补氢门误开，而使氢压升高；

（2）氢气冷却器冷却水量减少或中断。发电机氢压自动升高的处理方法：

1）检查关严补氢门，若氢压太高，可少开排氢门排氢到正常压力。

2）如果是氢冷器冷却水少或中断应立即恢复。

942. 发电机氢压降低有哪些原因？对发电机有什么影响？

答：发电机氢压降低的原因有：

（1）误操作氢系统的阀门，如排氢门，使氢气排掉，氢压降低。

（2）排氢门、集水器的放水门不严而漏氢，取样管、压力表管以及氢气系统的法兰处漏氢。

（3）因密封油压调整不当而漏氢。

对发电机的影响主要是氢压低使发电机出风温度升高，发电机铁芯、绕组温度升高。

943. 发电机氢气湿度大的原因有哪些？如何处理？

答：发电机氢气湿度大的原因有：

（1）密封油中有水。

（2）氢气冷却器泄漏。

（3）定子冷却水内漏。

（4）氢置换或补氢量大。

（5）氢气干燥器未投入运行或运行不正常，起不到干燥效果。

针对氢气湿度大的原因采取以下措施：

（1）加强汽封的调整、油质的监督，加强滤油机的运行。

（2）加强氢气干燥器的运行。

（3）加强氢系统各集水器的放水。

（4）严格控制发电机冷却水总门的开关，防止因水温低而结露。

944. 影响发电机密封油压力降低的原因有哪些？

答：影响发电机密封油压力降低的原因有：

（1）密封瓦间隙过大。

（2）油滤网或油管道堵塞。

（3）密封油箱油位低或密封油泵出口压力低。

（4）冷油器出口油温升高。

（5）主密封油泵故障而备用密封油泵未联启。

945. 发电机、励磁机着火及氢气爆炸的原因有哪些？

答：发电机、励磁机着火及氢气爆炸的原因有：

（1）发电机氢气系统漏氢遇有明火。

（2）有爆炸声和油烟喷出。

（3）发电机铁芯、绕组温度急剧升高，有冒烟和烧焦味。

（4）氢气压力和温度升高。

946. 发电机、励磁机着火及氢气爆炸如何处理？

答：发电机、励磁机着火及氢气爆炸的处理方法如下：

（1）立即破坏真空紧急停机，进行事故排氢、CO_2置换。

（2）联系消防人员，进行临时灭火。

（3）维持密封油压，维护转子转动，严禁在转子静止情况下进行灭火。

947. 发电机或励磁机冒烟着火时，为什么转子要维持一定转速而不能在静止状态？

答：发电机或励磁机冒烟云着火时，发电机或励磁机的线棒绝缘材料着火燃烧，绝缘材料是发热量很高的物质，燃烧时放出大量的热量，使转子受热不均。如果此时转子在静止状态，将造成发电机转子弯曲。此时发电机转子的热量传给轴承，会导致轴瓦钨金熔化。

第七章

水泵检修相关知识

第一节 水 泵 检 修

948. 水泵检修前应具备什么工艺条件？

答：（1）水泵检修项目内容的审定。

（2）水泵检修工艺和质量控制的落实。检修备件和其他辅助材料的落实。

（3）检修工器具和专用工具的落实。

（4）检修过程中的危险点分析及控制措施制定。

（5）检修需要采取的安全措施的布置。

949. 化工水泵检修前应采取哪些安全措施？

答：（1）化工水泵检修前必须停车。

（2）系统泄压。

（3）切断水泵电源开关。

（4）对系统内有毒、有腐蚀性介质进行清洗、中和、置换，分析检测合格。

（5）将泵的出、入口阀门进行关闭隔离，如果系统内运送有毒有害介质，需要将泵与系统进行有效隔断，并加设盲板。

950. 水泵检修的目的是什么？要求有哪些？

答：（1）消除、调整泵内因磨损、腐蚀产生的较大间隙。

（2）消除泵内的污垢、污物、锈蚀。

（3）对不符合要求的或有缺陷的零部件进行修复或更换。

（4）转子平衡实验检查合格。

（5）检验泵与驱动机同轴度并符合标准。

（6）通过检修使水泵恢复至出厂设计要求，效率达到工艺生产需求。

951. 水泵组装时应注意哪些事项？

答：水泵组装时应注意如下事项：

(1) 泵轴是否弯曲、变形。

(2) 转子平衡状况是否符合相关标准。

(3) 叶轮和泵壳之间的间隙是否符合标准。

(4) 机械密封缓冲补偿机构的压缩量是否达到要求。

(5) 泵转子和蜗壳的同心度是否符合标准。

(6) 泵叶轮流道中心线和蜗壳流道中心线是否对中。

(7) 轴承与端盖之间的间隙调整。

(8) 密封部分的间隙调整。

(9) 传动系统电动机与变（增、减）速器的组装是否符合要求。

(10) 联轴器的同轴度是否符合标准。

(11) 口环间隙是否符合要求。

(12) 各部连接螺栓的紧力是否合适。

952. 水泵消耗功率过大的原因是什么？

答：水泵消耗功率过大的原因如下：

(1) 总扬程和泵的扬程不符。

(2) 介质的密度、黏度与原设计不符。

(3) 泵轴与原动机轴线不一致或弯曲。

(4) 转动部分与固定部分存在摩擦。

(5) 叶轮口环磨损。

(6) 轴向密封安装不当。

953. 水泵密封环的作用是什么？

答：水泵密封环的作用是防止泵内的高压水倒流回低压侧而使泵内效率降低。

954. 水泵巡检的主要内容有哪些？

答：水泵巡检的主要内容如下：

(1) 检查压力表、电流表的指示值是否在规定区域，且保持稳定。

（2）检查运转声音是否正常，有无杂音。

（3）轴承、电动机等温度是否正常（不超过 60℃）。

（4）检查冷却水是否畅通，填料泵、机械密封是否泄漏，如泄漏是否在允许范围内。

（5）检查连接部位是否严密，地脚螺栓是否松动。

（6）检查润滑是否良好，油位是否正常。

955. 水泵转子试装的目的是什么？

答：转子试装主要是为了提高水泵最后的组装质量。通过这个过程，可以消除转子的紧密晃度，可以调整好叶轮间的轴向距离，从而保证各级叶轮和导叶的流道中心同时对正，可以确定调整套的尺寸。

956. 水泵新换的叶轮应进行哪些检查工作？

答：水泵新换的叶轮应进行如下检查工作：

（1）叶轮的主要几何尺寸，如叶轮密封环直径对轴孔的跳动值、端面对轴孔的跳动值、两端面的平行度、键槽中心线对轴线的偏移量、外径、出口宽度、总厚度等的数值与图纸尺寸相符合。

（2）叶轮流道清理干净。

（3）叶轮在精加工后，每个新叶轮都经过静平衡试验合格。

957. 离心式水泵什么情况下启动前需要灌水？什么情况下启动前需要放空气？

答：根据离心式水泵的工作原理，在泵启动以前，泵的叶轮内必须充满水，否则在启动后叶轮中心就形不成真空，水就不能连续向泵内补充。因此，离心泵装在液面以上时，启动前必须向泵内罐满水，排出空气；如果离心泵装在液面以下时，启动前必须放尽泵内空气，这样泵才能正常运行。

958. 离心泵检修完毕后，试车应注意哪些事项？

答：离心泵检修完毕后，试车应注意如下事项：

（1）盘车两周，注意泵内有无杂音、有无卡阻现象，盘车后将防护罩装好。

（2）向泵室灌注液体，排除空气。

（3）按泵操作规程启动，启动后运转正常即可连续运转试车，试车不少于 2h。

（4）试车泵应达到运转平稳、无振动，冷却、润滑良好，轴承温度在允许温度值内，密封无泄漏。

（5）流量、扬程达到铭牌标准值范围内，电动机电流不超出额定值。

（6）离心泵试车完毕后，做到检修记录齐全，准备试车正常后，办理验收记录。

959. 离心泵检修完毕后，试车前应做哪些准备工作？

答：离心泵检修完毕后，试车前应做如下准备工作：

（1）清除泵座及周围的一切杂物，清理好现场，使现场清洁。

（2）检查阀门是否启、关灵活，仪表是否灵敏；对管线进行清扫（洗）。

（3）检查电动机、泵座的地角螺栓的紧固情况。

（4）检查密封部位是否符合要求规定，冷却泵壳是否完好、畅通。

（5）润滑系统按规定加润滑油。

（6）检查离心泵电动机是否空转，检查旋转方向是否正确，无误后连接联轴器找正。

960. 多级泵轴向推力平衡的方法有哪几种？

答：（1）叶轮对称布置。

（2）平衡盘装置法。

（3）平衡鼓和双向止推轴承法。

（4）采用平衡鼓带平衡盘的办法。

961. 给水泵启动前为什么要进行暖泵？

答：给水泵停运后，由于轴封低温水的缘故和泵体的散热，使给水冷热密度不同，从而自发地形成热虹吸作用，热水上升，冷水下降，造成上、下泵壳间的温差。如果给水泵体温度较低，而给水箱温度较高，给水泵启动后就会产生较大的热冲击，直接影响给水泵的寿命，严重时造成设备损坏事故。特别对给水泵汽轮机带动的给水泵，启动前必须进行暖泵暖机，使汽动给水泵壳体的上、下温差不致过大。否则就会引起外壳变形、轴承座偏移、转子弯曲，造成启动过程振动大或动静摩擦、抱轴事故。

962. 给水泵大修中有哪些需特别注意的事项？

答：给水泵大修中需特别注意的事项有：

（1）转子的轴向窜动间隙。

（2）转子的晃动值。

（3）轴套防漏胶圈。

（4）紧穿杠螺栓。

（5）转子不要随便盘动。

（6）调整转子与静子的同心度。

（7）校中心时考虑热膨胀量。

963. 给水泵液力耦合器润滑油压低是什么原因？

答：给水泵液力耦合器润滑油压低的原因如下：

（1）润滑油冷油器内缺水或流动慢。

（2）润滑油冷油器内进了空气。

（3）润滑油过滤器堵塞。

（4）润滑油安全阀损坏或安装不牢。

（5）润滑油泵吸入管堵塞。

（6）润滑油泵内进空气。

（7）润滑油系统有泄漏。

964. 泵解体后对泵轴进行怎样的检查？发现什么情况需要更换新轴？

答：泵解体后，对轴的表面应进行外观检查，通常是用细纱布将轴略微打光，检查是否有被水冲刷的沟痕、两轴颈的表面是否有擦伤及碰痕。若发现轴的表面有冲蚀则应做专门的修复。

检查中若发现下列的情况，则应更换为新轴：

（1）轴表面有被高速水流冲刷而出现的较深的沟痕，特别是在键槽处。

（2）轴弯曲很大，经多次直轴后运行中仍发生弯曲者。

（3）轴出现裂纹，深度已超过强度的要求。

965. 给水泵平衡机构的工作过程是什么？平衡机构排水管接到哪些系统？

答： 当给水泵开始运行时，末级压力水通过平衡套截流后，进入动静平衡盘之间，压力水推开平衡盘，使动静平衡盘间产生间隙。

当平衡盘内压力能平衡推力时，平衡盘就不窜动，达到转子平衡无窜动运转。

平衡机构的排水可以排到除氧器水箱和给水泵入口管，一般排到除氧器水箱较好，可减少给水泵的汽化。总之，平衡机构排水离给水泵入口管远一些较好。

966. 给水泵检修转子试装的目的是什么？

答： 给水泵检修转子试装主要是为了提高水泵最后的组装质量。通过这个过程，可以消除转子的紧态晃度，可以调整好叶轮间的轴向距离，从而保证各级叶轮和导叶的流道中心同时对正，可以确定调整套的尺寸。

967. 给水泵检修的抬轴试验注意事项是什么？

答： 给水泵检修的抬轴试验注意事项如下：

（1）在泵的两端轴颈处各装 1 只百分表，在不装上、下轴瓦的情况下，将轴由最低位置抬至最高位置，测量总位移值，抬轴时要两端同时抬起，用力不要过猛。

（2）将下轴瓦装入轴承座内，把轴由最高位置放至下瓦上，读出百分表的变化值，此值应为总位移的 1/2。使泵轴处于泵壳的中心位置。

（3）轴的径向相对位置不合要求时，可调整轴承下部的调整螺钉。在调整上、下中心的同时，应兼顾转子在水平方向的中心位置，以保证转子对泵壳的几何中心位置正确。

968. 给水泵检修转子试装有哪些步骤？

答： 给水泵检修转子试装的步骤如下：

（1）将所有的键都按号装好，以防因键的位置不对而发生轴套与键顶住的现象。

（2）将所有的密封圈按位置装好，把锁紧螺母紧好并记下出口侧锁紧螺母至轴端的距离，以便水泵正式组装时作为确定套装部件紧度的依据。

（3）在紧固轴套的锁紧螺母时，应始终保持泵轴在同一方位（如保持轴的键槽一直向上）。而且在每次测量转子晃度完成后松开锁紧螺母，待下次再测时重新拧紧。每次紧固锁紧螺母时的力量以套装部件之间无间隙、不松动为准，不可过大。

（4）各套装部件装在轴上时，应根据各自的晃度值大小和方位合理布置，防止晃度在某一个方位的积累。测量转子晃度时，应使转子不能来回窜动且在轴向上不受太大的力。最后，检查组装好的转子各部位的晃度不应超过下列数值：

1）叶轮处：0.12mm。

2）挡套处：0.10mm。

3）调整套处：0.08mm。

4）轴套处：0.05mm。

5）平衡盘工作面轴向晃度：0.06mm。

6）装好转子各套装部件并紧好锁紧螺母后，再用百分表测量各部件的径向跳动是否合格。若超出标准，则应再次检查所有套装部件的端面跳动值，直至符合要求。

7）检查各级叶轮出水口中心距离是否相符。并测量末级叶轮至平衡盘端面之间的距离以确定好调整套的尺寸。

在试装结果符合质量要求并做好记录后，即可将各套装部件解体，以待正式组装。

969. 检修中泵轴的冷矫直方法有哪些？

答：当轴的直径小于 50mm 时，可采用冷矫直。先将轴顶在车床两顶尖之间，用百分表检验其弯曲度，在最大弯曲处做好标记，然后将轴支在 V 形垫铁上，轴弯曲最高处向上，用螺旋压力机压最高点，同时用百分表检查监测轴弯曲最高处数值变化情况，直至轴弯曲最高处数据向轴对称直径方向轴高处于降量，应适当矫压过正 0.02～0.10mm。压一段时间，放松检查测量矫正情况，如果矫直量不足时可再次压。

970. 检修中泵轴的热矫直方法原理是什么?

答：热矫直的简单原理是在泵轴弯曲的最高点加热，由于加热区受热膨胀，使轴两端更向下弯，临时增加了弯曲度，但当轴冷却时，加热区就产生较大的缩应力，使轴两端向上翘起，而且超过部分就是矫直的部分。

971. 给水泵径向轴瓦和推力块检修时应进行哪些检查项目?

答：（1）清理检查钨金接触状况和固着状况，测量推力瓦轴向间隙及支持轴瓦油隙。

（2）检查轴瓦球面，用红丹粉涂在轴瓦球面，做相互研磨检查，如接触不良应修复。

（3）泵组装复后和抬轴前复查轴瓦接触情况，将轴瓦放入轴承座内，使轴与轴瓦相接触，轴颈涂以薄红丹粉，然后缓慢盘动转子，挖出下瓦检查修刮。

（4）检查清理推力瓦扣环和弹簧。

（5）在检查或更换推力瓦块时，把组合的推力瓦块和扣环放在平板上，用红丹粉检查各推力瓦块的接触状况并做必要修复。最后，在水泵装复后进行复查。

（6）调整、测量轴承盖紧力。

972. 如何检查水泵动静平衡盘的平行度?

答：将轴置于工作位置，在轴上涂润滑油并使动盘能自由滑动，动盘上的键槽与轴上的键对准。用黄油把铅丝粘在静盘端面上、下、左、右四个对称位置上，然后将动盘猛力推向静盘，将受撞击而变形的铅丝取下并记好方位，再将动盘转 $180°$ 重测一遍，做好记录。用千分尺测量取下铅丝的厚度，测量数值应满足上下位置的和等于左右位置的和，上减下或左减右的差值应小于 0.05mm，否则说明动静盘变形或有瓢偏现象，应予以消除。

973. 什么是零件的互换性? 主要有什么作用?

答：零件能够相互调换使用，并能达到原有零件的各项指标要求，叫作零件的互换性。

零件的互换性主要起到便于检修，减少检修时间，提高设备利用率、工作效率的作用。

974. 什么是泵巡回检查的"六定"内容？

答：泵巡回检查的"六定"内容是指定路线、定人、定时、定点、定责任、定要求地进行检查。

975. 怎样测量分段式多级泵的轴向窜动间隙？影响此间隙的原因有哪些？

答：在分段式多级泵组装完毕之后，为了检查其转动部分与定子部分的互相位置是否正确，都要进行转子的轴向窜动测量。

测量的方法：再平衡盘前面的轴上事先放一个长度为 10～15mm 的小垫圈，然后把平衡盘紧上。测量之前，转子应该在第一级叶轮中心的位置（根据记号）。之后向进水侧和出水侧推动转子，直到推不动为止。记录向进水侧和出水侧的数据值，这就是需要的转子轴向窜动间隙。一般来说，向两侧的窜动数值是相等的，或是相近的，如果不是这样，就要查明原因，进行调整。

影响轴向窜动间隙的原因有：

（1）某些泵段上镶的叶轮密封环、导叶套等轴向尺寸不对，向外凸出，影响了叶轮的正常窜动，如图 7-1 所示。

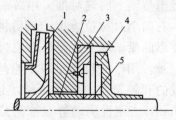

图 7-1　测量转子的轴向窜动间隙

1—末级叶轮；2—调整套；3—平衡环；4—平衡盘；5—测量用衬圈

（2）转子上各别叶轮间距不对。如末级叶轮与前一级间距过长时，在转子位于叶轮定中心的位置上时，则末级叶轮就靠向出

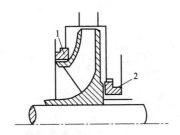

图 7-2　叶轮密封环或导叶套轴向尺寸不对

1—叶轮密封环；2—导叶套

水侧，引起整个转子向出水侧窜动量减少。反之，如果末级与前一级间距过短，则转子就向进水侧窜动量减少。

（3）泵腔内有杂物，如铁渣，螺钉等，阻碍了转子的轴向窜动。有些泵在组装时，叶轮平键落入泵内，也会造成这样的后果。

轴向窜动间隙相差不允许过大，以 1～2mm 为宜。

976. 怎样调整平衡盘间隙？

答：平衡盘起的作用除平衡轴向推力外，还担负着转子轴向定位的作用。因此，调整平衡盘间隙，也就是给分段式多级泵的转子轴向定位。分段式多级泵转子的位置，必须定在叶轮与导叶槽道对中心的位置上。必须指出，平衡盘工作时的真实间隙是不可调整的，运转中它始终自动保持在 0.1～0.2mm 的范围内。这里所说的"调整平衡盘间隙"只是习惯的叫法，"平衡盘间隙"在这里只能这么理解：即转子位于叶轮与导叶槽道对称中心的情况下，平衡盘密封面的轴向间隙。如果这个间隙过大，运转后，由于平衡盘要自动维持它的真实间隙，转子就会向进水侧窜动，引起叶轮与导叶不对中心；如果这个间隙过小，运转后，同样道理转子会向出水侧窜动，也引起叶轮与导叶不对中心，为了保证运转后叶轮与导叶对中心位置不变，平衡盘间隙应定为 0.1～0.2mm，如图 7-3 所示。

为了达到上述数值，在平衡盘间隙过大时就把调整套缩短一部分，在平衡盘间隙过小时就更换一个较长的调整套或在调整套后增加一个适当厚的垫圈。

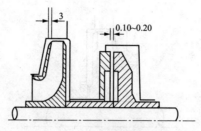

图 7-3 平衡盘的合理间隙

977. 凝结水泵组装时应注意的事项有哪些？

答：凝结水泵组装时应注意的事项如下：

（1）泵组装时所有止口均要涂抹一层薄黄油，但不能与 O 形圈接触。

（2）全部更换新的 O 形圈、O 形圈安装要平整，不脱槽。

（3）轴上的零部件均要涂 MoS_2，叶轮、轴套等紧固螺钉要涂密封胶。

（4）平衡管的螺纹部位涂乐泰 242（中强度）螺纹密封胶。

（5）吸入口喇叭管与壳体法兰加涂 GY-340 密封胶和 0.12mm 青壳纸。

978. 超过额定电流对水泵有什么危害？

答：额定电流是电动机在额定电压、额定功率的情况下正常做功的电流，如果超过额定电流，电动机容易过热，继电保护装置动作，使水泵停运，如继电保护装置不动作或动作不好容易烧毁电动机，损坏水泵。

979. 何谓动配合、静配合？它们的明显区别在哪？

答：动配合是指孔的实际尺寸大于泵的实际尺寸所组成的配合。

静配合是指轴的实际尺寸大于孔的实际尺寸所组成的配合。

动配合与静配合的明显区别：动配合，轴对孔可做相对运动；静配合，轴与孔不发生相对运动。

980. 在操作过程中怎样防止抽空、汽蚀现象出现？

答：抽空现象出现时泵内存有气体和液体，泵不能工作，流量和压力趋于零；汽蚀现象发生在运转中泵内，来源于泵内的介质，流量和压力变化并下降，产生水力冲击。通常泵的抽空是指泵内发生的一种气穴现象，因安装技术管路泄漏，吸入气体引起的抽空已不多见，大多数都是因操作及工艺变化而引起的。在操作过程中，应从稳定工艺操作条件入手，操作温度宜取下限，压力宜取下限，为避免或控制汽蚀现象的发生，在操作中泵的流量要适中，尽量减少压力和温度出现较大的变化。在泵吸入管路应防止气体的存留，对入口压力是负压的备用泵入口应关闭。

981. 转子产生不平衡的原因有哪些？

答：转子产生不平衡的原因如下：

（1）制造上的误差：材料密度的不匀，不同轴度，不圆度，热处理不均匀。

（2）装配不正确：装配部件的中心线与轴线不同轴。

（3）转子产生变形：磨损不均匀，轴在运转和温度下变形。

982. 什么动不平衡转子？

答：动不平衡转子是指转子上由质量不平衡所产生的离心惯性力系的合力矩（力偶）不等于零。

983. 泵入口、出口阀的作用是什么？

答：泵入口阀是检修时浆泵与系统隔离或切断的部件，不能用来调节流量，应全开。

泵出口阀是调节流量和开、停机检修时使泵与系统隔离，切断的部件。

984. 对备用设备为什么要定期盘车？盘车应注意什么？

答：对备用设备定期盘车，一是检验设备运转是否灵活，有无卡阻现象；二是防止轴承弯曲变形等，真正起到备用作用。

盘车时应注意：

（1）盘车后转子的停止位置与原位置成180°角。

（2）对甩油润滑的机泵应先给油，后盘车，以防止损伤轴承。

985. 在生产实践中，转子找平衡的根据是什么？

答：根据不同的转数和结构，可选用静平衡法或动平衡法来进行。旋转体的静平衡可以用静平衡法来解决。静平衡只能平衡旋转体重心的不平衡（即消除力矩），而不能消除不平衡力偶。因此，静平衡一般仅适用于直径比较小的盘状旋转体。对于直径比较大的旋转体，动平衡问题往往比较普遍和突出，要进行动平衡处理。

986. 平垫密封的类型有哪些？

答：平垫密封的类型如下：①非金属垫密封；②非金属和金属复合垫密封；③金属垫密封。

987. 生产用泵根据什么选用密封？

答：根据工艺条件和工作压力、介质腐蚀状况、旋转速度选择生产用泵的密封。

988. 高压给水泵为什么不能在规定的最小流量以下运行？

答：高压给水泵一般允许的最小运行流量为额定流量的 25%～30%，如果在小于这个流量以下运转，则因泵内给水摩擦所产生的热量不能全部带走，导致给水汽化，一旦发生汽化，因泵内水压的不稳定会引起平衡盘串动，甚至与平衡座发生摩擦，严重时导致平衡盘损坏或卡死事故。另外，离心泵性能曲线在小流量范围内较为平坦，有的还有"驼峰"形曲线，会出现压力脉动引起"喘振"现象，使出水压力、流量波动，还伴随有振动。所以，为了避免这种现象的发生，大型给水泵都要设置自动再循环门，当流量小于规定值时，再循环门自动开启；当流量大于规定值时，再循环门自动关闭。

989. 一般机械拆卸原则是什么？

答：一般情况下应先外后里，先上后下，依次拆卸，对于整体零件尽量整体拆卸。

990. 垫片泄漏的主要原因有哪些？

答：垫片泄漏的主要原因如下：

（1）设计引起的泄漏。

1）法兰和法兰密封面形式选择不当；

2）垫片选用不当；

3）法兰、螺栓材料选择不当。

（2）制造、安装与操作引起的泄漏。

1）法兰和垫片加工精度未达到技术要求；

2）拧紧螺栓时，操作不当，造成垫片偏口；

3）法兰密封面未清理干净，有杂质。

991. 设备维护保养的四项基本要求是什么？

答：设备维护保养的四项基本要求是整齐、清洁、润滑、安全。

992. 泵轴弯曲如何测量？

答：轴弯曲后，会引起转子的不平衡和动静部分的磨损，把小型轴承放在 V 形铁上，大型轴承放在滚轮支架上，V 形铁或支架要放稳固，再把千分表支上，表干指向轴心，然后缓慢盘动泵轴，如有弯曲，每转一圈千分尺有个最大和最小的读数，两读数之差说明轴弯曲的最大径向跳动量，也称晃度。轴弯曲度是晃度的 1/2，一般轴的径向跳动是中间不超过 0.05mm，两端部超过 0.02mm。

993. 泵轴直轴的方法有哪些？

答：泵轴直轴的方法如下：①捻打法；②机械加压法；③局部加热法；④局部加热、加压法；⑤内应力松弛法。

994. 迷宫密封的工作原理是什么？

答：迷宫密封内由若干个依次排列的环状密封齿组成，齿与转子间形成一系列节流间隙与膨胀空间，流体经过许多曲折的通道，经多次节流产生很大阻力，使流体难于泄漏，达到密封的目的。

995. 测量和复查轴颈椭圆度和锥度的标准是什么？

答：测量和复查滑动轴承轴径的椭圆度和锥度应符合技术要求，一般不得大于直径的千分之一；滚动轴承的轴径的椭圆度和锥度不大于 0.05mm。

996. 液力耦合器大修后试运转过程中，应对哪些项目进行检查?

答: 液力耦合器大修后试运转过程中，应对下列项目进行检查:

(1) 听诊齿轮传动装置是否有不正常的撞击、杂音或振动。

(2) 检查各轴承温度不得超过 70℃。

(3) 检查各轴承、齿轮的润滑油的入口温度不得超过 45~50℃。

(4) 检查耦合器工作油温度不得超过 75℃，在冷油器的冷却水温很高且滑差较大时，短时间内的工作油温度达 110℃。

(5) 检查油箱中的油温不得超过 55℃。

(6) 每隔 4h 将耦合器的负载提高额定载荷的 25%，直至液力耦合器满负荷工作后，将驱动电动机电源切断，检查液力耦合器的齿轮啮合情况并记下齿在长、宽的啮合印记所占的百分比。

(7) 清理油过滤器，检查沉积在过滤器中的沉淀物的性质。

(8) 试运转过程中，将油箱的油全部更换为符合规程要求的。

(9) 当发现齿轮传动装置运行异常时，必须找出原因并予以排除。

997. 对机械密封安装有哪些要求?

答: 对机械密封安装有如下要求:

(1) 泵轴及密封腔的尺寸符合安装要求。

(2) 检查弹簧应无裂纹、锈蚀等缺陷，在同一机械密封中，各弹簧的自由高度差要小于 0.05mm，且不得有歪、卡涩等现象。

(3) 检查动、静环密封端面的弧偏应不大于 0.02mm，动、静环密封端面的不平行度小于 0.04mm。

998. 水泵检修一般分几种检修形式?

答: 水泵检修主要有三种形式:

(1) 维护检修。

(2) 非计划性检修。

(3) 计划性检修。

999. 分段式多级泵大修时检查清扫有哪些工序?

答: 分段式多级泵大修时检查清扫有如下工序:

（1）清理检查主轴，探伤，测主轴晃度。

（2）清理检查叶轮，检查腐蚀情况、密封环间隙、叶轮内孔与轴的配合。

（3）清理检查泵壳、导叶套及前段护套。

（4）清理检查轴套。

（5）清理平衡装置并调整窜动量。

（6）轴承检修。

（7）清理检查左右轴封冷却装置。

（8）测量转子的径向跳动。

第二节 水泵机械密封

1000. 什么是机械密封？

答：机械密封又叫端面密封，是由至少一对垂直旋转轴线的端面，在流体压力和补偿机构作用下，使两个端面紧密贴合，并相对滑动而构成防止流体泄漏的装置。

1001. 水泵常用的密封形式有几种？

答：水泵常用的密封形式有两种：动密封和静密封。

1002. 造成机械密封泄漏的主要原因有哪些？

答：造成机械密封泄漏的主要原因如下：

（1）动环与静环间密封端面存在磨损过大，设计时载荷系数不合理，使密封端面产生裂纹、变形、破损等现象。

（2）几处辅助密封圈有缺陷或由于装配不当造成的缺陷，以及选择辅助密封圈不适合工况介质。

（3）弹簧预紧力不够或经长时间运转后，发生断裂、腐蚀、松弛、结焦，以及工作介质的悬浮性微粒或结晶长时间积累堵塞在弹簧间隙里，造成弹簧失效、补偿密封环不能浮动，发生泄漏。

（4）由于动、静环密封端面与轴中心线垂直度偏差过大，使密封端面黏合不严密造成泄漏。

（5）由于轴的轴向窜动量大，与密封处相关的配件配合或质量不好，易产生泄漏现象。

1003. 根据什么选用机械密封摩擦副的材料？

答：应根据介质的性质、工作压力、温度、滑动速度等因素选用机械密封摩擦副的材料，有时还要考虑启动或液膜破坏时承受短时间干摩擦的能力。

1004. 迷宫密封增大介质阻力的有效途径有哪些？

答：（1）减小间隙。

（2）加强漩涡。

（3）增加密封齿数。

（4）尽量使气流的动能转化为热能。

1005. 浮环密封的工作原理是什么？

答：浮环密封以轴与浮环之间狭窄间隙中所产生的节流作用为基础，并在间隙中注入高于气体压力的密封油，以达到封住气体的目的。

1006. 密封端面或密封腔检查内容有哪些？

答：与静环密封圈接触的表面其粗糙度为 1.6，装配静环后，端面圆跳动不得大于 0.06mm。密封端面或密封腔应无毛刺、倒角半径不能太小，要圆滑。密封端面或密封腔内径尺寸应符合要求。

1007. 装配辅助密封圈的注意事项有哪些？

答：装配辅助密封圈的注意事项如下：

（1）橡胶辅助密封圈不能用汽油、煤油浸泡洗涤，以免涨大变形，过早老化。

（2）O 形密封圈装于静环组件上，要顺理，不要扭曲，是毛边处于自由状态时的横断面上。

（3）推进组件时，要防止 O 形密封圈损伤。主要损伤形式有掉块、裂口、碰伤、卷边和扭曲。

1008. 造成浮环密封泄漏量增大的原因有哪些？

答：造成浮环密封泄漏量增大的原因：

（1）浮环长期使用，正常磨损，使间隙增大。

（2）浮环孔的轴衬表面粗糙，精度低，短时间磨损使间隙增大。

（3）装配不当造成偏斜，对中附件脱落，使油液从其他间隙流出，是泄漏增大。

1009. 油挡的作用是什么？如何进行油挡间隙的测量和调整？

答：油挡的作用是防止轴承润滑油沿着轴颈流到轴承外部，油挡的安装位置有两种：一是在轴承座上，另一种是在轴瓦上。

油挡间隙在油挡解体或组装时可用测尺测量。对于油挡在轴瓦上安装的问题可适当放宽，面对轴承座上的油挡间隙要求比较严格，一般要求下部为 0.05～0.10mm，两侧为 0.10～0.20mm，上部为 0.20～0.25mm。

1010. 静环组件安装时有哪些注意事项？

答：静环组件安装时有如下注意事项：

（1）将经过检查的静环密封圈从静环尾部套入，把静环组件装入压盖或密封腔。在任何情况下，都不得给机械密封零件或部件施加冲击力。被压面应垫上干净的纸板或布，以免损伤密封端面。

（2）组装成旋转型动环组件或静止型的静环组件后，用手按动补偿环，检查是否装到位，是否灵活；弹性开口是否定位可靠。

（3）密封端面与轴或轴套中心线的垂直度是否符合要求。

（4）对静止型机械密封，静环组件的防转销引线要准确，推进静环组时，组件的销槽要对准销子，推进到位后，要测量组件端面至密封腔某端面的距离，判断是否安装到位。

（5）拧螺栓压紧端盖时，要用力均匀、对称，分几次拧完，不可一次紧定，以免偏斜，甚至压碎石墨环。

1011. 测表面粗糙度的常用方法有哪些？

答：测表面粗糙度的常用方法如下：

（1）样块比较法。

（2）显微镜比较法。

（3）电动轮廓仪比较法。

（4）光切显微镜测量法。

（5）干涉显微镜测量法。

因此，弹簧的大小对机械密封的性能和寿命影响很大，所以装配一定要按技术要求来调整压缩量。

1012. 压兰填料填充时有哪些要求？

答： 压兰填料填充时有如下要求：

（1）填料应切成 45°角，切口应上、下塔接压入，相邻两圈的断口应错开 90°角左右。

（2）填料压得不宜过紧，压盖螺栓应对称把合，均匀压入，压入的压盖深度一般为一圈盘根的高度，但不小于 5mm。

1013. 动密封泄漏点的检验标准是什么？

答： 动密封泄漏点的检验标准如下：

（1）填料密封点每分钟不多于 15 滴。

（2）机械密封点初期不允许泄漏，末期每分钟不超过 15 滴。

（3）齿轮油泵允许微漏，每分钟不超过 1 滴。

（4）各种注油器允许微漏，每分钟不得超过 1 滴。

1014. 动密封常见的种类有哪些？

答： 动密封常见的种类有皮碗密封、涨圈密封、螺旋密封、气动密封、水力密封、离心密封、填料密封、迷宫密封、机械密封等。

1015. 对机械密封辅助密封圈的检查有哪些要求？

答： 对机械密封辅助密封圈的检查有如下要求：

（1）辅助密封圈表面光滑、平整，不得有气泡、裂纹、缺口等缺陷；端面尺寸要均匀；O 形密封圈的毛边最好与工作面成 45°角。

（2）辅助密封圈的硬度要根据压力选择，密封压力较高，硬度要高；密封压力较低，硬度较低。辅助密封圈常用合成橡。

（3）密封圆柱面的 O 形密封圈，内径应比该密封点的外径小

0.5～1mm。动环的 O 形密封圈内径比较小,静环的 O 形密封圈内径比静环内径小。

(4) 辅助密封的压缩量要合适,压缩量过大,密封效果好,但摩擦阻力大,装配困难,工作中游动补偿能力差。压缩量过小,摩擦阻力小,装配容易但密封效果差。机械密封动静环的 O 形环,均为圆柱面密封,其压缩量约为横断光面直径的 8%～23%。直径小的,取百分比大些的;直径大的,取百分比小些的。

(5) O 形密封圈的压缩量要考虑其另外的作用,如对无防转销的静环,静环 O 形密封圈起着密封和防转的双重作用,O 形密封圈的压缩量要大些,以免静环转动,密封失效。动环的 O 形密封圈,在保证密封效果的前提下,压缩量取小些,以免压缩量过大、阻力过大而不能浮动补偿。

1016. 影响迷宫密封的因素有哪些?

答: 影响迷宫密封的因素如下:

(1) 径向间隙过大,或新更换的气封环间隙太小。

(2) 密封片或气封环、齿间因磨损变钝,或因长期磨损后受热后变形,造成损坏而不能使用。

(3) 长期使用后,弹簧变松弛、变形,使气封环不能到位,运转后,灰尘污物的沉淀堆积,使密封的介质压力低于工作介质压力或压力不稳等。

1017. 影响密封的主要因素有哪些?

答: 影响密封的主要因素如下:

(1) 密封本身质量。

(2) 工艺操作条件。

(3) 装配安装精度。

(4) 汽轮机本身精度。

(5) 密封辅助系统

1018. 机械密封由哪几部分组成?

答: 机械密封由静环、动环、补偿缓冲机构、辅助密封环和传动机构组成。静环与动环的端面垂直于泵的轴线且相互贴合,构成旋转密封面。静环与压盖，动环与轴均以辅助密封环进行密封，以补偿缓冲机构作用，推动密封环沿轴向运动，保持动环与静环的端面相贴，并对密封环端面的磨损进行补偿。

1019. 机械密封的特点有哪些？

答：机械密封的特点如下：

(1) 密封性能好，机械密封的泄漏量一般为 $0.01\sim5\text{mL/h}$，根据特殊要求，经过特殊设计，制造的机械密封泄漏量仅为 0.01mL/h，甚至更小，而填料密封泄漏量为 $3\sim80\text{mL/h}$（按我国有关规定，当轴径不大于 $\phi50$ 时小于或等于 3mL/h，当轴径等于 $\phi50$ 时小于等于 5mL/h）。

(2) 使用寿命长，一般在 8000h 以上。

(3) 摩擦功率小，仅为填料密封的 $20\%\sim30\%$。

(4) 轴与轴套和密封件之间不存在相对运动，不会产生摩擦，轴与轴套使用期较长。

(5) 机械密封的密封面垂直于泵轴线，泵轴振动时密封随时产生位移，故振动在一定范围时，仍能保持良好的密封性能。

(6) 机械密封依靠密封液的压力和弹簧力的作用，保持静、动环密封面贴合，并依靠弹簧力对磨损量进行补偿，故一旦调配合适，泵在运行中一般不需要经常调整，使用方便，维护工作量小。

(7) 使用工况范围较广，可用于高温、低温、高压、高转速及强腐蚀等工况。

(8) 故障排除和零件更换不方便，只能在停车以后才能进行检修。

(9) 结构复杂、装配精度较高，装配和安装有一定技术要求。

(10) 制造价格高。

1020. 机械密封的主要特性参数有哪些？

答：机械密封的主要特性参数如下：

（1）轴径：泵机械密封的轴径范围一般为 6～200mm，特殊的可达 400mm，泵的轴径通常是以强度要求确定经圆整或使用轴套调制以符合机械密封标准轴径。

（2）转速：一般与泵的转速相同，离心泵的转速为小于或等于 3000r/min，高速离心泵小于或等于 8000r/min，特殊泵小于或等于 4000r/min。

（3）密封面平均圆周线速度：指密封端面平均直径的圆周线速度。密封面平均线速度，对密封面（即摩擦副）的发热和磨损较大。一般机械密封的圆周线速度小于或等于 30m/s；应用弹簧静止型机械密封的圆周线速度小于等于 100m/s；特殊可达小于或等于 150m/s。

（4）端面比压：端面比压 Pc 是密封面上所承受的接触压力（MPa）。端面密封的端面比压应控制在合理范围内，过小会降低密封性能，过大会加剧密封封面发热和磨损。泵用机械密封合理的端面比压值：内装式机械密封，一般取 0.3～0.6MPa；外装式，取 0.15～0.4MPa。润滑性较好时端面比压可适当增大，对黏度较大的液体应增大端面比压，可取为 0.5～0.7MPa 对易挥发、润滑性较差的液体应取较小的端面比压，可取为 0.3～0.45MPa。

1021. 机械密封装配前的检查有哪些内容？

答：机械密封装配前的检查内容如下：

（1）一般性检查：主要检查个零件的型号、规格、性能、配合尺寸及有无缺口、点坑、变形和裂纹等损伤。

（2）动、静环的检查：密封端面要光洁、明亮，无崩边、点坑、沟槽、划痕等缺陷。对石墨环，还要 PT 探伤检查是否有裂纹。

1022. 机械密封弹簧的检查包括哪些内容？

答：弹簧的检查包括总圈数、有效圈数、自由高度、轴心对端面是否垂直、弹簧旋向。但弹簧必须检查旋向，多弹簧不需要检查旋向。新弹簧要检查其原始自由高度，自由高度要测量，并与原始记录比较，残余变形过大的要更换掉。旧弹簧清洗干净后，要测量其弹力，弹力减少 20％的要更换掉。多弹簧机械密封，各弹簧自由高度差不得小于 0.5mm。

1023. 机械密封安装前对轴与轴套的检查有哪些要求？

答： 机械密封安装前对轴与轴套的检查有如下要求：

（1）检查轴（或轴套）的配合尺寸、表面粗糙度、倒角、轴的轴向窜动量及径向跳动等，对有轴套的，要检查轴与轴套的配合间隙。安装机械密封轴径（或轴套）的表面粗糙度应为 1.6 以下，轴的轴向窜量不得大于 0.25mm。轴套不得轴向窜动，允许轴或轴套的径向圆跳动量。

（2）检查轴与轴套的磨损。因为机械的振动和动环的补偿的浮动，轴与轴套也可能被 O 形密封圈所磨损，如有磨损，应修平、修光或更换。

（3）轴套座、轴套应完好

1024. 机械密封 O 形环裂口原因有哪些？

答： 机械密封 O 形环裂口原因如下：

（1）轴表面粗糙或有毛刺。

（2）旧轴或轴套被紧固螺钉顶伤，装配前没打磨光滑。

（3）键槽和防转销槽边缘没适当修整。

1025. 机械密封弹簧压缩量调试时有哪些要求？

答： 机械密封弹簧被传动螺钉压缩一个量，叫弹簧的压缩量。机械密封全部安装完毕，相对于弹簧又压缩一个量，这个量称机械密封压缩量。机械密封弹簧总的压缩量是传动螺钉压缩量和弹簧自身弹力之和。在装配时，机械密封压缩量越大，弹簧对动环的作用力越小。因此，弹簧的大小对机械密封的性能和寿命影响很大，所以装配一定要按技术要求来调整压缩量。

1026. 机械安装填料前应做哪些准备工作？

答： 机械安装填料前应做如下准备工作：

（1）填料的选用：按照填料的形式和介质的压力、温度、腐蚀性能来选择，填料的介质、形式、尺寸及性能应符合设备的要求和标准。

（2）填料安装前，应对填料箱进行清洗、检查和修整，损坏的部件应更换。

（3）检查轴、压盖、填料三者之间的配合间隙。

1027. 机械密封装配后的检查有哪些要求？

答：机械密封装配后，要做两次检查工作：

（1）盘车检查。由于尚未充液，动静环密封端面上只有为数极少的润滑油，因此不宜多盘车，以免损伤密封端面。

（2）充液检查。检查是否有泄漏现象，如无泄漏可做试车检验。

第三节　水泵轴承润滑

1028. 选用润滑油应考虑哪几方面因素？

答：选用润滑油应考虑以下几方面因素：

（1）运动速度。

（2）运动性质。

（3）工作温度。

（4）压力关系。

（5）摩擦面的配合性质。

（6）表面粗糙度。

1029. 钙基润滑脂、钠基润滑脂、锂基润滑脂都适用于哪些场合？

答：（1）钙基润滑脂：耐水，可在潮湿的工作场合使用，但不耐高温，使用的温度范围为 $-10\sim60℃$。

（2）钠基润滑脂：耐高温，但不耐水，使用的温度范围为 $-10\sim110℃$。

（3）锂基润滑脂：具有耐热性、抗水性能，使用的温度范围为 $-20\sim120℃$。

1030. 用机油润滑的泵漏油的原因有哪些？

答：用机油润滑的泵漏油的原因如下：

（1）油位过高，沿轴承盒两端的轴承盖的内孔漏油。

（2）静密封点漏油，如放油丝堵塞漏油。

（3）轴承压盖与轴承结合面漏油。

1031. 泵类润滑油管理工作的"五定"是什么？

答：泵类润滑油管理工作的"五定"是指定点、定时、定质、定量、定人，检查加油，以保障泵的正常运转。

1032. 轴承在旋转过程中润滑剂起到了什么作用？

答：轴承在旋转过程中润滑剂起到的作用如下：

（1）润滑作用。

（2）冷却作用。

（3）洗涤作用。

（4）防锈作用。

（5）密封作用。

（6）缓冲和减振作用。

（7）防摩擦、磨损作用。

1033. 润滑形式的种类有哪些？

答：润滑形式的种类如下：

（1）滴油润滑。

（2）油雾润滑。

（3）飞溅润滑。

（4）压力润滑。

（5）干油杯润滑。

1034. 润滑剂的作用有哪些？

答：润滑剂的作用如下：

（1）冷却作用。

（2）防锈作用。

（3）降温作用。

（4）冲洗作用。

（5）控制摩擦作用。

（6）减少磨损作用。

（7）减振作用。

（8）密封作用。

1035. 润滑对机泵的重要性的基本原理是什么？

答： 润滑剂能够牢固地附在旋转部件的摩擦表面上形成油膜，这种油膜和旋转部件的摩擦面结合很强，两个摩擦面被润滑剂隔开，使旋转部件的摩擦变成润滑剂分子的摩擦，从而起到减少摩擦和磨损的作用，延长旋转部件的使用期限。

1036. 润滑油的主要性质有哪些？

答： 润滑油的主要性质有酸值、黏度、黏度指数、闪点、机械杂质、凝固点、残炭、灰分。

第四节　水　泵　轴　承

1037. 滑动轴承的故障有哪些？怎样处理？

答： 滑动轴承的故障及处理措施如下：

（1）故障：胶合。

处理措施：

1）保证正确的安装位置和间隙要求，

2）保证转子良好的润滑。

（2）故障：疲劳破裂。

处理措施：

1）轴承表面要保持光滑。

2）保证转子良好的平衡。

（3）故障：磨损。

处理措施：

1）避免润滑不足。

2）及时清理润滑系统。

（4）故障：擦伤。

处理措施：

1）防止瞬间断油。

2) 安装或拆卸时避免磕碰。

（5）故障：拉毛。

处理措施：注意油路洁净，防止污物进入。

（6）故障：穴蚀。

处理措施：

1) 增大供油压力。

2) 修改轴瓦油沟、油槽形状。

3) 减少轴承间隙。

（7）故障：电蚀。

处理措施：

1) 保证机器的绝缘状况及保护装置良好。

2) 保证机器接地完好。

3) 检查轴径，如果轴径上产生电蚀麻坑，应打磨轴径，去除麻坑。

1038. 滑动轴承在使用当中产生胶合现象的原因有哪些？

答：滑动轴承在使用当中产生胶合现象的原因如下：

（1）轴承过热。

（2）载荷过大，油量不足。

（3）操作不当或温控失灵。

1039. 滑动轴承的瓦壳应用什么材料制造？

答：滑动轴承的瓦壳应用铸钢、锻钢、铸铁制造。

1040. 滑动轴承间隙大小的影响是什么？

答：滑动轴承间隙大小的影响如下：

（1）间隙小，精度高，但过小不能保证润滑，不能形成油膜。

（2）间隙大，精度低，运行中易产生跳动，油膜不稳定。

1041. 滑动轴承采用抬轴法测量间隙时应怎样安设百分表？

答：将轴承安装好，不要紧固螺栓，在上瓦背设一百分表，在轴径处设一百分表，轻轻抬轴不可过高，直至上瓦背百分表指针移动即可。

1042. 对滑动轴承轴衬材料的性能有哪些要求？

答： 对滑动轴承轴衬材料的性能有如下要求：

（1）应有足够的强度和塑性，轴承衬既能承受一定的工作压力，又可与轴颈之间的压力分布均匀。

（2）有良好耐磨性。

（3）润滑及散热性能好。

（4）要有良好的工艺性能。

1043. 选用滚动轴承应该注意哪些问题？

答： 选用滚动轴承应该注意如下问题：

（1）负荷的方向和性质。

（2）调心性能的要求。

（3）轴承转速。

（4）经济性。

（5）精度高低。

1044. 滚动轴承运转时出现异常响声的原因有哪些？

答： 滚动轴承运转时出现异常响声的原因如下：

（1）滚动体或滚道剥离严重，表面不平。

（2）轴承附件安装不适当，有松动或摩擦。

（3）轴承内有铁屑或污物。

（4）缺少润滑剂。

1045. 滚动轴承的径向间隙有哪几种？

答： 滚动轴承的径向间隙有以下三种：

（1）原始间隙：轴承安装前自由状态下的间隙。

（2）配合间隙：轴承装到轴上或孔内后的间隙，其大小由过盈量来决定，配合间隙小于原始间隙。

（3）工作间隙：有些轴承，由于结构上的特点，其间隙可以在装配或使用过程中，通过调整轴承套圈的相互位置而确定，如向心推力球轴承等。

1046. 滚动轴承在拆装时注意哪些事项？

答： 滚动轴承在拆装时注意如下事项：

（1）施力部位要正确，原则是轴配合打内圈，与外壳配合打外圈，避免滚动体与滚道受力变形或磕伤。

（2）要对称施力，不可只打一侧，引起轴承偏斜，啃伤轴颈。

（3）拆装前，轴与轴承要清洗干净，不能有锈垢和毛刺等。

1047. 滚动轴承为什么要进行预紧？

答： 在装配向心推力球轴承或向心球轴承时，如果给轴承内、外圈以一定的轴向负荷，这时内、外圈将发生相对位移，消除了内、外圈与滚动体间的间隙，产生了初始的弹性变形，进行预紧能提高轴承的旋转精度和寿命，减少轴的振动。

1048. 滚动轴承的代用原则是什么？

答： 滚动轴承的代用原则如下：

（1）轴承的工作能力系数和允许静载荷等技术参数要尽量等于或高于原配轴承的技术参数。

（2）应当选择允许极限转速等于或高于原配轴承的实际转速。

（3）代用轴承的精度等级不要低于原配轴承的精度等级。

（4）尺寸要相同，不能因为更换轴承而随意改变机器与轴承相配合的尺寸。

（5）采用嵌套方法的轴承，要保证所嵌套的内、外圆柱面的同心度，并应正确选用公差与配合。

1049. 滚动轴承有哪几种固定方式？

答： 滚动轴承有以下三种固定方式：

（1）单侧受力双向固定。

（2）双侧受力单项固定。

（3）混合固定。

1050. 滚动轴承的装配要求是什么？

答： 滚动轴承的装配要求如下：

（1）轴承上标有型号的端面应装在可见部位，便于更换。

（2）轴颈或壳体孔台肩处的圆弧半径应小于轴承端面的圆弧倒角半径，以保证装配后轴承与轴肩和壳体孔台肩靠紧。

（3）轴承的固定装置必须完好、可靠，紧定程度适中，放松可靠。

（4）装配过程中，保持清洁，防止杂物进入轴承。

（5）装配后，轴承转动灵活，无噪声，一般温升不超过50℃。

1051. 滚动轴承温升过高的原因是什么？

答：滚动轴承温升过高的原因如下：

（1）安装、运转过程中，有杂质或污物侵入。

（2）使用不适当的润滑剂或润滑油不够。

（3）密封装置、热圈、衬套等之间发生摩擦或配合松动而引起摩擦。

（4）安装不正确，如内、外圈偏斜，安装座孔不同心，滚道变形及间隙调整不当。

（5）选型错误，选择不适用的轴承代用时，会因超负荷或转速过高而发热。

1052. 滚动轴承损坏的形式主要有哪几种？

答：滚动轴承损坏的形式主要有以下几种：

（1）疲劳点蚀。

（2）擦伤。

（3）烧伤。

（4）电蚀。

（5）保持架损伤。

（6）内外环断裂。

（7）滚珠失圆。

（8）滚道面剥离。

1053. 如何选用滚动轴承的润滑方式？

答：轴承的正常运行与润滑有关，被输送的介质温度在80℃，转速在2950r/min以下时均采用甘油润滑；当输送介质温度超过80℃且功率大时，均采用稀油润滑。

1054. 如何检查滚动轴承的径向游隙？

答：用压铅法和塞尺法进行测量，径向游隙在轴承代号中不标出，轴承的游隙因其内径的大小而不同，查表确定，在一般情况下滚动轴承的径向游隙不能大于轴承内径的 0.3%，向心短圆柱子轴承的径向间隙不能大于轴承内径的 0.2%。

1055. 如何检查滚动轴承的好坏？

答：滚动体及滚道表面不能有斑孔、凹痕、剥落脱皮等现象。转动灵活，用手转动后应平稳，逐渐减速停止，不能突然停止，不能有振动。保持架与内、外圈应有一定间隙，可用手在径向推动隔离架实验。游隙合适，在标准范围内，用压铅法测量。

1056. 如何实现滚动轴承预紧？

答：实现滚动轴承预紧的方法如下：

（1）用轴承内外垫环厚度差实现预紧。

（2）用弹簧实现预紧，靠弹簧作用在轴承外圈使轴承实现预紧。

（3）磨窄成对使用的内圈或外圈实现预紧。

（4）调节轴承锥形孔内圈的轴向位置，实现预紧。

1057. 轴承箱油量过多会出现什么现象？

答：轴承箱填装油量过多轴承没有散热空间，会造成轴承发热。

1058. 轴承油位是根据什么决定的？

答：对滚动轴承来讲，轴承的最低部滚珠中心线为正常油位，最底部滚珠的中心线以下 1/3 为低油位，最底部滚珠的中心线以上 2/3 为高油位。

1059. 为什么轴承油位过高或过低都不好？

答：轴承油位过高或过低都不好的原因如下：

（1）轴承油位过低，使得轴承有些部位得不到润滑，因此轴承会产生磨损和发热，使轴承烧坏。

（2）油位过高，随着主轴的转动，滚动轴承和油环在带油的过程中容易从轴封处漏油；油位过高，也使油环的转动受到阻碍，造成轴承发热。

1060. 什么样的轴承为不合格轴承？

答：下列轴承为不合格轴承：

（1）失去原有旋转精度。

（2）运转中有噪声。

（3）旋转阻力大。

1061. 什么是一点法测量？

答：在同一点上同时测出联轴器某位置的轴向、径向间隙的方法，叫作一点法测量。

1062. 测量径向滑动轴承间隙有几种方法？如何应用抬轴法测量？

答：测量径向滑动轴承间隙方法有三种：压铅法、抬轴法、假轴法。

抬轴法：在轴径靠近轴瓦处安装一块百分表，同时在轴瓦上外壳顶部安装一块百分表监视，将轴径轻轻抬起直至接触上瓦，但不能使上瓦壳移动量过大，此时轴径上百分表读数减去上瓦壳的移动量即为轴瓦间隙。

1063. 对采用润滑脂润滑的轴承，油量填装有何要求？

答：对采用润滑脂润滑的轴承，油量填装有如下要求：

（1）对于低转速（转速低于 1500r/min 以下）的机械填装油量一般不多于整个轴承室的 2/3。

（2）对于转数在 1500r/min 以上的机械填装油量一般不宜多于整个轴承室的 1/2。

1064. 产生轴承温度高的原因有哪些？

答：产生轴承温度高的原因如下：

（1）油位过低，进入轴承的油量减少。

（2）油质不合格，进水或进入杂质，油乳化变质。

（3）油环不转动，轴承供油中断。

（4）轴承冷却水不足。

（5）轴承损坏。

（6）轴承压盖对轴承施加的紧力过大、过小或压死了径向游

311

隙，失去灵活性。

1065. 按经验，轴瓦的径向间隙一般取多少？

答：按经验，轴瓦的径向间隙可根据不同结构形式的轴承取轴径的 0.1%～3%。

1066. 轴瓦检查包括哪些内容？

答：轴瓦检查包括如下内容：

（1）钨金面上轴颈摩擦痕迹所占的位置是否正确，该轴劲处的刮研刀花是否被磨亮。

（2）钨金面有无划伤、损坏和腐蚀等。

（3）钨金有无数裂纹、局部剥落和脱胎（可用木棒敲击或浸油法检验）。

（4）垫铁承力或球面上有无磨损和腐蚀，垫铁螺钉是否松动及垫铁是否完好。

1067. 可倾瓦轴承的优点有哪些？

答：可倾瓦轴承的优点是每一块瓦均能自由摆动，在任何情况下都能形成最佳油膜，高速旋转时稳定性好，不易发生油膜振荡。

1068. 离心泵滚动轴承过热的原因有哪些？

答：离心泵滚动轴承过热的原因如下：

（1）滚动轴承轴向预留间隙小。

（2）安装方向不正确。

（3）干磨损或松动。

（4）润滑油质不好，油量不足或循环不好。

（5）甩油环变形，带不上油。

1069. 泵用滚动轴承的判废标准是什么（向心球轴承）？

答：泵用滚动轴承的判废标准如下：

（1）内、外圈滚道剥落，严重磨损或有裂纹。

（2）滚动体失圆或表面剥落，有裂纹。

（3）保持架磨损严重或变形，不能固定滚动体。

(4) 转动时有杂声或振动，停止时有制动现象及倒退反转。

(5) 轴承的配合间隙超过规定游隙的最大值。

1070. 轴承内圈、外圈的轨道面或滚动体的滚动面出现鱼鳞状剥离现象是什么原因造成的？

答：轴承内圈、外圈的轨道面或滚动体的滚动面出现鱼鳞状剥离现象是下列原因造成的：

(1) 载荷过大。

(2) 安装不良。

(3) 异物侵入，润滑剂不适合。

(4) 轴承游隙不适合。

(5) 轴、轴承箱精度不好，轴承箱的刚性不均，轴的挠度大。

(6) 生锈、侵蚀点、擦伤和压痕。

1071. 轴承合金的性能包括几方面？

答：轴承合金的性能包括如下方面：

(1) 低的摩擦系数，减少轴的磨损。

(2) 高的塑性，使轴和轴瓦很好地磨合。

(3) 良好的导热性。

(4) 足够的抗压强度和疲劳强度。

1072. 高速旋转的滑动轴承，应具备哪些性质？

答：高速旋转的滑动轴承，应具备如下性质：

(1) 应能承受径向、轴向载荷。

(2) 要求摩擦系数小。

(3) 寿命长和具有高速旋转稳定、可靠等性能。

1073. 引起滚动轴承振动的原因有哪几个方面？

答：引起滚动轴承振动的原因如下：

(1) 滚动体传输的随机振动。

2) 由于安装、润滑不当产生了随机振动。

(3) 轴承外部传来的振动。

1074. 常见滑动轴承的轴衬材料有哪些？各有什么特点？

答：常见滑动轴承的轴衬材料及特点如下：

（1）灰铸铁。它使用在低速、轻载和无冲击载荷的情况下，常用的有 HT15-33 和 HT20-40。

（2）铜基轴承合金。常用的有 ZQSn10-1 磷锡青铜和 ZQA19-4 铝青铜，适用于中速、高浊及有冲击载荷的条件工作。

（3）含油轴承。一般是采用青铜、铸铁粉末加适量石墨压制成形，经高温烧结而成的多孔性材料。常用于低速或中速、轻载、不便润滑的场合。

（4）尼龙。常用的有尼龙 6、尼龙 66 和尼龙 1010，尼龙轴承具有跑和性好，磨损后的碎屑软面不伤轴颈、抗腐蚀性好等优点，导热性差，吸水后会膨胀。

（5）轴承合金（巴氏合金）。它是锡、铅、铜、锑等的合金，具有良好的耐磨性，但强度较低，不能单独制成轴瓦，通常浇铸在青铜、铸铁、钢等轴瓦基体上。

（6）三层负荷轴承材料。常用的有两种：聚丙氟乙烯钢机体复合材料和聚甲醛钢机体复合材料。

1075. 在轴上安装向心球轴承，如采用敲入法时应怎么样操作？

答：用钢套、铜套或铜棒分别对称地敲击轴承圈，均匀地敲入指定位置，禁止敲打轴承外圈，以免损坏轴承，安装完毕后，检查转动轴承外圈应灵活自如，无阻滞现象。

1076. 常用滚动轴承的拆卸方法有哪些？

答：常用滚动轴承的拆卸方法有敲击法、拉出法、推压法、热拆法。

1077. 采用敲击法、拉出法拆卸滚动轴承（轴承在轴上）应注意什么？

答：采用敲击法时、敲击力一般应作用在轴承内圈，不应该敲击在滚动体和保持架上，不允许敲击轴承外圈。

采用拉出法时应该拉住轴承内圈，不应只拉轴承外圈，避免轴承松动过度或损坏。

1078. 剖分式向心滑动轴承与轴承盖、轴承座的装配要求是什么？

答：装配时应使轴瓦背与盖、座孔接触良好，接触面积不得小于整个面积的 40％～50％，而且均布不允许有缝隙，否则将需修研。固定滑动轴承的固定销、螺钉的端头应埋在轴承体内 1～2mm。合缝处各种垫片应与瓦口面的形式相同，其宽度应小于轴承内侧 1mm。垫片应平整、无棱刺，瓦口两侧的垫片厚度一致。

1079. 如何调整剖分式向心滑动轴承间隙？

答：调整剖分式向心滑动轴承间隙的方法如下：

（1）调整结合面处的垫片，使轴和轴瓦的顶间隙与侧面间隙达到要求。在无规定的情况下，根据经验可取轴颈的 0.1％～0.2％，应按转速、载荷和润滑情况在这个范围内选择。

（2）侧间隙一般为顶隙的 1/2。

（3）如果结构不允许加垫片，则要靠修研上轴瓦的瓦口来调整间隙。修研瓦口的调整间隙的同时，还要保证下、上瓦口应紧密贴合，不得超过 0.05mm。

1080. 键连接的特点是什么？

答：键连接的特点是依靠键的侧面传递扭矩，对轴上零件只做周向固定，不能承受轴向力，如需轴向固定，需加紧固螺钉或定位环等定位零件。

1081. 键与轴的配合有何要求？

答：键与轴的配合有如下要求：

（1）键与键槽的配合，两侧不得有问题，顶部一般应有 0.1～0.4mm 间隙。

（2）不得用加垫或捻打的方法来增加键的紧力。

1082. 普通平键与轴槽在安装与拆卸时有哪些注意事项？

答：安装前应先检查并清除键槽的毛刺、飞边，检查键的直线度，键头与键槽长度应留有 0.1mm 的间隙，并在配合面上加机油，将键压入键槽。拆卸前应先轻轻敲击键，振松并用小型扁铲或螺丝刀由键头端起出来键，严禁由键的配合侧面击打或起出。

1083. 松键连接的装配要求什么？

答：对于普通平键、半圆键和导向键，装配后要求键的两侧应有一些过盈，键顶面需留有一定的间隙，键底面应与轴槽底面接触。对于滑键，侧键与轮槽底面接触，而键与轴槽底面有间隙。

1084. 松键连接的配制步骤是什么？

答：松键连接的配制步骤如下：

（1）清理键与键槽上的毛刺。

（2）锉配键长，键头与轴槽间应有 0.1mm 左右的间隙。

（3）用键头与键槽试配，对普通的平键、平圆键和导向键能使键紧紧地嵌在轴槽中，而滑键则应嵌在轮槽中。

（4）配合面加机油，用铜棒或用手锤软垫将键装在轴上。

1085. 联轴器找正分析偏差的四种形式是什么？

答：联轴器找正分析偏差的四种形式是同心平行、同心不平行、平行不同心、不同心不平行。

1086. 联轴器找正的原理是什么？

答：联轴器找正主要测量其径向位移和角位移，当两轴处于不同轴线时，两联轴器外圈或端面之间产生相对偏差，根据测得的偏差值即可算出轴心线的偏差值，为获得正确的测量结果，必须使两个转子旋转相同角度，保证测点在联轴器上的相对位置可变，这样可消除由于联轴器表面不光洁和端面轴心线不垂直所引起的误差。

1087. 联轴器找中心的前提条件是什么？

答：联轴器找中心的前提条件如下：

（1）联轴器与转子的轴线是重合的。

（2）轴颈与联轴器的外径都是正圆。

（3）联轴器的端面与轴线垂直。

（4）联轴器找中前必须先测量其径向和端面的跳动量，以及轴颈的跳动是否符合要求。

1088. 联轴器装配的要求是什么？

答：严格保证两轴线的同轴度，使运转时不产生单边受载，从而保持平衡，减小振动。

1089. 联轴器找正测量径向位移和角位移的方法有哪些？

答：联轴器找正测量径向位移和角位移的方法如下：

（1）利用直尺及塞尺测量。

（2）利用中心卡及塞尺测量。

（3）利用中心卡及千分表测量。

第五节　水泵异常案例及处理

1090. 给水泵流量小于设计值时有哪些原因？

答：给水泵流量小于设计值时有如下原因：

（1）泵的扬程过高。

（2）背压超额定值。

（3）泵或管道没有充分地排气及灌满。

（4）进口管道及叶轮阻塞。

（5）在管道中形成气旋。

（6）NPSHa（装置汽蚀余量，又叫有效汽蚀余量）可能太低（进口）。

（7）压力下降速度过快。

（8）吸入扬程过高。

（9）旋转方向错误。

（10）泵的内部元件磨损。

（11）再循环阀门泄漏严重。

（12）泵内部高压向低压侧泄漏。

1091. 给水泵轴振超标有哪些原因？

答：给水泵轴振动超标有如下原因：

(1) 泵体内部动静碰磨。

(2) 给水泵旋转部件质量不平衡。

(3) 泵或管道没有充分地排气及灌满。

(4) 轴的测振带表面有划伤。

(5) 轴瓦间隙超标。

(6) 联轴器中心偏差大于设计值。

(7) 轴弯曲。

(8) 转动部件与轴配合松动。

(9) 轴承室固定螺栓松动。

(10) 振动测量元件损坏。

1092. 水泵启动后不出水的现象和原因是什么?

答:水泵启动后不出水的现象和原因如下:

(1) 叶轮或键损坏,不能正常地把能量传递给水。

(2) 启动前泵内未充水或泄漏严重。

(3) 水流通道堵塞。

(4) 泵的几何安装高度过高。

(5) 并联的水泵,出口压力低于母管压力,水流不出来。

(6) 电动机接线错误。

1093. 水泵轴承发热的原因有哪些?

答:水泵轴承发热的原因如下:

(1) 水泵和电动机中心没对准。

(2) 轴瓦间隙太小。

(3) 油脏。

(4) 油量不够。

1094. 水泵振动的原因有哪些?

答:水泵振动的原因如下:

(1) 流量过大,超负荷运行。

(2) 流量小时,管路中流体出现周期性湍流现象,使泵运行不稳定。

(3) 给水汽化。

（4）轴承松动或损坏。

（5）叶轮松动。

（6）轴弯曲。

（7）转动部分不平衡。

（8）联轴器中心不正。

（9）泵体基础螺栓松动。

（10）平衡盘严重磨损。

（11）异物进入叶轮。

1095. 水泵中心不正的可能原因有哪些？

答： 水泵中心不正的可能原因如下：

（1）水泵在安装或检修后找中心不正，试转时就会产生振动。这种情况应重新进行找正工作。

（2）暖泵不充分，造成水泵因温差而引起变形，从而使中心不正。应选择适当的暖泵系统和方式以增强暖泵的效果。

（3）水泵的进、出口管路质量若由泵来承受，当其质量过大时，就会使泵轴中心错位，这样在泵启动时就开始振动。因此，在设计或布置管路时，应尽量减少作用在泵体上的载荷及力矩。

（4）轴承磨损也会使中心不正，此时振动是逐渐增大的，必要时应尽早修复或更换。

1096. 离心泵为什么不能反转、空转？

答： 反转和空转都会造成离心泵不必要的损失。反转会使泵的固定螺栓如轴套、叶轮背帽等松动、脱落，造成事故。空转时无液体进入和排出泵，使液体在泵内摩擦，引起发热振动，使零件遭到破坏，严重时会引起抱轴和造成其他事故。

1097. 离心泵运行中产生杂声、振动故障的原因有哪些？

答： 离心泵运行中产生杂声、振动故障的原因如下：

（1）离心泵泵轴弯曲，轴承磨损或损坏。

（2）离心泵机组的安装基础不牢固，紧固螺钉松动或脱落。

（3）联轴器不同心或结合不好。

（4）离心泵的吸水扬程过大，产生气蚀。

（5）离心泵转动部分有摩擦。

（6）离心泵叶轮转动不平衡。

1098. 水环式真空泵不吸气或量达不到的原因有哪些？

答：水环式真空泵不吸气或量达不到的原因如下：

（1）水环式真空泵的供水量不够。

（2）密封填料部分漏气。

（3）轴承歪斜引起叶轮与侧盖之间碰撞摩擦，因产生划沟而漏气。

（4）循环水变热，温度升高（一般低于 40℃）。

（5）水环式真空泵或管路的通流部分阻塞。

（6）叶轮与侧盖之间的间隙过大。

1099. 水环式真空泵启动困难的原因有哪些？

答：水环式真空泵启动困难的原因如下：

（1）异物入泵，叶轮卡死。

（2）填料压得过紧、变硬、变干。

（3）停泵时间过长，水垢或者铁锈堵塞。

（4）工作液过多。

1100. 为什么泵的入口管线粗、出口管线细？

答：因为泵是靠它的压差吸入液体的。在直径相同的情况下，泵的吸入能力小于排出能力，而当吸入的液体少于排出的液体时，泵会产生抽空。入口管线适当粗些可以减少吸入阻力，增加泵的吸入能力。因而泵的入口管线比出口管线要粗一些。

1101. 为什么说转子不对中，是转子发生异常振动和轴承早期损坏的重要原因？

答：转子之间由于安装误差及转子的制造、承载后的变形、环境温度变化等因素的影响，都可能造成对中不良。转子对中不良的轴系，由于联轴器的受力变化，改变了转子轴颈与轴承的实际工作位置，不仅改变了轴承的工作状态，也降低了转子轴系的固有频率，所以转子不对中是导致转子发生异常振动和轴承早期损坏的重要原因。

1102. 液力耦合器勺管卡涩的原因是什么?

答: 液力耦合器勺管卡涩的原因如下:

(1) 油中含水。

(2) 电动执行机构限位调整不当。

(3) 勺管与勺管套配合间隙小。

(4) 耦合器勺管表面氮化层削落。

(5) 销钉等零部件损坏。

1103. 机械振动原因大致归纳为哪三类?

答: 机械振动原因大致归纳为以下三类:

(1) 结构方面。由制造设计缺陷引起。

(2) 安装方面。主要由组装和检修装配不当引起。

(3) 运行方面。由于操作不当、机械损伤或过度磨损引起。

1104. 在正常运行中,给水泵平衡盘是如何平衡轴向推力的? 运行中给水泵平衡盘 (室) 压力升高的原因及危害是什么?

答: 给水泵的轴向推力由带平衡盘的平衡鼓与双向推力轴承共同来平衡,限制转轴的轴向位移。正常运行时,平衡盘基本上能平衡大部分轴向推力,而双向推力轴承一般只承担轴向推力的 50% 左右。泵的轴向推力是从高压侧推向低压侧的,同时也带动了平衡盘向低压侧移动。当平衡盘向低压侧移动时,固定于转子轴上的平衡盘与固定于定子泵壳上的平衡圈之间的间隙就变小,从末级叶轮出口通过间隙流到给水泵入口的泄漏量就减少,因此平衡盘前的压力随之升高,而平衡盘后的压力基本不变,因为平衡盘后的腔室有管道与给水泵入口相通。平衡盘后的压力差正好抵消叶轮轴向推力的变化。随着给水泵负荷的增加,叶轮上的轴向推力随之增加,而平衡盘抵消轴向推力的作用也随之增加。在给水泵启、停或工况突变时,平衡盘能抵抗轴向推力的变化和冲击。运行中给水泵平衡盘 (室) 压力升高的原因有:

(1) 给水泵入口压力变化。

（2）给水泵内汽化。

（3）平衡盘有磨损。

（4）平衡盘与平衡圈径向间隙增大。运行中给水泵平衡盘（室）压力升高的危害是使平衡盘与平衡座之间的间隙消失，造成动静摩擦，损坏平衡盘。

1105. 给水泵机械密封损坏的原因是什么？

答：给水泵机械密封损坏的原因有：

（1）机械密封所用密封水、冷却水中断或调整不合适，以及水温、水压过高，都将改变密封装置动环和静环的间隙，造成磨损。

（2）安装或检修时，密封装置调整不合适，也会造成损坏。

1106. 循环泵出力不足的原因有哪些？如何处理？

答：循环泵出力不足的原因有：

（1）吸入侧有杂物堵塞。

（2）泵内部叶轮有不同程度的损坏。

（3）出口门调整不当或未全开。

（4）泵内吸入空气。

（5）泵发生汽蚀。

（6）转速低。

处理方法如下：

（1）清理入口滤网或叶轮或吸入口。

（2）调整出口门开度。

（3）提高吸入侧水位，或调整运行工况。

（4）停泵检查叶轮情况，查明并消除转速低的原因。

1107. 泵不能启动的原因有哪些？如何处理？

答：泵不能启动的原因；

（1）电源故障。

（2）电动机故障。

（3）泵或电动机卡住。

（4）泵组处于"跳闸"状态。

处理方法是：

（1）检查电源。

（2）检查电机。

（3）将泵与电动机脱开，找出卡住的位置，必要时拆卸并更换部件。

（4）查找原因，重新设定跳闸。

1108. 提高水环式真空泵真空度的方法有哪些？

答： 提高水环式真空泵真空度的方法如下：

（1）打开阀门增加供水量。

（2）检直密封不严密的部分。拧紧密封处的连接螺栓及丝堵，更换填料，增加封水量，更换新垫片。

（3）修复水环式真空泵侧盖，调整间隙至规定值，检查调整轴承。

（4）增加冷水供给，降低水温。

（5）检查清洗水环式真空泵叶轮、管道，除去阻塞物。

1109. 怎样判别汽蚀现象？

答： 判别汽蚀现象的方法如下：

（1）泵内出现激烈响声。

（2）出口压力不稳、严重时打不上水。

（3）泵体振动。

（4）介质温度升高。

第八章

汽轮机辅机检修

第一节　阀门基础知识及检修工艺

1110. 电厂阀门的分类?

答: 在电厂使用的阀门种类繁多,根据不同的分类方法可以分为许多不同的类别。如按照所通过的介质来分有蒸汽阀、水阀、气阀、灰阀、油阀等;根据阀门的材质可分为铸铁阀、铸钢阀、锻钢阀、合金钢阀等;按照驱动方式又可分为手动阀、电动阀、气(液)动阀等。目前,最常见,应用也最为广泛的是按照阀门的压力、温度和结构特点来分类的方法。

(1) 按照压力等级分类。

1) 真空阀门。工作时的公称压力低于大气压力的阀门。

2) 低压阀门。工作时的公称压力为 PN≤1.6MPa 的阀门。

3) 中压阀门。工作时的公称压力为 2.5MPa≤PN≤6.4MPa 的阀门。

4) 高压阀门。工作时的公称压力为 10MPa≤PN≤100MPa 的阀门。

5) 超高压阀门。工作时的公称压力 PN>100MPa 的阀门。

(2) 按照温度等级分类。

1) 低温阀门。工作时的温度 $t<-30℃$ 的阀门。

2) 常温阀门。工作时的温度为 $-30℃≤t<120℃$ 的阀门。

3) 中温阀门。工作时的温度为 $120℃≤t<450℃$ 的阀门。

4) 高温阀门。工作时的温度 $t>450℃$ 的阀门。

(3) 按照阀门结构分类。主要有闸阀、截止阀、球阀、蝶阀、节流阀、调速阀、减压阀、止回阀、安全阀、疏水阀、快速启闭阀等。

1111. 电厂通用阀门型号的含义是什么?

答: 按 NB/T 47037—2013《电站阀门型号编制方法》的规定,国产的任何阀门都必须有一个特定的型号。阀门型号由七个单元组成,分别用来表示阀门的类别、驱动方式、连接形式、结构形式、密封圈衬里材料、公称压力和阀体材料。各个单元的排列顺序和所代表的意义所示为

$$\boxed{1}\ \boxed{2}\ \boxed{3}\ \boxed{4}\ \boxed{5}-\boxed{6}\ \boxed{7}$$

其中,第一单元代表阀门的类别代号,使用汉语拼音字母表示,常见的类别如表 8-1 所示。

表 8-1　　　　　　　　　阀门类型代号

阀门类型	代号	阀门类型	代号
闸 阀	Z	安全阀	A
截止阀	J	止回阀	H
节流阀	L	减压阀	Y
球 阀	Q	调整阀	T
蝶 阀	D	疏水阀	S
隔膜阀	G		

第二单元为驱动方式代号,用阿拉伯数字表示,常见的方式如表 8-2 所示。

表 8-2　　　　　　　　　阀门驱动形式代号

驱动方式	代 号	驱动方式	代 号
电磁动	0	伞齿轮	5
电磁-液动	1	气 动	6
电-液动	2	液 动	7
蜗 轮	3	气—液动	8
圆柱(正)齿轮	4	电 动	9

注　1. 对使用手轮、手柄或扳手传动的阀门以及安全阀、减压阀和疏水阀省略本代号。
　　2. 对气动或液动阀,常开式用 6K、7K 表示,常闭式用 6B、7B 表示,气动带手动用 6S 表示,防爆电动用 9B 表示,户外耐热用 9R 表示。

第三单元为连接形式代号，用阿拉伯数字表示，常见的方式如表 8-3 所示。

表 8-3　　　　　　　　　阀门连接形式代号

连接形式	代号	连接形式	代号
内螺纹	1	对　夹	7
外螺纹	2	卡　箍	8
法　兰	4	卡　套	9
焊　接	6		

第四单元为结构形式代号，用阿拉伯数字表示，常见的形式如表 8-4～表 8-12 所示。

表 8-4　　　　　　　　　闸阀的结构形式代号

结构形式（闸阀）	代号	结构形式（闸阀）	代号
明杆楔式弹性闸板	0	明杆平行式刚性双闸板	4
明杆楔式刚性单闸板	1	暗杆楔式刚性单闸板	5
明杆楔式刚性双闸板	2	暗杆楔式刚性双闸板	6
明杆平行式刚性单闸板	3		

表 8-5　　　　　　　　　截止阀的结构形式代号

结构形式（截止阀与节流阀）	代号	结构形式（截止阀与节流阀）	代号
直通式	1	平衡直通式	6
Z 形直通式	3	平衡角式	7
角式	4	节流式	8
直流式	5	三通式	9

表 8-6　　　　　　　　　球阀的结构形式代号

结构形式（球阀）	代号	结构形式（球阀）	代号
浮动直通式	1	浮动 T 形三通式	5
浮动 Y 形三通式	3	固定直通式	7
浮动 L 形三通式	4	固定四通式	8

表 8-7 蝶阀的结构形式代号

结构形式（蝶阀）	代　号	结构形式（蝶阀）	代　号
杠杆式	0	斜板式	3
垂直板式	1		

表 8-8 止回阀的结构形式代号

结构形式（止回阀）	代　号	结构形式（止回阀）	代　号
升降直通式	1	旋启多瓣式	5
升降立式	2	旋启双瓣式	6
升降 Z 形直通式	3	升降直流式	7
旋启单瓣式	4	升降节流再循环式	8

表 8-9 安全阀的结构形式代号

结构形式（安全阀）	代号	结构形式（安全阀）	代号
封闭弹簧带散热全启式	0	不封闭弹簧带控制机构全启式	6
封闭弹簧微启式	1	先导式	9
封闭弹簧全启式	2		
封闭弹簧带扳手全启式	4	（杠杆式在类型代号前加字母"G"）	
不封闭弹簧带扳手全启式	3	单杠杆全启式	2
不封闭弹簧带扳手微启式	7	单杠杆角形微启式	5
不封闭双弹簧带扳手微启式	8	双杠杆全启式	4

表 8-10 减压阀的结构形式代号

结构形式（减压阀）	代　号	结构形式（减压阀）	代　号
薄膜式	1	波纹管式	4
弹簧薄膜式	2	杠杆式	5
活塞式	3		

表 8-11　　　　　调节阀的结构形式代号

结构形式（调节阀）	代　号	结构形式（调节阀）	代　号
回转套筒式	0	单级升降闸板式	6
单级 Z 形升降套筒式	5	多级升降套筒式	8
单级升降套筒式	7	多级升降 Z 形柱塞式	1
单级升降针形阀	2	多级升降柱塞式	9
单级升降柱塞式	4		

表 8-12　　　　　疏水阀的结构形式代号

结构形式（疏水阀）	代　号	结构形式（疏水阀）	代　号
浮球式	1	节流孔板式	7
波纹管式	3	脉冲式	8
膜盒式	4	圆盘式	9
钟形浮子式	5		

第五单元为密封圈材料或衬里材料的代号，用汉语拼音字母表示，常见的方式如表 8-13 所示。

表 8-13　　　　　密封面或衬里的材料代号

阀座密封面或衬里材料	代　号	阀座密封面或衬里材料	代　号
铜合金	T	橡胶	X
耐酸钢、不锈钢	H	衬胶	CJ
渗氮钢	D	聚四氟乙烯	SA
渗硼钢	P	石墨石棉	S
锡基轴承（巴氏）合金	B	衬塑料	CS
硬质合金	Y	酚醛塑料	SD
蒙乃尔合金	M	尼龙塑料	NS
衬　铅	CQ	无密封圈	W

第六单元为公称压力代号，直接使用公称压力的数值来表示，并用短线与第五单元隔开。当介质最高温度小于或等于 450℃时，一般只需标注出公称压力数值即可；若介质大于 450℃温度时，则需同时标注出阀门的工作温度和工作压力。例如，某阀门的第六、七单

元的标注为"$P_{W54}16V$",其中下脚标中的"W"即代表温度的含义、且下脚标中的数字是将其工作介质最高温度数值除以 10 所得出的整数,这个标注表示该阀为一个允许最高工作温度为 540℃、工作压力为 16MPa、阀体材料为铬钼钡合金钢的高温高压阀门。

常用的公称压力有 0.1、0.25、0.6、1.0、1.6、2.5、4.0、6.4、10、16、20、32(MPa)等级别,但在实际中也经常碰到阀门压力等级标注为若干 kg/cm² 的现象,只需简单地将阀门标注中的 kg/cm² 数值除以 10,就可立即方便地换算得出其公称压力国际标准的数值了。

第七单元为阀体材料的代号,用汉语拼音字母表示,常见的方式如表 8-14 所示。

表 8-14   **阀体材料的代号**

阀体材料	代 号	阀体材料	代 号
灰铸铁	H	铬钼合金钢	I
可锻铸铁	K	铬钼钛(铌)耐酸钢	P
球墨铸铁	Q	铬镍钼钛(铌)耐酸钢	R
铸钢、碳钢	C	铬钼钒合金钢	V
铜和铜合金	T		

除了上述的各个列表中所表述的一般规定之外,还有一些其他结构形式、不同特点的阀门或新阀门会使用不同的代号来加以区分,这里就不再详细一一赘述了。

1112. 闸阀的作用是什么?

答: 闸阀也叫闸板阀,它是依靠高度光洁、平整一致的闸板密封面与阀座密封面的相互贴合来阻止介质流过的,并装设有顶楔来增强密封的效果。在启闭过程中,其阀瓣是沿着阀座中心线的垂直方向移动的。闸阀的主要作用是用来实现开启或关闭管道通路的。

1113. 截止阀的作用是什么?

答: 截止阀是依靠阀杆压力使得阀瓣密封面与阀座紧密帖合,从而阻止介质流通的。截止阀的主要作用是切断或开启管道通路

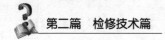

的，它也可粗略地调节流量，但不能当作节流阀使用。

1114. 节流阀的作用是什么？

答：节流阀也叫针形阀，其外形与截止阀并没有区别，但其阀瓣的形状与之不同、用途也不同。它的主要作用是以改变流通截面的形式来调节介质通过时的流量和压力的。

1115. 蝶阀的作用是什么？

答：蝶阀的阀瓣是圆盘形的、围绕着一个转轴旋转，其旋角的大小即阀门的开度。蝶阀的优点是轻巧、结构简单、流动阻力小、开闭迅速、操作方便，它主要用来关断或开启管道通路、节流。

1116. 止回阀的作用是什么？

答：止回阀是利用阀前阀后介质的压力差而自动关闭的阀门，它可以使介质只能沿着一个方向流动而阻止其逆向流动。

1117. 安全阀的作用是什么？

答：安全阀是压力容器和管路系统中的安全装置。它可以在系统中的介质压力超过规定值时自动开启、排放部分介质以防止系统压力继续升高，在介质压力降低到规定值时自动关闭，这样就可以避免因容器或管路系统中的压力过度升高、超标而带来的变形、爆破等损坏事故。

1118. 减压阀的作用是什么？

答：减压阀的主要作用是可以自动将设备和管道内的介质压力降低到所需的压力，它是依靠其敏感元件（如膜片、弹簧、活塞等）来改变阀瓣与阀座之间的间隙，并依靠介质自身的能量，使介质的出口压力自动保持恒定的。

1119. 汽轮机非调整抽气管的抽气止回阀有何作用？

答：汽轮机非调整抽气管的抽气止回阀的作用有：

（1）当汽轮机甩负荷时，防止加热器内的蒸汽经抽气管倒流入汽轮机内而引起超速。

（2）当加热器铜管破裂时，止回阀在保护动作下关闭，防止汽轮机进水。

1120. 简述阀门电动装置各型号的含义。

答：阀门电动装置的型号是用来表示电动装置的基本技术特性的，它一般由五部分组成，即

$$\boxed{1}\ \ \boxed{2}\ -\ \boxed{3}\ /\ \boxed{4}\ \ \ \boxed{5}$$

其中，第一部分为汉语拼音字母，表示电动装置的形式。例如，字母"Z"表示用于闸阀、截止阀、节流阀和隔膜阀的电动装置，字母"Q"表示用于球阀和蝶阀的电动装置。

第二部分为阿拉伯数字，表示电动装置输出轴的额定转矩。

第三部分也是阿拉伯数字，表示电动装置输出轴的额定转速。

第四部分同样是阿拉伯数字，表示电动装置输出轴的最大转圈数。

第五部分为汉语拼音字母，表示电动装置的防护类型。例如，普通型的可以省略该字母，字母"B"表示防爆型，字母"WFB"表示可装于室外、防腐、防爆型。

1121. 试述闸阀的基本结构与特点。

答：在电厂中，闸阀被广泛地使用于给水、凝结水、中低压蒸汽、空气、抽汽和润滑油等系统。而且为了保证关闭的严密性，闸阀的阀板与阀座密封面均须进行研磨。

闸阀的主要启闭部件是闸板与阀座，闸板与流体的流向垂直，改变闸板与阀座之间的相对位置即可改变流道截面的大小，从而改变流量。

闸阀按照阀板的结构形状分为楔式闸阀、平行式闸阀两类。其中，楔式闸阀的阀板呈楔形，它是利用楔形密封面之间的压紧作用来达到密封目的的。

平行式闸阀的阀体中有两块对称且平行放置的阀板，阀板中间放有楔块。阀门关闭时，楔块使阀板张开，紧压阀体密封面而截断通道；阀门开启时，楔块随着阀板一同上升，扩大通道直至全开。根据闸阀启闭时阀杆运动情况的不同，闸阀又可分为明杆式、暗杆式两类。

明杆式闸阀在开启时，阀杆阀板同时做上下升降运动；暗杆

式闸阀的阀杆只能做旋转运动而不能上下升降，其阀板可以上下升降运动。明杆式闸阀的优点是能够通过阀杆上升或下降的高度来判断阀门的开启、关闭程度，其缺点是阀杆所占的空间、高度较大；暗杆式闸阀的优、缺点则与明杆式的恰好相反。

闸阀的特点是结构复杂、尺寸较大、价格较高、密封面易于磨损，但其开启缓慢，可避免水锤现象、易于调节流量、密封面较大且流动阻力小。

1122. 试述截止阀的基本结构与特点。

答：在电厂，截止阀应用于高温高压蒸汽系统十分普遍，在给水、润滑油、空气等系统也有使用。

截止阀的主要启闭部件是阀瓣与阀座（见图 8-1），阀瓣沿着

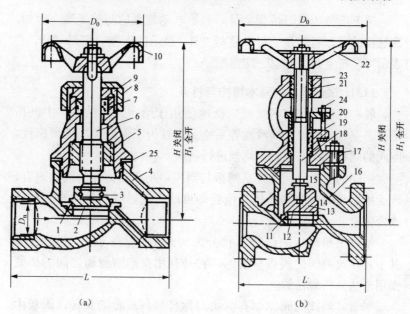

图 8-1 截止阀

（a）内螺纹截止阀；（b）外螺纹截止阀

1—阀座；2—阀瓣；3—铁丝圈；4—阀体；5—阀盖；6—阀杆；7—填料；8—填料压盖螺母；9—填料压盖；10—手轮；11—阀座；12—阀盘；13—垫片；14—开口锁片；15—阀盘螺母；16—阀体；17—阀盖；18—阀杆；19—填料；20—填料压盖；21—螺母；22—手轮；23—轭；24—螺栓；25—垫片

阀座中心线移动改变了阀瓣与阀座之间的距离，即可改变流道的截面积，从而实现对流量的控制和截断。为了关闭后的严密性和防止渗漏，阀瓣与阀座的密封面均需经过研磨配合。

阀瓣是由阀杆控制实现开关动作的，根据阀杆螺纹传动部件的安装位置不同，分为内螺纹截止阀、外螺纹截止阀两种；根据阀门与相邻管道或设备的连接方式的不同，又可分为螺纹连接、法兰连接两种。

截止阀的结构形式有直通式、直流式和直角式等几种。直通式适于安装在直线管路中，介质由下向上流经阀座，流动阻力较大；直流式也是安装在直线管路中，由于阀门处于倾斜位置使得操作稍有不便，但其流动阻力小；直角式则适于安装在管道垂直相交的地方。

截止阀的特点是操作可靠、关闭严密、调节或截断流量较为容易，但其结构复杂、价格高、流动阻力大。

截止阀安装时必须注意其方向性，介质流动方向应由下向上流过阀瓣，这样安装的阀门流动阻力小、开启省力、关闭时阀杆填料不接触介质、易于解体和检修。

1123. 试述止回阀的基本结构与特点。

答： 在电厂，止回阀广泛地应用于各类泵的出口管路、抽汽管路、疏水管路以及其他不允许介质倒流的管路上。

止回阀按其结构形式的不同，分为升降式、旋启式两种，如图 8-2 所示。

升降式止回阀的阀体与截止阀相同且阀瓣上设有导杆，可以在阀盖的导向筒内自由地升降。当介质自左向右流动时，可以向上顶起，推开阀瓣而流过；若介质是自右向左流动，则因阀瓣下压、截断通道而阻止了介质逆向的流动。

升降式止回阀只能安装在水平管道上，而且要保证阀瓣的轴线严格地垂直于水平面，否则就会影响阀瓣灵活和可靠工作。

旋启式止回阀是利用在枢轴上悬挂的摇板式阀瓣来实现启闭的。当介质自左向右流动时，阀瓣由于左侧的压力大于右侧而开启；若介质反向流动，则阀瓣关回、截断通道。

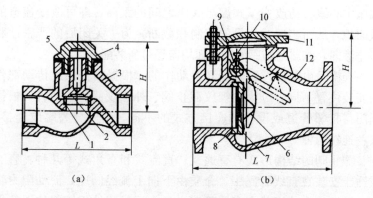

图 8-2　止回阀

（a）升降式止回阀；（b）旋启式止回阀

1—阀座；2—阀瓣；3—阀体；4—阀盖；5—导向套筒；6—摇杆；7—阀瓣；
8—阀座密封圈；9—枢轴；10—定位紧固螺钉与锁母；11—阀盖；12—阀体

在安装旋启式止回阀时，只要保证阀瓣的旋转枢轴保持水平状态即可适用于任意的水平、垂直或倾斜的管道中。

1124. 试述减压阀的基本结构与特点。

答：常见的减压阀按结构形式的不同分为弹簧薄膜式、活塞式、波纹管式三类。

弹簧薄膜式减压阀是靠薄膜和弹簧来平衡介质压力的，其调节灵敏度高，主要用在温度和压力不高的水、空气介质的管道中。该阀主要由调节弹簧、橡胶薄膜、阀杆、阀瓣等组成，如图 8-3 所示。当调节弹簧处于自由状态时，阀瓣由于进口压力的作用和主阀弹簧的阻抑作用而处于关闭状态。拧动调节螺栓即可顶升阀瓣，使得介质流向出口，阀后压力逐渐上升到所需的压力。同时，阀后的压力也作用到薄膜上，使调节弹簧受力而向上移动，阀瓣也随之相应关小，直至与调节弹簧的作用力相平衡，这样保持阀后的压力维持在一定的范围之内。当阀后压力增高、平衡状态受到破坏时，薄膜下方的压力则逐步增大、并使薄膜向上移动，这时阀瓣被关小使得流过阀门的介质减少、阀后压力随之降低，从而达到新的平衡状态。当阀后压力下降时，阀瓣则逐步开大，使阀后压力上升、渐至新的平衡状态、使阀后的压力保持在一定的范围之内。

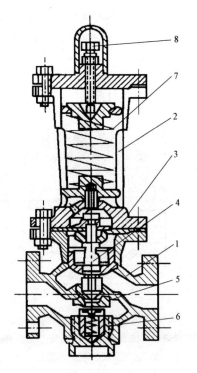

图 8-3 弹簧薄膜式减压阀
1—阀体；2—阀盖；3—薄膜；4—阀杆；5—阀瓣；6—主阀弹簧；
7—调节弹簧；8—调节螺栓

活塞式减压阀是借助于活塞来平衡压力的，其主要结构如图 8-4 所示。由于其活塞在汽缸中承受的摩擦较大，故其灵敏度不及弹簧薄膜式减压阀，主要是应用在承受压力、温度较高的蒸汽、空气等介质的管道或设备上。当调节弹簧处于自由状态时，由于阀前压力的作用和下侧主阀弹簧的阻抑作用使得主阀瓣和辅阀瓣处于关闭状态。挥动调节螺栓，顶开辅阀瓣使介质由进口通道 α 经辅阀通道 γ 进入活塞的上方，由于活塞的面积比主阀瓣大，在受力后向下移动，使得主阀瓣开启、介质流向出口；同时介质经过通道 β 进入薄膜的下部，其压力逐渐与调节弹簧的压力平衡，使阀后的介质压力保持在一定的范围之内。若阀后的压力过高，薄膜下部的压力大于调节弹簧的压力，膜片就会上移，辅阀关小，流入活塞上方的介质减少，使活塞和主阀上移，从而减小了主阀瓣的开度，出口压力随之下降，达到新的平衡状态。

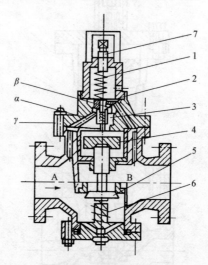

图 8-4　活塞式减压阀

1—主阀调节弹簧；2—金属薄膜；3—辅阀；4—活塞；5—主阀；
6—主阀弹簧；7—调节螺栓

波纹管式减压阀是依靠波纹管来平衡压力的，其结构如图 8-5 所示。波纹管式减压阀主要适用于介质参数不调换蒸汽、空气等清洁介质的管道上，一般在减压阀前必须装设过滤器，不得用于液体的减压、更不能用于含有颗粒的介质。当调整弹簧处于自然状态下时，在进口压力和弹簧顶力的作用下使阀瓣处于关闭状态。拧动调整螺栓使调节弹簧顶开阀瓣，这时介质流向出口、阀后压力逐渐上升到所需的压力；阀后的压力又经过通道作用于波纹管外侧，使得波纹管向下的压力与调整弹簧向上的顶紧力平衡，从而将阀后的压力稳定在需要的压力范围之内。若阀后的压力过大，则波纹管向下的压力大于调节弹簧的顶紧力，使阀瓣关小、阀后压力降低，从而达到新的平衡，满足了要求的压力。

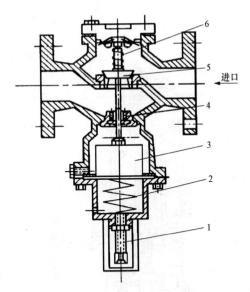

图 8-5 波纹管式减压阀

1—调整螺栓；2—调节弹簧；3—波纹管；4—压力管道；5—阀瓣；6—顶紧弹簧

1125. 试述安全阀的基本结构与特点。

答： 安全阀是压力容器和管路系统的安全装置，在电厂汽轮机的除氧器、加热器、疏水器和高压给水管路等处均可见到。当容器或系统中的介质压力超过规定的数值时，安全阀就会自动开启，泄放出部分介质，降低压力；当容器或系统的压力恢复到正常值时，安全阀应自动关闭、停止泄放。

安全阀按其结构形式的不同可分为弹簧式、杠杆重锤式和脉冲式三类。

弹簧式安全阀指依靠弹簧的弹性压力而将阀的瓣膜或柱塞等密封件闭锁，一旦压力容器的压力异常后产生的高压将克服安全阀的弹簧压力，闭锁装置被顶开，形成一个泄压通道，将高压泄放掉的阀门。根据阀瓣开启高度不同又分为全起式和微起式两种。全起式泄放量大，回弹力好，适用于液体和气体介质，微起式只宜于液体介质。弹簧式安全阀较杠杆重锤式安全阀的体积小、质量轻、灵敏度高，其安装位置也不受严格的限制。弹簧式安全阀如图 8-6 所示。

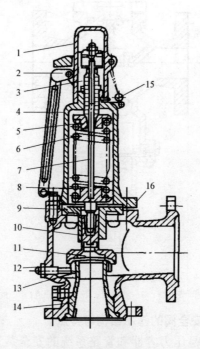

图 8-6　弹簧式安全阀

1—保护罩；2—扳手；3—调节螺套；4—阀盖；5—上弹簧座；6—弹簧；

7—阀杆；8—下弹簧座；9—导向座；10—反冲盘；11—阀瓣；

12—定位螺杆；13—调节圈；14—阀座；15—铅封；16—阀体

　　弹簧式安全阀根据流道的不同又分为封闭式和不封闭式两种。其中，封闭式安全阀适用于一些易燃、易爆或有毒介质的环境，对于蒸汽、空气或惰性气体等则可选用不封闭式安全阀。

　　弹簧式安全阀适宜于公称压力 PN≤32MPa、管道直径 DN≤150mm 的工作条件下的水、蒸汽、油品等介质。碳钢制的弹簧式安全阀适用于介质温度 t≤450℃ 的工作条件，合金钢制的弹簧式安全阀则适用于介质温度 t≤600℃ 的工作条件。此外，由于过大、过硬的弹簧难以保证应有的精确度，故弹簧式安全阀的弹簧作用力一般不超过 2000N。为了检查安全阀阀瓣的灵活程度，有的安全阀还设置了手动的扳手。

　　杠杆重锤式安全阀是利用重锤的重量或移动重锤的位置并通过杠杆的作用所产生的压力来平衡容器或管道内介质的压力的，如图 8-7 所示。在允许的调节范围内，可以根据所需的工作压力适当地调整重锤的重量和杠杆的长度。由于这种重锤式结构只能固定在设备上，故一般选择锤重量不超过 60kg，以免操作困难。通常，铸件制杠杆重锤式安全阀适宜于公称压力 PN≤1.6MPa、介质温度 t≤200℃的工作条件下，碳素钢制杠杆重锤式安全阀适宜于公称压力 PN≤4MPa、介质温度 t≤450℃的工作条件。

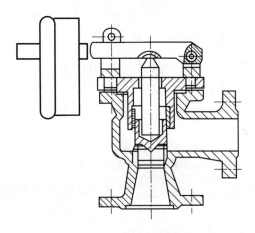

图 8-7　杠杆式安全阀

　　脉冲式安全阀主要由主安全阀（主阀）和先导安全阀（副阀）组成，如图 8-8 所示。当压力超过允许值时副阀首先动作，借先导阀的作用带动主阀动作，故也称为先导式安全阀。脉冲式安全阀主要用于高压和大口径的场合。

　　脉冲式安全阀在介质压力超过规定值时先导阀首先开启，将介质引入主阀内，然后顶动活塞，活塞带动主阀的阀瓣开启进行泄放；当介质压力降到低于规定值时，先导阀关闭使主阀的活塞失去介质压力的作用，在弹簧的作用下回缩，进而带动主阀的阀瓣关闭。

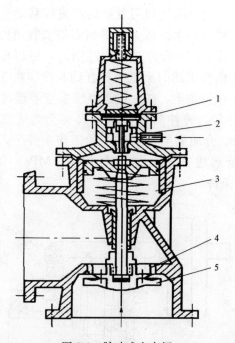

图 8-8 脉冲式安全阀
1—隔膜；2—副阀瓣；3—活塞缸；4—主阀座；5—立阀瓣

安全阀按照阀瓣开启高度的不同又可分为微启式、全启式两种。其中，微启式安全阀多用于液体介质的场合，而全启式安全阀则多用于气体、蒸汽介质的场合。

1126. 试述蝶阀的基本结构与特点。

答：在电厂蝶阀多见于温度不高的中低压、大直径的循环水和低压蒸汽等管道中。蝶阀主要由阀体、阀板、阀杆及驱动装置等组成，如图 8-9 所示。它是通过驱动装置带动阀杆、阀杆再传动至阀板使之围绕阀体内部的一个固定枢轴旋转，这样根据旋转角度的大小来达到启闭或节流的目的。

蝶阀的结构简单、相对质量轻、维修方便、阀门泄漏时还可以更换密封面上的密封圈；但其缺点是关闭严密性稍差，不能用于精确地调节流量，低压蝶阀的密封圈易于老化、失去弹性或损坏。

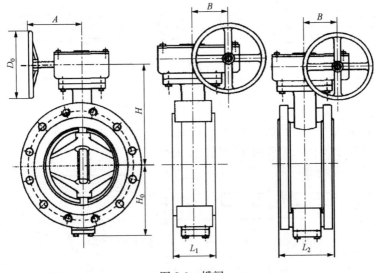

图 8-9　蝶阀

1127. 阀门电动装置构成部件有哪些?

答：阀门电动装置构成部件有电动机、减速机构、行程控制装置、行程指示器、转矩控制装置、手动-电动切换机构、手动传动部件、电气附件等。

1128. 简述阀门手动装置的各种形式。

答：阀门的手动装置一般有手轮、手柄、扳手和远距离手动装置几种形式，它们是传动装置中最简单、最普通的传动形式。

（1）手轮。阀门常用的手轮有伞形手轮和平形手轮两种。伞形手轮与阀杆的连接孔为方孔或锥孔（锥度为 1:10），轮辐为 3～5 根，如图 8-10（a）所示。平形手轮与阀杆或阀杆螺母的连接孔有锥方孔、螺纹孔和带键槽孔三种，轮辐为 3～7 根，如图 8-10（b）所示。

（2）手柄。手柄形如杆状，中间带有圆形并加工有锥方孔或带有键槽的孔与阀杆连接，如图 8-11 所示。它主要用在截止阀、节流阀上。

（3）扳手。阀门的扳手如图 8-12 所示，只有单侧的手柄，其

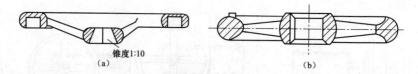

图 8-10　手轮

(a) 伞形手轮；(b) 平形手轮

连接孔为方孔，孔的下端分为平面和带槽两种，如图所示。它适宜于单手操作，主要用在球阀、旋塞阀上。

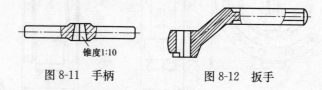

图 8-11　手柄　　　　图 8-12　扳手

（4）远距离手动装置。它由支柱、悬臂、连杆、伸缩器、万向节及换向件等部件组成。操作时，通过手轮及以上的各个部件把力矩传递到远距离的阀杆上，从而达到启、闭阀门的作用。

1129. 简述阀门齿轮传动装置的各种形式。

答： 阀门的齿轮传动装置操作时比普通手动装置要省力，适用于较大口径的阀门上的传动，也广泛地应用在阀门的开度指示机构和电动装置中。

齿轮传动的形式有正齿轮传动、伞齿轮传动和蜗轮蜗杆传动三种形式，如图 8-13 所示。

（1）正齿轮传动是通过手轮转动小齿轮，再由小齿轮带动大齿轮，进而对阀门进行开关操作的（阀门的阀杆一般连在大齿轮上），如图 8-13 (a) 所示，其大、小齿轮的传动比通常取为 1:3。

（2）伞齿轮传动的原理与正齿轮一样，只是其手轮中心线与阀杆垂直，如图 8-13 (b) 所示。

（3）蜗轮蜗杆传动是通过带有手柄的手轮带动蜗杆，蜗杆再带动蜗轮，使阀门实现启闭的。蜗轮、蜗杆的传动比一般较大，且装在专门的蜗轮箱内，如图 8-13 (c) 所示。

（4）正齿轮和伞齿轮传动一般多用在闸阀、截止阀上，蜗轮蜗杆传动则多用在蝶阀、球阀上。

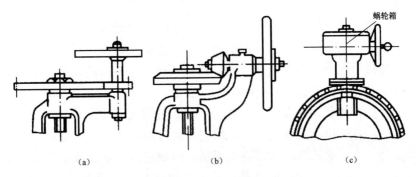

图 8-13　齿轮传动形式

（a）正齿轮传动；（b）伞齿轮传动；（c）蜗轮蜗杆传动

1130. 简述阀门气动和液动装置的种类。

答：用带压的空气、水、油等介质作为动力源来推动活塞运动，进而使活塞杆带动阀门完成启、闭或调整操作的装置称为气动或液动传动装置。它是由缸体、活塞、活塞环、弹簧及缸盖等组成的。按结构形式、开关方向的不同，可分为立式和卧式、带手轮式和不带手轮式、常开式和常闭式等。

（1）立式和卧式。立式传动装置的结构形式如图 8-14 所示。它是立装在阀门上部的，主要用于闸阀和止回阀上。卧式传动装置的结构形式如图 8-15 所示。它是利用活塞的往复运动使齿条带动齿轮转动，齿轮再带动阀杆旋转，从而实现阀门的启、闭动作

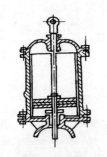

图 8-14　立式气动或液动传动装置

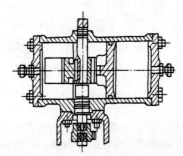

图 8-15　卧式气动或液动传动装置

的。卧式传动装置主要用于球阀、蝶阀和一些垂直布置高度受限制的场合等处。

（2）带手轮式与不带手轮式。对于带有手轮的气动或液动传动装置，当其气体或液体的动力来源发生故障、停止运行时，可以通过手轮来紧急开启或关闭阀门，从而避免事故的发生；而不带手轮型的传动装置则不具备这个功能。

（3）常开式和常闭式。对于常开式气动或液动传动装置，其缸内的弹簧位于活塞的下方，故它是通过弹簧使得阀门处于阀杆上提、常开的状态，当需要关闭阀门时则通过气动或液动装置来完成。常闭式气动或液动传动装置的弹簧是装在活塞的上面的，故它是通过弹簧使得阀门处于阀杆下压、常闭的状态，当需要开启阀门时则通过气动或液动装置来完成。

1131. 简述阀门电动装置的结构。

答：阀门电动装置是由电动机、减速器、转矩限制机构、行程控制机构、开度指示器、现场操动机构（包括手轮、按钮等）、手动和电动连锁机构及控制箱等部件构成的。图 8-16 所示即为型电动装置传动原理示意。

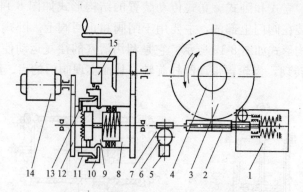

图 8-16　电动装置传动原理示意图

1—转矩限制机构；2—蜗杆套；3—蜗轮；4—输出轴；5—行程控制器；6—中间传动轮；
7—控制蜗杆；8、12—带离合器齿轮；9—离合器；10—活动支架；
11—卡钳；13—圆销；14—专用电动机；15—手轮

阀门用电动装置中的电动机大多是三相异步电动机，它是根据阀门的工作特性要求而专门设计的。

阀门电动装置中的减速器包括箱体和传动部件，其传动形式采用一级圆柱齿轮传动和一级蜗杆蜗轮传动方式的比较普遍。减速器的作用就是将每分钟上千转的电动机转速转换为每分钟只有几十转的阀门启闭速度。

转矩限制机构的作用是在操作过程中，当行程开关失灵或阀门故障引起转矩过载时，通过转矩限制机构的动作来切断电源，从而保护电动装置和阀门不受损伤。

行程控制机构是用来控制阀门开启、关闭位置的一种自动切断电源的机构。

开度指示器是用来反映电动装置开启或关闭状态的机构。

现场操动机构主要是指手轮和控制按钮，可供现场调试或紧急情况下使用。

手动电动连锁机构是手动、电动操作方式相互转换的机构，有全自动、全手动和半自动切换三种方式。

1132. 阀门更换检修前要做哪些准备工作？

答：阀门更换检修前要做的准备工作有：

（1）准备阀门。汽轮机所用的各种阀门都要准备好，可购新阀门，也可利用经修复的旧阀门。

（2）准备工具。包括各种扳手、手锤、錾子、撬棒、24～36V行灯，各种研磨工具，螺丝刀、套管、大锤、工具袋、换盘根工具等。

（3）准备材料。包括研磨料、砂布、盘根、螺栓、各种垫子、机油、煤油及其他消耗材料。

（4）准备现场。有些大阀门和大流量法兰检修很不方便，在检修前要搭好架子，使检修工作很快进行，为便于拆卸，可在检修前先给阀门螺栓加上一些煤油。

（5）准备检修工具盒。高压阀门大部分就地检修，将所用的工具、材料、零件装入工具盒，随身携带很方便。

1133. 阀门如何解体？

答：阀门解体前必须确认该阀门所连接的管道已从系统中断开，管内无压力，其步骤是：

（1）用刷子和棉纱将阀门内外污垢清理干净。

（2）在阀体和阀盖上打上记号，然后将阀门开启。

（3）拆下传动装置或手轮。

（4）卸下填料压盖，清除旧盘根。

（5）卸下门盖，铲除填料或垫片。

（6）旋出阀杆，取下阀瓣。

（7）卸下螺纹套筒和平面轴承。

1134. 简述阀门阀瓣和阀座产生裂纹的原因和消除方法？

答：阀门阀瓣和阀座产生裂纹的原因是：

（1）合金钢密封面堆焊时产生裂纹。

（2）阀门两侧温差太大。

阀门阀瓣和阀座产生裂纹的消除方法：将裂纹处挖除补焊，热处理后车光并研磨。

1135. 阀门解体检查有哪些项目？要求如何？

答：阀门解体检查的项目、要求有：

（1）阀体与阀盖表面有无裂纹和砂眼等缺陷，阀体与阀盖结合面是否平整，凹凸面有无损伤，其径向间隙是否符合要求，一般要求径向间隙为 0.20～0.50mm。

（2）阀瓣与阀座的密封面应无裂纹、锈蚀和刻痕等缺陷。

（3）阀杆弯曲度一般不超过 0.10～0.25mm，不圆度一般不超过 0.02～0.05mm，表面锈蚀和磨损深度不超过 0.10～0.20mm，阀杆螺纹完好，与螺纹套配合灵活，不符合要求则应更换。

（4）填料压盖、填料盒与阀杆间隙要适当，一般为 0.10～0.20mm。

（5）各螺栓、螺母的螺纹应完好，配合适当。

（6）平面轴承的滚珠、滚道应无麻点、腐蚀、剥皮等缺陷。

（7）传动装置动作要灵活，各配合间隙要正确。

（8）手轮等要完整，无损伤。

1136. 阀门检修应注意哪些事项?

答：阀门检修应注意如下事项：

（1）阀门检修当天不能完成时，应采取防止杂物掉入的安全措施。

（2）更换阀门时，主管道焊接中要把阀门开启 2～3 圈，以防止阀头因温度过高而胀死、卡住或把阀杆顶弯。

（3）阀门在研磨过程中，要经常检查密封面是否被磨偏，以便随时纠正或调整研磨角度。

（4）用专用卡子进行阀门水压试验时，试验人员应注意卡子脱落伤人，要躲开卡子飞出的方向。

（5）在阀门组装前对合金钢螺栓要逐个进行光谱和硬度检查，以防错用材质。

（6）更换新合金钢阀门时，对新阀门各部件均应打光谱鉴定，防止发生错用材质，造成运行事故。

1137. 高压阀门如何检查修理?

答：高压阀门的检查修理方法如下：

（1）核对阀门的材质，更换零件材质前应做金相光谱检验，阀门材质更换应征得金相检验人员同意，并做好记录。

（2）清扫检查阀体是否有砂眼、裂纹或腐蚀。若有缺陷，可采用挖补焊接方法处理。

（3）阀门密封面要用红丹粉进行接触，接触点要达到 80%，若小于 80% 时，需要研磨。对于密封面上的凹坑和深沟，要采用堆焊方法加以消除。

（4）门杆弯曲度、不圆度应符合要求，门杆丝扣螺母配合要符合要求，无松动、过紧和卡涩现象。

（5）检查阀杆与阀瓣连接处零件有无裂纹、开焊、冲刷变形或损坏严重现象，锁紧螺母丝扣是否配合良好，如有缺陷，应更换处理。

（6）用煤油清洗轴承，检查轴承有无裂纹，滚珠应灵活、完好，转动无卡涩，碟形补偿垫无裂纹或裂纹变形。

（7）清扫门体、门盖、填料室、压环、固定圈、填料压盖，螺栓等各部件要干净，见金属光泽。

（8）测量各部间隙。

（9）传动装置动作灵活，配合间隙合格。

1138. 高压阀门严密性试验的目的及方法有哪些？

答：高压阀门严密性试验的目的是检查门芯与门座、阀杆与盘根、阀体与阀盖等处是否严密。具体试验方法如下：

（1）门芯与门座密封面的试验。将阀门压在试验台上，并向阀体内注水，排除体内空气，待空气排尽后，再将阀门关死，然后加压到试验压力。

（2）阀杆与盘根、阀体与阀盖的试验。经过密封面试验后，把阀门打开，让水进入整个阀体内充满，再加压到试验压力。

（3）试压的质量标准。在试压台上进行试压时，试验压力为工作压力的 1.25 倍，在试验压力下保持 5min。如果无降压、泄漏、渗漏等现象，试压即合格，如不合格应再次进行修理，还必须重做水压试验，试压合格的阀门，要挂上"已修好"的标牌。

1139. 进行阀门强度试验的目的是什么？

答：进行阀门强度试验的目的是检查阀体和阀盖的材料强度及铸造、补焊的质量。其试验在试验台上进行，用泵试压，试验压力为工作压力的 1.5 倍，并在此压力下保持 5min，无泄漏、渗透现象，强度试验为合格。

1140. 简述安全阀阀瓣不能及时回座的原因及排除方法。

答：安全阀阀瓣不能及时回座的原因及排除方法如下：

（1）阀瓣在导向套中摩擦阻力大、间隙太小或不同轴，需进行清洗、修磨或更换部件。

（2）阀瓣的开启和回座机构未调整好，应重新调整。对弹簧安全阀，通过调节弹簧压缩量可调整其开启压力，通过调节上调节圈可调整其回座压力。

1141. 自密封阀门解体检修有哪些特殊要求？

答： 自密封阀门解体检修的特殊要求有：

（1）检查阀体密封四合环及挡圈应完好、无损，表面应光洁、无裂纹。

（2）阀盖填料座圈、填料盖板应完好、无锈垢，填料箱内应清洁、光滑，填料压盖、座圈外圆与阀体填料箱内壁间隙应符合标准。

（3）密封填料或垫圈应符合质量标准。

1142. 阀门检修后进行水压试验时，对于有法兰的阀门和无法兰的阀门应各用什么垫片？

答： 阀门检修后进行水压试验时，对于有法兰的阀门，应用石棉橡胶垫片；对于无法兰的阀门，则用退过火的软钢垫片。

1143. 检修后阀门的严密性试验有何要求？

答： 检修装配后，阀门的严密性由水压试验进行检查，对于新换和拆下检修的阀门通常在试验台上进行，水压试验压力为工作压力的 1.25 倍，试验压力保持 5min；然后，降至工作压力下进行检查，不泄漏即为合格。当阀门与管道连接时，其严密性试验与管道系统一起进行。

1144. 阀门手动装置长时间使用会出现哪些缺陷？如何修复？

答： 阀门手动装置长时间使用会出现的主要缺陷及修复方法如下：

（1）手轮的轮辐及轮缘因操作不当、用力过大极易发生断裂。一般可在断裂处开好 V 形坡口进行补焊，或清理后采用粘接和铆接修复。

（2）手轮、手柄及扳手螺孔会使滑丝乱扣、键槽拉坏、方孔成喇叭口。

1）键槽损坏可用补焊方法将原键槽填满后，重新上车床加工，或将键槽加工成燕尾形，嵌入燕尾铁后修成圆弧，也可采用粘接的方法。

2）螺纹孔损坏可采用镶套的方法进行修复。

3）方孔及锥方孔损坏可用方锉重新加工好，然后用铁皮制成方孔或锥方孔套，将套嵌入相应的孔中，用粘接法固定，并保证孔与阀杆配合间隙均匀。

1145. 电动阀门对驱动装置的基本要求有哪些?

答： 电动阀门对驱动装置的基本要求如下：

（1）应具有阀门开、关所需的足够转矩，电动装置的最大输出转矩应与配用阀门所需的最大操作转矩相匹配。

（2）应保证具有开、关阀门的不同的操作转矩，以满足阀门关严后再次开启时所需的、比关严阀门所需更大的操作转矩。

（3）能满足关阀时所需的密封紧力，以保证强制的阀门在关闭状态、阀芯与阀座接触后，需继续向阀座施加确保阀门密封面可靠密封的一个附加力。

（4）能够保证阀门操作时要求的行程、总转圈数。

（5）具有满足要求的操作速度。

（6）电动驱动部分可以独立于阀门进行安装，不能影响阀门的解体，且具有配套的手动操动机构。

（7）应具有力矩保护和行程限位等安全装置。

1146. 简述阀门手轮、手柄和扳手孔的修复。

答： 手轮、手柄和扳手使用年久之后，就会产生螺孔滑丝乱扣、键槽被拉坏、方孔磨损变成喇叭等现象，影响与阀门的正常连接，这时就需要进行修理了。

在键槽损坏后，可用焊补的方法将原键槽填满，然后用车床或半圆锉将其加工成圆弧。如果补焊方法不便，还可将键槽加工为燕尾形，然后用燕尾铁嵌牢后修成与孔相同的圆弧。在键槽修补好后，应按照原规格在另一位置重新加工新的键槽。

在螺纹孔损坏之后，一般是用镶套的方法进行修复。具体方法是：先将旧螺纹车掉，且单边车削量不少于 5mm，再车制一个与原螺孔尺寸相同的套筒，与手轮上的扩大孔镶装配合，然后把套筒与扩大孔采用点焊、黏接、埋骑缝螺钉等方法来加以固定。

若是方孔、锥方孔损坏了，应使用方锉均匀地锉削方孔和锥方孔的表面，加工成新的方孔或锥方孔，然后用铁皮制成方孔或锥方孔套，再将套嵌入相应的孔中用粘接法固定好，如图 8-17 所示。修复好的方孔、锥方孔与阀杆的配合要均匀、紧密，且各面的锥度一致。上紧手轮固定螺母后，锥方孔与阀杆凸肩应保持 1.5～3.0mm 的间距，以便于锥方孔与阀杆接触面密合、不松动。

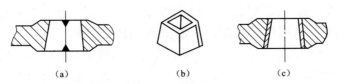

图 8-17　锥方孔的修复

(a) 锥方孔的损坏；(b) 锥方孔套；(b) 镶套

1147. 简述阀门齿轮传动装置的修复。

答：常见的齿轮修复方法如下：

(1) 调整换位修理。

1) 翻面修理。齿轮传动在长时间的运行中，经常会出现齿轮单面磨损的现象。在结构对称、条件允许的情况下，可以把正齿轮、蜗轮翻个面，并将蜗杆掉头，把它们的未磨损面作为主工作面来继续使用。如果轮毂两边的端面高低不一致、不对称的话，还可以根据具体的情况采取一些适当的改进措施，如锉低端面、用垫片来调整高低等。

2) 换位修理。在蜗轮蜗杆传动方式中，蜗轮齿总是有的部分磨损较大一些。这时可把蜗轮位置换一个角度，使未磨损的蜗轮齿与蜗杆啮合。对于较长的蜗杆，有部分齿面发生磨损时，在允许的条件下可以把蜗杆沿着轴向适当移动几个齿距，从而避开磨损面。

(2) 对个别齿损坏时的修复。对于齿轮个别齿损坏的情况，其修复方法主要有镶齿黏接法、镶齿焊接法和栽桩堆焊法三种，如图 8-18 所示。

1) 镶齿粘接法。主要适用于焊接性能较差的齿轮，它是把坏

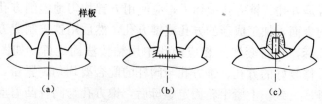

样板

(a)   (b)   (c)

图 8-18　个别齿损坏的修复

(a) 镶齿黏接法；(b) 镶齿焊接法；(c) 栽桩堆焊法

齿去掉并加工成燕尾槽，用相同的材料加工成燕尾式的新齿块，与齿轮上的燕尾槽相配。新齿块与燕尾槽之间应留有 $0.10 \sim 0.20$ mm 的间隙，且新加工齿要留有一定的精加工余量。将新齿在燕尾槽内用适当的粘接剂粘接牢固后，用铅块在完好的齿牙间压制样板，再用样板和着色法检查新齿，按照印影精加工新齿，直至样板与齿接触均匀、良好为止。

2）镶齿焊接法。此方法主要适用于焊接性能好的齿轮，除了新加工的齿块与燕尾槽是通过焊接方法连接之外，其余的工艺方法与镶齿粘接法完全类同。

3）栽桩堆焊法。它是在断齿上钻孔攻丝并埋好一排螺钉桩，再用堆焊法在断齿处堆焊出新齿来，最后将新堆焊齿加工为与原齿尺寸相同的齿形。

（3）齿面堆焊修复。在齿轮磨损严重或有大范围的点状腐蚀的情形下，可以采用堆焊法来进行修复。施焊之前，应将齿轮清洗干净，对合金钢齿轮还应进行退火处理，并除去氧化层，磨掉疲劳层和渗碳层，直至露出金属光泽为止。在全部焊接工作完成之后，应进行回火处理，以达到消除内应力、细化组织、降低硬度、便于加工的目的。

在进行机械加工时，应首先车削齿轮顶圆和两个端面，然后再进行铣齿工作。机械加工完成之后，对于在硬度等性能方面有特殊要求的情况，还应对齿轮进行渗碳或表面淬火处理。

（4）齿轮或蜗轮齿的更换。当齿轮、蜗轮磨损严重或齿牙断裂严重时，可以采用整个更换牙齿的方法来进行修复。对于直齿轮来说，在保留一定厚度的轮毂的前提下，把齿轮上所有的齿全部车掉，并车至齿根下 5mm 左右的位置。车制一个新的轮缘圈，与旧齿轮用粘接或焊接的方法连接在一起，车修其两个端面和顶圆至符合原齿轮的尺寸，再重新铣制新齿。

对于蜗轮来说，应先把蜗轮的轮缘车掉，再用与之相同的材料车制一个新轮缘镶嵌在旧蜗轮上，并在其连接处对称地用点焊的方法加以固定，最后车制顶圆和两个端面，铣制新齿。

1148. 简述阀门气动和液动装置的检修。

答：（1）活塞缸磨损的修复。在活塞缸缸体内壁表面有椭圆度、圆锥度或轻微的擦伤、划痕等缺陷时，可以采用直接磨削、研磨的方法来消除缺陷，以达到恢复原有的准确度和表面粗糙度的目的。

1）缸体的手工打磨。当缸体有轻微的擦伤、划痕或毛刺等缺陷时，可先用煤油清洗缺陷位置，再用半圆形油石沿着圆周方向进行打磨，最后用水砂纸蘸上汽轮机油打磨至肉眼看不见擦痕为止。打磨工作结束后，必须对缸体进行彻底的清洗。

2）缸体的镀层处理。当缸体有轻微磨损时，通常采用镀铬的方法来进行处理，使得缸体恢复尺寸，增加其耐磨性和耐腐蚀性。镀铬工作完成后，应对缸体内壁进行研磨或抛光处理。

3）缸体的镶套。当缸体磨损比较严重时，可以采用镶套的方法来解决。由于所加工的套筒壁厚不会较薄，在压入缸体时必然会产生变形，因此该套筒应预留一定的内孔精加工的余量，待镶套工作完成之后，用镗削加工的方法对内孔进行精细加工。

（2）活塞的修复。润滑不良、装配错误、缸内混入砂粒及活塞杆弯曲等原因，都会引起缸体和活塞的磨损。常见的修复方法有：

1）活塞尺寸的恢复。在缸体内孔磨损、表面镗大后，活塞与缸体的间隙就会随之增大。若检测活塞外圆表面为均匀磨损且无备件更新时，可以采取用二硫化钼环氧树脂成膜剂来恢复活塞的尺寸。

2）活塞局部破损的修复。一般是采用堆焊或粘接的方法先行补齐缺损的部位，再使用研磨的方法将活塞修复至原有的尺寸。

3) 活塞的镶套修复。对于活塞与缸体的间隙较大、活塞槽磨损、活塞局部破损等缺陷，可以采用镶套的方法来进行修复。对于镶装的套圈与活塞的连接，则可采用粘接或机械固定的方法。

1149. 如何修理阀门电动装置？

答：阀门电动装置经过长时间的运行之后，易于产生磨损、位移等缺陷。为了保证其工作的可靠性，就需要定期进行检修和维护保养。

阀门电动装置的机械部分主要由轴、齿轮、蜗轮、离合器、弹簧、手轮、紧固件和箱体等组成。在修理电动装置之前，应首先对其机械部分进行清洗、检查工作：

（1）检查各部件之间是否有位移变动现象。

（2）检查齿轮、蜗轮、蜗杆、螺杆及螺母等传动件的啮合面是否正常。

（3）检查轴承、滑块、凸轮及齿面等转动部件的间隙是否正常和有无磨损。

（4）检查压缩弹簧、扭力弹簧、蝶形弹簧及板形弹簧是否有失效、变形、断裂等现象。

（5）检查连接螺栓、螺母、螺钉、垫圈、销子及键等紧固件是否有松动、磨损或短缺的现象。

（6）检查箱体、支架等部件是否有断裂、泄漏的现象。

（7）检查各部件与机构之间的配合情况是否相互协调、动作准确和动作一致。

在对以上的各个部件进行了仔细检查之后，若发现某些部件有位移、变形或断裂等缺陷时，则可以采用研磨、补焊、喷涂、镀层、铆接、镶嵌、配制、校正及粘接等工艺方法，并根据损坏的具体情况加以修复。

1150. 如何调试阀门电动装置？

答：阀门电动装置在检修结束、回装之后，应进行必要的调试工作。调试的目的主要是当阀门达到要求的开启位置时，能自动停下来；当输出转矩超过开启阀门的最大转矩时，能切断电源以起到保护作用；开度指示器和控制箱能正确地显示阀门的开启程度。

（1）手动操作。将手动电动连锁机构切换到手动侧，用手轮来操作阀门。在阀门开、关过程中，操作应灵活轻便、无任何卡涩现象，同时还应检查阀门的开、关方向与电动装置是否一致，开度指示器显示的数值应与手轮操作方向一致且同步。经过几次反复检查和调整之后，确认无误即可将阀门放置在开启、关闭的中间位置，以便于电动操作。

（2）电动操作。接通电源后，使用电动装置进行操作，检查半自动、手动、电动连锁机构应能够自动切换到电动侧，且动作时灵敏、可靠，同时还应检查电动装置旋转方向与操作方向是否一致。

电动装置在开启、关闭的过程中应运转平稳，无异常的响声。用手去触动行程开关、转矩开关时，能够正确地切断相应的控制回路，使电动机停止转动。

在行程开关和转矩开关尚未整定之前，使用电动操作方式时不得将阀门开启或关闭到其上、下死点的位置，以免对阀门和电动装置造成损坏。

（3）行程控制机构的调整。用手动操作方式将阀门全开（或全关）至上死点（或下死点）位置后，再反向旋转手轮 0.5～1.5 圈作为阀门的全开（或全关）位置，这时即可固定行程开关并整定行程控制机构，使开阀（或关阀）方向的行程开关刚刚动作。

在调整工作结束之后，应使用电动方式来操作阀门反复开启或关闭，以检查其行程开关的工作情况。对于按照行程定位的阀门，在启、闭过程中只有行程开关起作用；对于按照转矩定位的阀门，在关闭过程中应达到行程开关先动作、转矩开关后动作并切断控制电源的要求。

（4）转矩限制机构的调整。在现场进行转矩机构调整时，阀门应处于正常的工作状态。首先应调整阀门关闭方向的转矩开关，调整工作开始时可把转矩开关的整定值取得小些，使用电动操作方式关闭阀门。转矩开关动作切断电源后，用手动方式来检验阀门的关闭程度。如果手动仍能继续关闭，则应适当地提高转矩整定值。经过几次调整之后，达到电动操作转矩开关动作后用手无法继续关闭阀门而阀门用手动方式能够开启的程度，即可认为关阀方向的转矩开关调整好了。

调整开阀方向的转矩开关时，可参照关阀方向的整定值来进行整定。由于开阀时的所需转矩比关阀时要大一些，故应将开阀方向的转矩开关整定值适当选大些，以便于阀门能够顺利地开启。

1151. 止回阀容易产生哪些故障？其原因是什么？

答：止回阀容易产生的故障和原因如下：

（1）汽水侧流。其原因：阀芯与阀座接触面有伤痕或水垢，旋启式止回阀的阀碟脱落。

（2）阀芯不能开启。其原因：阀芯与阀座被水垢粘住或阀碟的转轴锈死。

1152. 简述利用带压堵漏技术消除运行中阀门盘根泄漏的方法。

答：消除运行中阀门盘根泄漏的方法如下：

（1）选派受过专门培训的工人，熟悉带压堵漏工具的使用及操作工序。

（2）根据泄漏阀门的工作压力、工作温度，选用合适的堵漏胶。

（3）将与带压堵漏专用工具相匹配的管接头（DN6）烧焊在阀门填料盒上。

（4）带上防护用具，用电钻将阀门填料盒钻穿，并接上带压堵漏专用工具。

（5）用带压堵漏工具将堵漏胶注入阀门填料盒，消除阀门盘根泄漏。

目前带压堵漏技术已日趋成熟，并广泛使用于现场，保证设备的安全、可靠运行。

1153. 简述安全阀不在调定的起座压力下动作的原因及处理方法。

答：安全阀不在调定的起座压力下动作的原因及处理方法如下：

（1）安全阀调压不当，调定压力时忽略了容器实际工作介质和工作温度的影响，需重新调压。

（2）密封面因介质污染或结晶产生粘连或生锈，需吹洗安全阀，严重时需研磨阀芯、阀座。

（3）阀杆与衬套之间的间隙过小，受热时膨胀卡住，需适当加大阀杆与衬套之间的间隙。

（4）调整或维护不当，弹簧式安全阀的弹簧收缩过紧或紧度不够，杠杆式安全阀的生铁盘过重或过轻，需重新调定安全阀。

（5）阀门通道被盲板等障碍物堵塞，应消除障碍物。

（6）弹簧产生永久变形，更换弹簧。

（7）安全阀选用不当，如在背压波动大的场合，选用了非平衡式安全阀等，需要换相应类安全阀。

1154. 简述安全阀泄漏的原因及排除方法。

答：安全阀泄漏的原因及排除方法如下：

（1）氧化皮、水垢、杂物等落在密封面上时，可用手动排汽吹扫。

（2）密封面机械损伤或腐蚀时，可用研磨或车削后研磨的方法修复或更换。

（3）弹簧因受载过大而失效或弹簧因腐蚀而弹力降低时，应更换弹簧。

（4）阀杆弯曲变形或阀芯与阀座支承面偏斜时，应找明原因，重新组装或更换阀杆等部件。

（5）杠杆式安全阀的杠杆与支点发生偏斜而使阀芯与阀座受力不均时，应校正杠杆中心线。

1155. 阀门常见的故障有哪些？阀门本体泄漏是什么原因？

答：阀门常见的故障如下：

（1）阀门本体漏。

（2）与阀杆配合的螺纹套筒的螺纹损坏或阀杆头折断，阀杆弯曲。

（3）阀盖结合面漏。

（4）阀瓣与阀座密封面漏。

（5）阀瓣腐蚀损坏。

（6）阀瓣与阀杆脱离，造成开关不动。

（7）阀瓣、阀座有裂纹。

（8）填料盒泄漏。

（9）阀杆升降滞涩或开关不动。

阀门本体泄漏的原因：制造时铸造不良，有裂纹或砂眼，阀体补焊中产生应力裂纹。

1156. 阀门本体泄漏如何处理？

答：对由于制作时浇注质量不好而产生砂眼、裂纹、使阀门机械强度降低、发生泄漏的情况，应对怀疑有裂纹处打磨光亮，然后用煤油或4‰的硝酸溶液浸蚀即可显示出裂纹的痕迹，在有裂纹处用砂轮磨削或铲去损伤部位的金属层、加工好坡口后，进行补焊处理。

若是阀体焊补中出现拉裂现象，需重新对裂纹处磨削并重新加工坡口进行补焊，同时要注意焊接工艺并做好简单的、必要的热处理工作，以防止再次出现反复。

1157. 阀杆螺纹损伤或弯曲、折断如何处理？

答：（1）对由于操作不当（如用力过猛、用大钩子关闭小阀门）造成的损坏，除了必要的维修外，应严格操作规范，禁止再次出现类似现象。

（2）对由于阀杆加工过程中的工艺问题，造成阀杆螺纹过松或过紧，则应退出阀杆进行修整直至更换，同时制作备件时要注意加工时的公差要求和阀杆材料的选择。

（3）对于因阀杆与阀套螺母咬扣或咬死的现象，若只是锈蚀抱死，可采取喷洒少许煤油或松动剂浸泡一定时间，然后再开关数次的方法，直至阀杆能够转动自如；若是阀套螺母咬扣，则需修复阀杆与阀套螺母的螺纹部分，对损坏严重无法修复的情况则应更换新阀杆或新的阀套螺母。

（4）对于因介质腐蚀、操作次数太多或使用年限太久而造成的阀杆螺纹损伤，则应进行更换，同时必须检查对应的传动铜套螺纹是否满足要求，最好是能一同更新，以保证新阀杆与旧传动铜套的公差不一致而出现新的配合问题。

1158. 阀盖结合面泄漏如何处理？

答：（1）对于因结合面连接螺栓紧力不足或松紧程度偏斜造成的泄漏，需将连接螺栓松开后，按照对角紧固的顺序、紧力均匀的正确方式重新紧固好阀盖，并检查确保结合面四周的间隙均匀一致。

（2）对由于法兰止口配合不当、装配时中心未对正所造成的泄漏，应重新对好中心后再次组装。

（3）对阀盖结合面垫片使用年久失效或是由于操作造成的泄漏，只需更换新垫片即可。

（4）对于因阀盖结合面不光滑平整、有麻点和沟槽等缺陷造成的结合面泄漏，需重新修研结合面至合格即可。

（5）对由于阀盖结合面上有气孔、砂眼的铸造缺陷所造成的泄漏，可先进行补焊后再将结合面修研至合格为止。

1159. 阀瓣与阀座密封面不严密怎么处理？

答：（1）对于因阀瓣与阀座关闭不到位所造成的阀门不严，需改进操作方式、重新开启或关闭阀门来消除，同时还应注意操作时用力不能过大，以免再造成其他损伤。

（2）若是由于阀瓣或阀座研磨质量差造成的阀门不严，需改换研磨方法，解体拆出阀瓣或阀座重新进行研磨工作，直至合格。

（3）对由于阀瓣与阀杆间隙过大而造成的阀瓣下垂或接触不

好，则应调整阀瓣与阀杆间隙或更换阀瓣的锁母即可。

（4）对于因密封面材质不良所造成的阀门不严，需解体阀门重新更换（或堆焊）密封面，然后进行加工、研磨，直至合格。

（5）对由于阀门密封面被杂质卡住造成的阀门不严，需将阀门开启，用冲洗的方法清除结合面之间的杂质即可。

1160. 阀瓣腐蚀损坏如何处理？

答：一般是由于阀瓣的材质选择不当所致，应按照介质特性和温度重新选择合适的阀瓣材料或更换新的、满足介质要求的阀门，同时注意新阀安装时的介质流向与原来一致。

1161. 阀瓣与阀杆脱开如何处理？

答：（1）对于因修理不当或未加装锁母垫圈而在运行中由于汽水流动冲击造成的螺纹松动、顶尖脱出，使得阀瓣与阀杆脱开、阀门开关不灵的现象，应解体拆出阀瓣、按照正确的工艺要求重新安装。

（2）对由于运行时间过长、阀瓣与阀杆的传动销磨损或疲劳损坏所造成的阀瓣与阀杆脱开、阀门开关不灵的现象，应根据运行经验和检修记录适当地缩短阀门检修周期，并注意阀瓣与阀杆传动销子的材质规格、加工质量一定要符合要求。

1162. 阀瓣与阀座裂纹如何处理？

答：对由于合金钢密封面堆焊时即产生裂纹或阀门两端温差太大所造成的阀瓣与阀座上有裂纹的缺陷，必须对有裂纹的部位进行剖挖焊补，再根据密封面合金的性质按照工艺要求进行热处理，最后用车床车修并研磨至合格。

1163. 阀座与阀壳体间泄漏如何处理？

答：对由于装配太松所造成的阀座与阀壳体间泄漏，需解体检查阀座与阀壳体之间的配合公差，若是局部泄漏可对阀座进行补焊而后车削加工至合乎阀壳体要求、再重新装入阀壳体，也可直接更换新的阀座以消除漏流。

对于因砂眼所造成的阀座与阀壳体间泄漏，可将阀座取下对有砂眼处进行补焊，然后车修并研磨至消除泄漏为止。

1164. 填料函泄漏如何处理？

答：（1）对由于填料的材质选择不当所造成的填料烧损、磨损过快而导致的填料函泄漏，则应根据机械的转速、介质的特性来重新选择合乎要求的填料。

（2）若是由于填料压盖未压紧或紧偏所造成的填料函泄漏，应检查并重新调整填料压盖，确保压盖螺栓紧固到位且压盖各处均匀受力、间隙一致。

（3）对由于加装填料的方法不当所造成的填料函泄漏，应重新按照规定的方法加装填料，注意切口剪成 45°斜口，相邻两圈的接口要错开 90°～120°。

（4）对由于阀杆表面光洁度差或磨成椭圆形、填料挤压受损而造成的填料函泄漏，应对阀杆进行修整或更换。

（5）对于填料使用过久而磨损、弹性消失、松散失效等造成填料函泄漏的情况，则应立即更换新的填料。

（6）对由于填料压盖变形所造成的填料不能均匀、密实地被压紧而造成的填料函泄漏现象，需更换新的填料压盖。

1165. 阀杆传动卡涩如何处理？

答：（1）对由于冷态下关闭过严而在受热后膨胀卡涩或开阀时过度所造成的阀杆升降不灵活和开关不动现象，需用力缓慢地尝试开启或关闭阀门，并在阀门开闭到位之后应反向旋转，预留 0.5～1 圈的余度，以防止阀门因受热膨胀产生卡涩。

（2）若是由于填料压盖紧偏、填料充填的过多或过紧所造成的阀杆升降不灵活和开关不动现象，应重新调平填料压盖，取出 1 圈填料或适当地稍松填料压盖螺栓；然后再尝试活动阀杆，开启或关闭阀门。

（3）对于因阀杆与填料压盖、填料函之间的间隙过小而膨胀受阻、卡涩所造成的阀杆升降不灵活和开关不动现象，则需解体拆出阀杆并适当地打磨或车削加工，以扩大阀杆与填料压盖、填料函之间的空隙。

（4）对于因阀杆与阀套锁母损坏所造成的阀杆升降不灵活和开关不动现象，则需更换新的阀杆与阀套锁母。

（5）对由于处在高温环境或阀门内流通的高温介质造成阀杆润滑不良和锈蚀而使得阀杆升降不灵活和开关不动现象，则需定期采用将阀杆涂擦纯洁石墨粉或耐高温润滑脂作润滑剂，以减少阀杆卡涩的方法来解决。

1166. 简述常用垫片的分类、性能和使用范围。

答：垫片主要用于阀体与阀盖的法兰之间、管道和阀门的法兰之间、相邻管道的法兰之间等法兰连接的结合面处，起密封作用。在选用垫片时，应根据阀门的使用条件、通过介质类型来进行选择。常见的垫料有：

（1）帆布。用棉纤维制作的垫料，适用于清水类介质，应用范围最高压力不超过 0.15MPa、最高温度不超过 50℃，在使用时一般涂以白铅油增强密封效果，常用垫片厚度为 2～6mm。

（2）麻绳。用麻纤维制作的垫料，适用于清水类介质，应用范围最高压力不超过 0.30MPa、最高温度不超过 40℃，在使用时也须涂以白铅油增强密封效果。

（3）纯胶皮。用天然橡胶制作的垫料，适用于水、空气类介质，应用范围最高压力不超过 0.60MPa、最高温度不超过 60℃，常见的最大厚度为 6mm。

当管道直径大于 500mm 时，通常要采用在垫料中夹帆布或金属丝加强层的橡胶垫片，其应用范围最高压力不超过 1.0MPa、最高温度不超过 80℃，常见的最大厚度为 3～5mm。

（4）工业用厚纸。用棉、麻、革等纤维夹杂制作的垫料，适用于清水类介质，应用范围最高压力不超过 1.6MPa、最高温度不超过 200℃，在使用时也须涂以白铅油增强密封效果，常见的最大厚度为 3mm。

（5）图纸、工业废布造厚纸。用长短棉纤维制作的垫料，适用于油、水类介质，应用范围最高压力不超过 1.0MPa、最高温度不超过 80℃，在使用时需涂以漆片或白铅油来增强密封效果，常见的最大厚度为 2mm。

（6）耐油胶皮。用丁基橡胶、氯丁橡胶、丁腈橡胶、氟橡胶等合成橡胶制作的垫料，适用于矿物油、煤油和汽油等类介质，应用范围最高压力不超过 2.5MPa、最高温度不超过 350℃，在使用时可辅助涂以漆片来增强密封效果。

（7）普通、耐油石棉橡胶板。用石棉与合成橡胶混合制作的垫料，广泛应用于汽、水、油、空气等类介质，应用范围最高压力可达 10MPa、最高温度为 450℃，在使用时根据介质的不同可分别涂以铅粉、漆片、密封胶或白铅油等来增强密封效果，常用垫片厚度 0.50～3mm。

（8）聚四氟乙烯垫片。用聚四氟乙烯板制作的垫料，主要适用于浓酸、碱、油类等带有腐蚀性的介质，应用范围最高压力可达 4MPa、使用温度为－180～250℃，常用垫片厚度为 0.50～3mm。

（9）缠绕垫片。是用紫铜、软钢、不锈钢金属带与石棉、聚四氟乙烯等纤维互相叠压制作成的垫料，主要用于蒸汽、水、酸碱溶液或油品等介质，应用范围最高压力可达 6.4Mpa、最高温度可达 600℃，常用垫片厚度为 2.5～5mm。

（10）紫铜垫。用纯铜制作的垫料，适用于汽、水类介质，应用范围最高压力不超过 6.4MPa、最高温度不超过 420℃，在使用时必须经过退火处理以增强其软化变形能力和密封效果，常用垫片厚度为 1～5mm。

（11）钢垫。用纯铁、不锈钢、合金钢等制作的垫料，适用于高温高压的汽、水类介质，应用范围最高压力可达 20MPa、最高温度不超过 600℃。在使用时必须作成齿形并经过回火处理，以确保其硬度小于法兰结合面材质硬度、增强其软化变形能力和密封效果，常用热片厚度为 3～6mm。

1167. 简述垫片的安装工艺。

答：选配垫片的形式、尺寸时，应按照阀门密封面的规格来确定；而垫片材质的选择需要与阀门的工作情况、介质特性相适应。此外，在安装过程中，还需注意以下几点：

（1）对选好的垫片安装前应再仔细检查一次，确认无任何缺陷方可使用；若继续使用以前拆下的金属垫片，重新安装前需经过修整、消除缺陷，并进行退火处理以消除应力。

（2）安装垫片之前必须对密封面进行清理，对遗留的原垫片残余物应铲除干净，水线槽内不得余留碳黑、油污、残渣、密封胶的杂物；同时检查密封面应平整，无凹痕和径向划痕、无腐蚀斑坑等缺陷，对不符合上述要求的密封面应重新处理直至合格。

（3）装上垫片前，在密封面、垫片两面、连接螺栓及紧固螺母的螺纹部位等处均应涂擦好石墨粉或二硫化钼粉。

（4）垫片安装在密封面上的位置应恰当，不得偏斜地伸入阀腔内部或搁置在法兰面上，以防止紧固面时造成止口未咬合、法兰四周间隙不均匀等缺陷。

（5）安装垫片时，只能根据密封间隙配置一片密封垫，一般不得在密封面间加入两片甚至多个垫片来弥补密封面之间的缝隙空间。

（6）保持阀杆处于开启位置时才能装上阀盖，以免影响安装和造成阀内部件的损伤；安装阀盖时应正确对准，发现位置不对时应轻轻提起重新对正后再慢慢放下，不得使用推拉的方法进行调整，以免使垫片受到擦伤或发生位置偏移。

（7）紧固密封面连接螺栓时，应采取对称、轮流、用力均匀的手法分2次以上完成，并确保各螺栓受力匀称、齐整、无松动；严禁一次将螺栓紧固到位，以防止伤及垫片或密封面间隙产生不均。

1168. 简述常用填料的分类、性能和使用范围。

答：填料（或称盘根）是由棉线、麻、石棉、碳纤维、聚四氟乙烯，聚酯纤维与动物油、矿物油、铅粉、橡胶、聚四氟乙烯乳液等几种成分经过混合、浸泡编织制成的，主要用于机械动静间隙、管道缝隙等处的密封。常用的有以下几类：

（1）棉线油盘根。用棉纱编织成的棉绳、油浸棉绳或与橡胶结合编织的棉绳等制作的填料，主要用于水、空气和润滑油等介质，应用范围最高压力不超过1.6MPa、最高温度不超过100℃，常用的形状有方形和圆形两种。

（2）麻盘根。用干的或油浸的大麻、麻绳、油浸麻绳或与橡胶结合编织的麻绳等制作的填料，主要用于水、空气和油等介质，应用范围最高压力不超过 2.5MPa、最高温度不超过 100℃，常用的形状有方形和圆形两种。

（3）普通石棉盘根。用润滑油或石墨浸渍过的石棉线、用油或石墨浸渍的石棉绳夹杂铜丝编织、用油或石墨浸渍的石棉绳夹杂不锈钢丝编织等用编结或扭制方法制作的填料，主要用于蒸汽、水、空气和润滑油等介质，应用范围最高压力不超过 6.4MPa、最高温度不超过 450℃，常用的形状有方形和圆形两种。

（4）高压石棉盘根。用橡胶作黏合剂卷制或编结的石棉布或石棉绳、橡胶作黏合卷制或编结带金属丝的石棉布或石棉绳、细石棉纤维与片状石墨粉混合物、夹杂石墨粉的石棉环绳等制作的填料，主要用于蒸汽、水、空气和润滑油等介质，应用范围最高压力可达 4.0~14MPa、最高温度不超过 510℃，常用的形状有方形和扁形两种。

（5）石墨填料。用片状石墨压制并在层间夹杂银色石墨粉、片状石墨掺杂金属丝压制并在层间夹杂银色石墨粉制作的填料，主要用于蒸汽、水、空气等介质，应用范围最高压力可达 20MPa以上、最高温度不超过 540℃，常用的形状为开口、闭口圆环形两种。

（6）氟纤维填料。用聚四氟乙烯纤维浸渍聚四氟乙烯乳液穿心编织而成的填料，主要用于水、空气、润滑油和有较强腐蚀性的介质，应用范围最高压力不超过 4MPa、使用温度为−196~260℃，常用的形状主要是方形。

（7）碳纤维填料。用经过预氧化或碳化的聚丙烯纤维浸渍聚四氟乙烯乳液穿心编织而成的填料，主要用于水、空气、润滑油、酸、强碱和有较强腐蚀性的介质，应用范围最高压力不超过 4MPa、使用温度为−250~320℃，常用的形状主要是方形和矩形两种。

1169. 简述阀门填料的安装工艺。

答：阀门填料应按照填料函的形式和介质的工作压力、温度、特性等条件来选用，其形式、尺寸、材质和性能应满足阀门的工作要求。此外，填装过程中还应注意以下几点：

（1）对柔性石墨的成型填料，检查其表面应平整，不得出现毛边、松散、折裂和较深的划痕等缺陷。

（2）安装填料之前，应检查填料函、压盖、紧固螺栓等均已经过清洗和修整，各部位表面清洁、无缺陷；检查阀杆、压盖与填料函之间的配合间隙在标准的范围之内（一般为 0.15～0.30mm）。

（3）装入填料前，对无石墨的石棉填料应涂抹一层片状的石墨粉。

（4）对于能够在阀杆上端直接套入的成型填料，都应创造条件尽量采取此方法；在阀门检修结束回装时，也应尽量采用直接套入成型填料的方法。

（5）若填料无法直接套入填料函中，可采用切口搭接的方法进行。对于非成型的方形、圆形等盘状填料可以阀杆周长等长、沿着45°角的方向切开，成型填料则直接沿45°角的方向切开，注意检查每圈填料填入时不能发生搭接接口有短缺或多余、重叠的现象。

（6）填料装入过程中，注意摆放各层填料之间的切口搭接位置应相互错开 90°～120°。

（7）将填料装入填料函中时，应一圈一圈地装入并装好一圈后就使用填料压盖压紧一次，不得采取多圈填料同时装入再挤压到位的方法，以免发生内部的填料错位、接口搭接不好或不均匀等缺陷。

（8）在填料安装过程中，装好 1～2 圈填料之后就应旋转一下阀杆，以免填料压得过紧、阀杆与填料咬死，影响阀门的正常开关。

（9）选用填料时严禁以小代大，若确实没有尺寸合适的填料时可以采取使用比填料函槽大 1～2mm 的填料，并需使用平板或碾具均匀地压扁，不得采取用榔头等用力砸扁的方法。

（10）紧固填料压盖时用力应保持均匀，随时检查两边的压兰螺栓被对称地拧紧，防止出现压盖紧偏的现象；此外，在填料紧固的松紧程度适当后，还应检查填料压盖压入填料函的深度为压盖高度的 1/4～1/3，不得过浅或过深。

1170. 简述常用研磨材料的分类、性能和使用范围。

答： 研磨材料主要用于对管道附件、阀瓣和阀座密封面的研磨，常见的研磨材料有砂布、研磨砂和研磨膏三类。

（1）砂布。用布料作衬底、在其上黏结砂粒制成，根据砂粒的粗细分为 00 号、0 号、1 号、2 号等系列。其中，00 号粒度最细，然后逐次加粗，2 号粒度最大。

（2）研磨砂。研磨砂的粒度是按其粒度大小排出的，分为 10 号、12 号、14 号、16 号、20 号、24 号、30 号、36 号、46 号、54 号、60 号、70 号、80 号、90 号、100 号、120 号、150 号、180 号、220 号、240 号、280 号、320 号、M_{28} 号、M_{20} 号、M_{14} 号、M_{10} 号、M_7 号、M_5 号等号码。其中，10 号～90 号称为磨粒，100 号～320 号称为磨粉，M_{28} 号～M_5 号称为微粉。

对管道附件或阀门的密封面进行研磨时，除了个别情况使用 280 号、320 号磨粉外，主要使用微粉。研磨过程中，粗磨常用大粒度 320 号磨粉（颗粒直径为 42～28μm），细磨可用小粒度的 M_{28} 号～M_{14} 号微粉（颗粒直径为 28～10μm），最后采用 M_7 号微粉（颗粒直径为 7～5μm）进行精研。

常用研磨砂的主要成分、颜色和适用范围如下：

1）人造刚玉。主要成分为 92%～95% 的 Al_2O_3，其颜色为暗棕色到淡粉红色，粒度系列有 12 号～M_5 号，用于碳素钢、合金钢、可锻铸铁和软黄铜等，对表面渗氮钢和硬质合金不适用。

2）人造白刚玉。主要成分为 97%～98.5% 的 Al_2O_3，其颜色为白色，粒度系列有 16 号～M_5 号，用于碳素钢、合金钢、可锻铸铁和软黄铜等，对表面渗氮钢和硬质合金不适用。

3）人造碳化硅（金刚砂）。主要成分为 96%～99% 的 Si_2C，其颜色为黑色或绿色，粒度系列有 16 号～M_5 号，用于灰铸铁、软黄铜、表铜和紫铜等较软的金属，不适于研磨阀门的密封面。

4）人造碳化硼。主要成分为 72%～78%B 和 20%～24%C 的晶体混合物，其颜色为黑色，粒度系列有 16 号～M_5 号，用于表面渗碳、渗氮钢和硬质合金密封面的研磨。

（3）研磨膏。是将研磨微粉用油脂类（石蜡、甘油或三磷酸酯等）混合制成的、属于细研磨料，分为 M_{28} 号、M_{20} 号、M_{14} 号、M_{10} 号、M_7 号和 M_5 号等几种，颜色为黑色、淡绿色和绿色的。

第二节　管道基础知识及检修工艺

1171. 管件材质选用根据什么来决定？

答：管件材质选用主要根据管道内介质的温度来决定。除此以外还应考虑介质的压力、腐蚀性等。

1172. 试述 Ω 形或 Π 形补偿器、小波纹补偿器和套筒补偿器的结构及优、缺点？

答： Ω 形和 Π 形补偿器是用管子经弯曲制成的。它具有补偿能力大、运行可靠及制造方便等优点，适用于任何压力和温度的管道，能承受轴向位移和一定量的径向位移，其缺点是尺寸较大，蒸汽流动阻力也较大。波纹补偿器是用 3～4mm 的钢板经压制和焊接制成的，其补偿能力不大，每个波纹为 5～7mm，一般波纹数有 3 个左右，最多不超过 6 个，这种补偿器只能用于介质压力为 0.7MPa、直径在 150mm 以下的管道。套筒式补偿器是在管道接合处装有填料的套筒，在填料套筒内填入石棉绳等填料，管道膨胀时靠内外套筒相对位移吸收管道的膨胀伸长，其优点是结构尺寸小、波动阻力小、吸收膨胀量大。缺点是要定期更换填料，易泄漏，一般只用于介质工作压力低于 1.3MPa、直径为 80～300mm 的管道上，电厂不宜采用。

1173. 常见低压标准管道的种类？

答：常见的低压焊接管由于管壁上有焊接缝，因而不能承受高压，一般只适用于公称压力 PN≤1.6MPa 的管道。低压焊接钢管有低压流体输送用焊接钢管、螺旋缝电焊钢管、钢板卷制直缝电焊钢管三个品种。

低压流体输送用焊接钢管是用碳素软钢制作的，也被称为熟铁管；由于其管壁纵向有一条采用炉焊法或高频电焊法加工的焊缝，故又被称为炉焊对缝钢管或高频电焊对缝钢管。按其表面是否镀锌又可分为镀锌管（也称为白铁管）和不镀锌管（也称为黑铁管），根据管壁的不同厚度还可分为普通管（适用于 PN≤1.0MPa）和加厚管（适用于 PN≤1.6MPa）。

低压流体输送用钢管的公称直径为 $\phi6 \sim \phi150$，其加工供应的长度一般为 4～10mm，主要适用于输送冷热水、蒸汽、压缩空气、碱液等类似的介质。

螺旋缝电焊钢管是用 Q235（F 或 Z）碳素钢或 16Mn 低合金钢制造的，一般用于工作压力 PN≤2.0MPa、介质的最高温度不超过 200℃ 的较大直径的低压蒸汽、凝结水等管道。其常见的规格为公称直径 $\phi200 \sim \phi800$，其加工供应的长度一般为 7～18m。

钢板卷制直缝电焊钢管是用低碳素钢钢板分块卷制焊成的，主要由于输送蒸汽、水、油类等介质。其常见的规格为公称直径 $\phi150 \sim \phi1200$，加工供应的长度则随需要而定。

1174. 常见低压标准管道的规格？

答：常用的低压标准管道的规格见表 8-15～表 8-17。

表 8-15　　　　　低压流体输送钢管的规格

公称直径		外径	普通管		加厚管	
in	mm	mm	mm	kg/m	mm	kg/m
1/4	8	13.50	2.25	0.62	2.75	0.73
3/8	10	17.00	2.25	0.82	2.75	0.97
1/2	15	21.25	2.75	1.25	3.25	1.44
3/4	20	26.75	2.75	1.63	3.50	2.01
1	25	33.50	3.25	2.42	4.00	2.91

续表

公称直径		外径	普通管		加厚管	
in	mm	mm	mm	kg/m	mm	kg/m
1.25	32	42.25	3.25	3.13	4.00	3.77
1.5	40	48.00	3.50	3.84	4.25	4.58
2	50	60.00	3.50	4.88	4.50	6.16
2.5	65	75.50	3.75	6.64	4.50	7.88
3	80	88.50	4.00	8.34	4.75	9.81
4	100	114.00	4.00	10.85	5.00	13.44
5	125	140.00	4.50	15.04	5.50	18.24
6	150	165.00	4.50	17.81	5.50	21.63

表 8-16　　　　　　　　常见螺旋缝电焊钢管的规格

外径	壁厚（mm）			
	7	8	9	10
	理论重量			
mm	kg/m	kg/m	kg/m	kg/m
ϕ219	37.10	42.13	47.11	—
ϕ245	41.59	47.26	52.88	—
ϕ273	46.02	52.78	59.10	—
ϕ325	55.40	63.04	70.64	—
ϕ377	64.37	73.30	82.18	91.01
ϕ426	72.83	82.97	93.05	103.09
ϕ529	90.61	103.29	115.92	128.49
ϕ630	108.05	123.22	138.33	153.40
ϕ720	123.59	140.97	158.31	175.60
ϕ820	—	160.70	180.50	200.26

表 8-17　　　　　钢板卷制直缝电焊钢管的常见规格

公称直径	外径	壁厚	重量	公称直径	外径	壁厚	重量
mm			kg/m	mm			kg/m
150	159	4.5	17.15	500	530	6	77.30
150	159	6	22.64	500	530	9	115.60
200	219	6	31.51	600	630	9	137.80
225	245	7	41.00	600	630	10	152.90
250	273	6	39.50	700	720	9	157.80
250	273	8	52.30	700	720	10	175.09
300	325	6	47.20	800	820	9	180.00
300	325	8	62.60	800	820	10	199.75
350	377	6	54.90	900	920	9	202.20
350	377	9	81.60	900	920	10	224.41
400	426	6	62.10	1000	1020	9	224.40
400	426	9	92.60	1000	1020	10	249.07
450	480	6	70.14	1200	1220	10	298.89
450	480	9	104.50	1200	1220	12	357.47

1175. 简述常用中、高压管道的规格。

答：常用中、高压管道大多使用无缝钢管，其按制造方法分为轧管和冷拔管两种，按其用途的不同又可分为一般无缝钢管、专用无缝钢管两类。

常见的一般无缝钢管多使用 10 号、20 号、Q235 等钢材制造，主要用于中压或以下的流体管道、制作结构件或零部件，常见的冷拔管的外径为 5～200mm，壁厚为 0.25～14mm，热轧管的外径为 32～630mm、壁厚为 2.5～75mm。

专用无缝钢管则根据所用材质的不同又分为锅炉用无缝钢管（也称为普通炉管）、锅炉用高压无缝钢管（又称为高压炉管）、不锈钢和耐酸钢无缝钢管以及化工用、石油裂化用无缝钢管五个品种。常用的锅炉用无缝钢管是用 10 号、20 号优质碳素钢制造的，主要用于低碳钢制造的各种结构锅炉用的过热蒸汽管、沸水管；锅炉用高压无缝钢管是用优质碳素钢（20 号）、普通低合金钢（15MnV、12MnMoV）、合金结构钢（15CrMo、12CrMoV、12Cr2MoVB、12Cr3MoVSiTiB）等材料制造的，主要用于输送高温高压的汽水介质和含氢的高温高压介质。

不锈钢和耐酸钢无缝钢管是用不锈钢、耐酸钢制造的，主要用于输送强腐蚀性介质和低温、高温的介质。

1176. 如何选取钢管?

答：在选用钢管时，首先应按照介质的特性和参数（主要是温度和压力）来选出符合工作条件的几种管材，然后再作进一步的技术、经济分析和比较，最终确定所选用的钢管品种与规格。

对于输送一般腐蚀性介质的中低压碳素钢管道，管材钢号的选取应主要从耐温和耐压两个方面满足工作条件的要求来考虑。耐压问题主要从管壁厚度上解决，故根据介质工作温度的不同即可选用出不同的钢号。

对钢管种类的选取可参照如下的标准进行：

（1）当初选管道的公称直径 DN≤150mm 时，若介质温度不超过 200℃、公称压力不超过 1.0MPa 即可选择使用普通水煤气钢管或一般无缝钢管；若介质温度在 200℃ 以上或公称压力超过了 1.0MPa，则应选用一般无缝钢管。

（2）当初选管道的公称直径 200mm≤DN≤500mm 时，若介质温度不超过 450℃、公称压力不超过 1.6MPa 即可选择使用螺旋缝电焊钢管或一般无缝钢管；若介质温度在 450℃ 以上或公称压力超过了 1.6MPa，则应选用一般无缝钢管。

（3）当初选管道的公称直径 500mm≤DN≤700mm 时，可选用螺旋缝电焊钢管或钢板卷制焊管；当初选管道的公称直径 DN＞700mm 时，则应选用钢板卷制焊管。

此外，对输送强腐蚀性介质的管道，应选用不锈钢、耐酸钢无缝钢管；对输送一般腐蚀性高温高压汽、水介质的管道，则应选用锅炉用高压无缝钢管。

1177. 简述对管道进行热补偿的意义和常见形式。

答：由于热力系统中的汽、水管道从冷备用或停止状态到运行状态的温度变化很大，加上管道内流通介质的温度变化也能引起管道的伸缩，因而若管道的布置方式和支吊架的选择不当，则会造成运行中的管道由于冷、热温差变化剧烈产生较大的热应力，使得管道、与管道连接的热力设备的安全受到一定的威胁和损害，最后有可能使管道破裂或连接法兰结合面不严泄漏、管道及其连接的支吊架等设备一同受到不应有的破坏。

热补偿常用的有管道的自然补偿、加装各种形式的补偿器和冷态时施加预紧力三种方式。其中，自然补偿方式是利用管道的自然变形以及固定支架的位置来补偿管道所产生的热应力，这种方式适用于介质压力小于 1.6MPa、介质温度小于 350℃ 的管道：在管道上加装的补偿器常见的有 π 型和 Ω 型弯管、波纹补偿器、套筒式补偿器三种类型，波纹补偿器一般只适用于介质压力小于 0.6MPa、介质温度小于 350℃ 的汽水管道，套筒式补偿器则主要用于介质压力小于 0.6MPa、介质温度小于 150℃ 的汽水管道。对于高温高压的蒸汽管道而言，为了更好地消除管道热应力所带来的消极影响，常见的是采用自然补偿、冷紧以及加装补偿器三种方式中的两种或两种以上方式相结合的补偿方法。

1178. 热膨胀补偿器安装时为什么要对管道进行冷态拉伸？

答：为了减少膨胀补偿器工作时产生过大的应力，在安装时根据设计提供的数据对管道进行冷态拉伸，使管道在冷态下有一定的拉伸应力，减少管道热态应力。冷态拉伸值随介质温度不同而不同，当介质温度为 250℃ 时，冷态拉伸值为热伸长量的 50%；当介质温度为 250～400℃ 时，冷态拉伸值为热伸长量的 70%，当介质温度为 400℃ 以上时，为热伸长量的 100%。

1179. 紧管道法兰螺栓时，如何防止紧偏现象？

答：将法兰垫放正之后，应对称地拧紧螺栓，用力要尽量一致，检查法兰间隙比较均匀后，再对称地重紧一遍。

1180. 弯管时，管子的弯曲半径有何规定？为什么不能太小？

答：通常规定热弯的弯曲半径不小于管子公称直径的 3.5 倍，冷弯管的弯曲半径不小于管子公称直径的 4 倍。若弯曲半径太小，则会使管子出现裂纹，外弧侧管壁易发生折皱现象，质量严重降低，故通常要规定最小弯曲半径。

1181. 如何用手动弯管机弯管？

答：将弯管机固定在工作台上，弯管时把管子卡在管夹中固定牢固，用手扳动手柄，使小滚轮绕大轮作扇形滚动，就可以把管子弯成需要的弯管。手动弯管机只适用于管子直径尺寸在 38mm 以下的少量的弯制工作。

1182. 主蒸汽管、高温再热蒸汽管道的直管、弯管安装时应做哪些检查？

答：当工作温度高于 450℃的主蒸汽管、高温再热蒸汽管道的直管、弯管和导汽管安装时，应逐段进行外观、壁厚、金相组织、硬度等检查。弯管背弧外表面还需进行探伤。管道安装完毕，对弯管进行不圆度测量，做好技术记录，测量位置应能永久保存。

1183. 如何进行管子的热弯？

答：管子热弯的方法如下：

（1）检查管子材质、质量、型号等，再选择无泥土杂质、经过水洗和筛选的砂子，进行烘烤，使砂子干燥无水。

（2）将砂子装入管子中振打捣实，并在管子两端加堵。

（3）将装好砂子的管子运至弯管场地，根据弯曲长度，在管子上划出标记。

（4）缓慢加热管子及砂子，在加热过程中要注意转动或上、下移动管子，当管子加热到 1000℃时（管子呈橙黄色），用两根插销固定管子的一端，在管子的另一端加上外力，把管子弯曲成所需形状。

1184. 管道冷拉前应检查哪些内容？

答：管道冷拉前应检查的内容如下：

(1) 冷拉区域各固定支架安装牢固，各固定支架间所有焊口焊接完毕（冷拉除外），焊缝均经检查合格，应作热处理的焊口已作过热处理。

(2) 所有支架已装设完毕，冷拉附近支吊架的吊杆应留足够的调整余量，弹簧支吊架的弹簧应按设计值预压缩，并临时固定。

(3) 法兰与阀门的连接螺栓已拧紧。

(4) 应作热处理的冷拉焊口，焊后必须经检验合格，热处理完毕后，才允许拆除冷拉时所装拉具。

1185. 管子热弯分为几个步骤?

答：管子的热弯步骤如下：

(1) 灌砂。

(2) 画线。

(3) 加热。

(4) 弯制。

(5) 测量检查。

(6) 热处理。

1186. 管子使用前应作哪些检查?

答：管子使用前应作如下检查：

(1) 用肉眼检查管子表面，应光洁、无裂纹、重皮、磨损凹陷等缺陷。

(2) 用卡尺或千分尺检查管径和管壁厚度，根据管子的不同用途，尺寸偏差应符合相关标准。

(3) 检查不圆度时，用千分尺或自制样板，从管子全长选择3~4个位置来测量，被测截面的最大与最小直径之差与公称直径之比即为相对不圆度，通常要求相对不圆度不超过 0.05。

(4) 有焊缝的管子需进行通球检查，球的直径为公称内径的 80%~85%。

(5) 各类管子在使用前应按设计要求核对其规格，查明钢号。根据出厂证件，检查其化学成分、机械性能和应用范围，对合金钢管要进行光谱分析，检查化学成分是否与钢号相符合。对于要

求严格的部件，对管材还应做压扁试验和水压试验。

1187. 螺纹连接为什么要防松？

答：连接用的螺纹标准体都能满足自锁的条件，在静载荷的作用下，连接一般不会自动松脱。但是，在冲击、振动或变载荷作用下或当温度变化很大时，螺纹副中的自锁性能就会瞬时减小或消失。这种现象的多次重复出现，将使连接逐渐松脱，甚至会造成重大事故。因此，必须考虑螺纹连接的防松。

1188. 为何高温高压紧固件安装不当或工艺方法不对，容易造成螺栓断裂？

答：紧固螺栓时采用过大的初紧力、热紧时加热方式不当、拆装螺栓时用大锤锤击、螺栓安装偏斜等都容易发生螺栓断裂。电厂在实际安装时为保证密封，往往给予过高的扭紧力，这样对紧固件钢的屈服极限要求提高，同时容易使紧固件用钢产生蠕变脆性。加热不当，如用火焰加热，容易造成过热；加热过快或不均匀，会增大热应力。CrMoV 钢在 150～390℃时冲击韧性值最高，因此，紧固件装拆时加热到该温度较为有利。装拆螺栓用大锤锤击容易使螺栓的某些部位造成损坏和过大的应力集中而产生裂纹。螺栓安装偏斜会使螺栓承受不均匀的附加轴向应力，从而促使螺栓过早断裂。

1189. 高压管道的对口要求是什么？

答：高压管道的对口要求如下：

（1）高压管道焊缝不允许布置在管子弯曲部分。

1）对接焊缝中心线距离管子弯曲起点或距汽包联箱的外壁以及支吊架边缘至少有 70mm。

2）管道上对接焊缝中心线距离管子弯曲起点不得小于管子外径，且不得小于 100mm，其与支吊架边缘的距离则至少有 70mm。

3）两对接焊缝中心线间的距离不得小于 50mm，且不得小于管子的直径。

（2）凡是合金钢管子，在组合前均需经光谱或滴定分析检验，鉴别其钢号。

（3）除设计规定的冷拉焊口外，组合焊件时，不得用强力对正，以免引起附加应力。

（4）管子对口的加工必须符合设计图纸或技术要求，管口平面应垂直于管子中心，其偏差值不应超过 1mm。

（5）管端及坡口的加工，以采取机械加工方法为宜，如用气割施工，需再作机械加工。

（6）管子对口端头的坡口面及内外壁 20mm 内应清除油漆、垢、锈等，至发出金属光泽。

（7）对口中心线的偏差不应超过 1/200mm。

（8）管子对口找正后，应点焊固定，根据管径的大小对称点焊 2～4 处，长度为 10～20mm。

（9）对口两侧各 1m 处设支架，管口两端堵死以防穿堂风。

1190. 管道焊接时，对其焊口位置有什么具体要求？

答：管道焊接时，其焊口位置的具体要求如下：

（1）管子接口距离弯管起弧点不得小于管子外径，且不小于 100mm，管子两个接口间距不得小于管子外径，且不小于 150mm。管子接口不应布置在支吊架上，至少应离开支吊架边缘 50mm。对焊后需热处理的焊口，该距离不得小于焊缝宽度的 5 倍，且应不小于 100mm。

（2）在连通管道上的铸造三通、弯头、异径管或阀件时，应加短管，在短管上焊接，当短管公称直径大于或等于 150mm 时，短管长度应不小于 100mm。

（3）在管道附件上或管道焊口处，不允许开孔或连接支管和表座管。

（4）管道连接时，不得强力对口，管子与设备的连接，应在设备安装定位后进行，一般不允许将管道重量支撑在设备上。

（5）管子或管件的对口，一般应做到内壁齐平，局部错口不应超过壁厚的 10%，且不大于 1mm；外壁的差值不应超过薄件厚度的 10%，另加 1mm，且不大于 4mm，否则应按规定做平滑过渡斜坡。

（6）管子对口时用直尺检查，在距接口中心线 200mm 处测量，其折口允许差值 a 为：

1）当管子公称通径小于 100mm 时，$a \leqslant 1$mm。

2) 当管子公称通径大于或等于 100mm 时，$a \leqslant 2$mm。

1191. 管道安装施工测量的主要方法是什么？

答：测量时，应根据施工设计图纸的要求定出主干管和各转角的位置。对水平管段先测出一端的标高，再根据管段长度要求，定出另一端标高。两端标高确定后，就可以用拉线法定出管道中心线的位置，再在主干管两中心线上，确定出各支管、各管道附件的位置，然后再测量各管段的长度和弯头的角度。如果是连接设备的管道，一般应在设备就位后进行测量，根据测量结果，绘出详细的管道安装图，作为管道组合和安装的依据。

1192. 管道的安装要点有哪些？

答：管道的安装要点如下：

（1）检查管道垂直度（用吊线锤法或用水平尺检查）。

（2）管道要有一定的坡度，汽水管段的坡度一般为 2%。

（3）焊接或法兰连接不得强制对口（冷拉除外），最后一次连接的管道，法兰应加焊，以消除张口现象。

（4）汽管道最低点应装疏水管及阀门，水管道最高点装放气管和放气阀。

（5）管道密集的地方应留足够的间隙，以便保温和维修，油管路不能直接和蒸汽管道接触，以防油系统着火。

（6）蒸汽温度高于 300℃、管径大于 200mm 的管道，应装膨胀指示仪。

1193. 主蒸汽管道的检修内容有哪些？

答：主蒸汽管道的检修内容如下：

（1）对主蒸汽管道进行蠕胀测量。高温高压蒸汽管道长期在高温高压条件下工作，管壁金属会产生由弹性变形缓慢转变成塑性变形的蠕胀现象，因此，每次主设备大修时都要对主蒸汽管道的蠕胀测点进行测量，以便与原始段对照比较，监督蠕胀变化情况。

（2）运行一定时间后，对主蒸汽管道需进行光谱复核，进行不圆度测量、壁厚测量，焊口有无损伤检查以及金相检查等。对于运行超过 10 万 h 的管道，应按金属监督规程要求做材质鉴定试验。

（3）主蒸汽管道的金相试验是对主蒸汽管道进行覆膜金相组织检查，也是监视主蒸汽管道金相变化的有效办法。

（4）支吊架检查。

1）检查支吊架和弹簧有无裂纹、歪斜，吊杆有无松动、断裂，弹簧压缩度是否符合设计要求，弹簧有无压死；

2）检查固定支吊架的焊口和卡子底座有无裂纹和位移现象；

3）检查滑动支吊架和膨胀间隙有无杂物影响管道自由膨胀；

4）检查弹簧吊架的弹簧盒是否有倾斜现象；

5）检查支架根部有无松动、本体有无变形。

（5）解体检修。检查保温是否齐全，凡不完整的地方，应进行修复。

1194. 对管道严密性试验有什么要求？

答：管道系统通过水压试验进行严密性试验。试验时将空气排尽，一般用 1.25 倍工作压力（但不得小于 0.196MPa，埋入地下的压力管不得小于 0.392MPa）的试验压力进行水压试验，试验时间为 5min，无漏泄现象。当试验压力超过 0.49MPa 时，禁止拧紧各接口连接螺栓，发现泄漏时，应降压消除缺陷后再进行试验。

1195. 管道与设备连接时的一般要求？

答：管道与设备连接时的一般要求如下：

（1）在设计或设备制造厂无特殊规定时，对于不允许承受附加外力的传动设备在进行设备法兰与管道法兰的连接工作之前，必须在自由状态下检查设备法兰与管道法兰的平行度、同轴度，其允许的偏差不得超过以下数值：对设备转速在 3000～6000r/min 范围内的，应保证两个法兰的平行度小于或等于 0.15mm、同轴度小于或等于 0.50mm；对设备转速在大于 6000r/min 的，应保证两个法兰的平行度小于或等于 0.10mm、同轴度小于或等于 0.20mm。

（2）在管道系统与设备进行最终封闭连接时，应在设备联轴器上架设百分表监视设备的位移。对于转速大于 6000r/min 的设备，其位移值应小于 0.02mm；对于转速在小于或等于 6000r/min 范围内的设备，其位移值应小于 0.05mm；对于需要预拉伸（或压缩）的管道与设备完成最终连接时，设备则不能产生任何位移。

（3）在管道经过试压、吹扫合格之后，应再次对管道与设备的接口进行复位检查，其偏差值不得超过上述两条规定中的标准；如果出现超差现象，则应重新进行调整，直至合格。

（4）管道安装合格之后，不得再承受设计之外的附加载荷。

1196. 中低压管道安装过程中相关的注意事项有哪些？

答： 中低压管道安装过程中相关的注意事项如下：

（1）管道安装时应对法兰密封面、密封垫片进行外观检查，不得存在有影响密封效果的缺陷存在。

（2）相邻法兰连接时应保持平行，其平行度偏差不得大于法兰外径的 0.15％且不大于 2mm，不得采用强紧螺栓的方法来消除偏斜。

（3）相邻法兰连接时应保持同轴度，其螺栓中心偏差不得超过孔径的 5％，并保证螺栓能够自由地穿入。

（4）对于大直径的法兰需要制作垫片时，应采用斜口、燕尾槽或迷宫形式搭接，不得采取平口对接。

（5）法兰之间采用软垫片密封时，垫片周边应整齐，垫片尺寸不得超出密封面尺寸±1.5mm 以上；采用软钢、铜、铝等金属垫片时，安装前必须经过退火软化处理。

（6）在管道安装时若遇有使用不锈钢与合金钢螺栓和螺母、管道设计温度高于 100℃或低于 0℃、介质具有腐蚀性或伴有大气腐蚀等情形，则应将螺栓和螺母涂以二硫化铝油脂或石墨粉。

（7）法兰连接时应使用同一种规格的螺栓和螺母，且安装方向应保持一致；紧固螺栓时应对称均匀、用力适度，紧固好以后的螺栓外漏长度不应大于 2 倍的螺距。

（8）对于高温或低温管道上使用的螺栓，在试运过程中应按照规定进行冷紧或热紧。

（9）管子对口时应检查其平直度，在距离接口中心 200mm 处测量出的偏差不得超过 1mm/m，且全长允许的最大偏差不得超过 10mm。管子对口之后应垫置牢固，防止焊接或热处理过程中再产生变形。

1197. 管道安装的允许偏差值是多少？

答：对于一般的中、低压管道，在安装或检修过程中可参照表 8-18 中给出的偏差范围进行施工。

表 8-18 管道安装的允许偏差值

项　　目			允许偏差（mm）	
坐标及标高	室　外	架　空	15	
		地　沟	15	
		埋　地	25	
	室　内	架　空	10	
		地　沟	15	
水平管弯曲	管子公称通径≤100mm		1/1000	最大 20
	管子公称通径>100mm		1.5/1000	
立管垂直度			2/1000	最大 15
成排管束	在同一平面上		5	
	间　距		+5	
交叉管道	管外壁或保温层间距		+10	

1198. 安装中低压管道时，对接口及焊缝的一般要求有哪些？

答：安装中低压管道时，对接口及焊缝的一般要求如下：

（1）管子接口距离弯管的弯曲起点不得小于管子的外径尺寸，且不小于 100mm。

（2）管子相邻两个接口之间的距离不得小于管道外径，且不小于 150mm。

（3）管子的接口不得布置在支吊架上，接口焊缝的位置与支吊架边缘的净距离不得小于 50mm；在对焊连接之后需要做热处理的接口，则接口位置距离支吊架的边缘不得小于 5 倍的焊缝宽度，且不得小于100mm。

（4）管子接口处应避开疏水管、放水管以及仪表等的开孔位置，接口位置距离开孔边缘不得小于50mm，且不得小于开孔的孔径。

（5）管道在通过隔墙、楼板、立柱或一些不易进入的隐蔽环境时，位于隔墙、楼板等内部的管道不得有接口。

（6）对于直管段，相邻的两个环形焊缝间的距离不得小于100mm。

（7）卷制管的纵向焊缝应布置在易于检修和观察的地方，且不宜于放在管子的底部。

（8）在管道焊缝上开孔时，如果必须开孔则应经过无损害擦伤检验合格方可。

（9）对于有加固环的卷制管，加固环的对接焊缝应与管子的纵向焊缝错开，且其间距不得小于100mm；加固环距离管子的环向焊缝也不应小于50mm。

（10）穿过墙壁或楼板的管道一般应加装套管，但管道焊缝不能置于套管内；穿墙套管的长度不应小于墙壁的厚度，穿过楼板的套管应高出地面或楼面50mm，且管道与套管之间的缝隙应采用石棉或其他阻燃材料予以填塞。

1199. 什么是管子的人工热弯？注意事项有哪些？

答：管子的人工热弯就是选用干净、干燥和具有一定粒度的砂石充满将被弯的管道内并通过振打使砂子填实，然后加热管子、采用人工方法把直管弯曲成为所需弧度的弯管的过程。在进行热弯时，须注意以下几点：

（1）检查待弯管子的材质、质量等，并选择好无泥土杂质、经过水洗和筛选的砂子，对砂石进行烘烤以确保其干燥无水。

（2）将砂石灌入待弯的管子中并振打敲实后，在管子的两个端部加装堵头。

（3）将装好砂石的管子运至弯管场地，根据弯曲长度在管子上画出标记。

（4）缓慢、均匀地加热管子做出标记的部位，在加热过程中注意不停地转动和来回地移动管子以防止出现局部的过热现象；待管子加热到 1000℃ 左右时，固定好管子的一端，在管子的另一端施加外力，即可将管子弯曲成所需要的形状。

1200. 什么是管子的冷弯？

答：管子的冷弯就是按照弯管子的直径和弯曲半径选择好胎具，在弯管机上将管子弯成所需要角度的弯管过程。对于大直径、管壁厚的管子，则是采用局部加热后在弯管机上进行弯制的方法来实现弯管过程的。

冷弯管子通常采用弯管机来弯制，弯管机有手动、手动液压和电动三种方式。手动弯管机一般固定在工作台上，弯管时将管子卡在夹具中，用手的力量扳动把手使滚轮围绕工作轮转动，即可把管子弯曲成所需要的角度；电动弯管机则是通过一套减速机构使工作轮转动，工作轮带动管子移动并被弯曲成所需的形状。

1201. 管道焊接时对焊口位置的具体要求有哪些？

答：管道焊接时对焊口位置的具体要求如下：

（1）管子的接口距离弯管部分的起弧点不得小于管子的外径，且不小于 100mm；管子的任意两个相邻接口之间的间距不得小于管子的外径，且不小于 150mm；管子的接口不能布置在支吊架上且至少距离支吊架的边缘 50mm，对于焊接后需进行热处理的焊口，该距离则不得小于焊缝宽度的 5 倍，且不应小于 100mm。

（2）在连接管道上的三通、弯头、异径管或阀件等为铸造件时，应加装钢制短管并在短管上进行焊接，以实现管子与管件的连接；而且当管子的公称直径大于或等于 150mm 时，所选配短管的长度不应小于 100mm。

（3）在管道的焊缝位置或管道附件上，一般不允许进行开孔、连接支管和表管支座的工作。

（4）在管子进行焊接连接时，不得强行对口；将管子与设备连接时，应在设备定位后进行，且不允许将管子的重量支撑在设备上。

（5）在焊接对口时应做到内壁平齐，管子或管件的局部错口不应超过管子壁厚的 10%，且不大于 1mm；管子或管件的外壁差值不应超过薄件厚度的 10% 加 1mm，且不大于 4mm，若出现超差情况时，需按照规定制作平滑过渡斜坡再进行对接。

（6）管子对口时，在距离接口 200mm 处用直尺检查测量其折口允许差值 α 为：

1）当管子公称直径小于 100mm 时，$\alpha \leqslant 1mm$。

2）当管子公称直径大于或等于 100mm 时，$\alpha \leqslant 2mm$。

1202. 管道冷拉时应检查的内容有哪些？

答：管道冷拉时应检查的内容如下：

（1）在冷拉区域范围内的固定支架均安装牢固，各固定支架肩的所有其他焊口（冷拉口除外）已焊接完毕、焊缝经过检查合格，应做热处理的焊缝已经过处理。

（2）所有吊架已装设完毕，冷拉口附近吊架的吊杆应留有足够的调整余量，弹簧支吊架的弹簧应按照设计值预压缩并临时固定。

（3）冷拉区域中的阀门与法兰的连接螺栓均已紧固好。

（4）应做热处理的冷拉焊口，在焊接工作完成、热处理检验合格之后，才能允许拆除冷拉时装设的拉紧装置。

1203. 简述自制热煨弯头的质量标准。

答：自制热煨弯头的质量标准如下：

（1）外观检查。弯曲管壁的表面不得有金属分层、裂纹、皱折和灼烧过度等缺陷。

（2）管子椭圆度检查。在工作压力大于 9.8MPa 时，弯头部位的椭圆度不得超过 6%；在工作压力小于 9.8MPa 时，弯头部位的椭圆度不得超过 7%。

（3）弯头部分的管壁厚度检查。检测管壁历史阶段的最小值不得小于设计计算的壁厚。

（4）通球检查。用不小于管子内径 80% 的球检测，需通过整根管子。

（5）检测管子弯曲半径的偏差不超过 ±10mm。

（6）检查管子内侧不得有波浪皱折。

1204. 简述汽水管道的安装要点。

答：汽水管道的安装要点如下：

（1）对于管道的垂直段，应使用吊线锤法或水平尺检查的方法进行垂直度的检查。

（2）对于管道的水平段，应保证管道具有一定的坡度，一般汽水管道的坡度选取 0.2%。

（3）对法兰连接或焊接的对口不得采用强制的手段进行连接（冷拉接口除外）。

（4）在蒸汽管道的最低点应装设疏水管及阀门，在水管道最高点应设置放气管与放气阀。

（5）对于蒸汽温度超过 300℃、管径大于 200mm 的管道，应装设膨胀指示仪来监督管道的伸缩变化。

1205. 管子弯制后出现哪些情况判为不合格？

答：管子弯制后有下列情况之一时为不合格：

（1）内层表面存在裂纹、分层、重皮和过烧等缺陷。

（2）对于公称压力大于或等于 10MPa 的管道，弯曲部分不圆度大于 6%。

（3）对于公称压力小于 10MPa 的管道，弯曲部分不圆度大于 7%。

（4）弯管外弧部分壁厚小于直管的理论计算壁厚。

1206. 更换管材、弯头和阀门时，应注意检查哪些项目？

答：更换管材、弯头和阀门时，应注意检查的项目如下：

（1）检查材质是否符合设计规范要求。

（2）有无出厂证件、采取的检验标准和试验数据。

（3）要特别注意使用温度和压力等级是否符合要求。

1207. 叙述固定支吊架的安装要点。

答：支吊架通常固定在梁、柱或混凝土结构的预埋构件上，必须保证支承件牢固。固定支架的承力最大，它不但承受管道和管内介质的重量，而且还承受管道温度变化时产生的推力或拉力，安装中要保证托架、管箍与管壁紧密接触，并把管子卡紧，使管子不能转动、窜动，从而起到管道膨胀死点的作用。

1208. 选用管道支吊架的基本原则是什么？

答：选用管道支吊架的基本原则如下：

（1）在管道上不允许有任何位移的地方应设置固定支架，而且固定支架要生根在牢固的厂房结构或专设的结构物上。

（2）在管道上无垂直位移或垂直位移很小的地方可装设活动支架，活动支架的型式应根据管道需减少摩擦力或对管道摩擦力无严格控制等对摩擦作用要求的不同来选择。

（3）在水平管道上只允许管道单向水平位移的地方、在铸铁件的两侧或π形补偿器两侧适当距离的地方，应装设导向支架。

（4）在管道具有垂直位移的地方应装设弹簧吊架，若安装位置不便于装设弹簧吊架时也可采用弹簧支架；在管道同时具有水平位移时，应选用滚珠弹簧支架。

（5）在垂直管道通过楼板或屋顶时应装设套管，但套管不应限制管道的位移和承受管道的垂直负荷。

1209. 管道支吊架的作用、形式有哪些？

答：管道支吊架是用来固定管子、承受管道本身及其内部流通介质的质量的，而且管道支吊架还应满足管道热补偿和位移的要求，可以减轻管道的振动水平。

常见的管道支吊架形式如下：

（1）固定支架。它用管夹牢牢地把管道夹固在管枕上，而整个支架固定在建筑物的托架上，因此，能够保证管道支撑点不会发生任何位移或转动。

（2）活动支架。它除了承受管道重量之外，还可限制管道的某个位移方向，即当管道有温度变化时可使其按照规定的方向移动，分为滑动支吊架、滚动支吊架两种。

（3）吊架。有普通吊架和弹簧吊架两种形式。普通吊架可以保证管道在悬吊点所在的平面内自由移动，弹簧吊架则可保证管道悬吊点在空间任何方向内自由移动。

1210. 管道支吊架弹簧的外观检查及几何尺寸应符合哪些要求?

答: 管道支吊架弹簧的外观检查及几何尺寸应符合如下要求:

(1) 弹簧表面不应有裂纹、分层等缺陷。

(2) 弹簧尺寸的公差应符合图纸要求。

(3) 弹簧工作圈数的偏差不应超过半圈。

(4) 在自由状态时,弹簧各圈的节距应均匀,其偏差不得超过平均节距的±10%。

(5) 弹簧两端支承面与弹簧轴线应垂直,其偏差不得超过自由高度的2%。

1211. 管道支吊架检查的内容有哪些?

答: 管道支吊架检查的内容如下:

(1) 当为固定支架时,管道应无间隙地放置在托枕上,卡箍应紧贴管子支架。

(2) 当为活动支架时,支架构件应使管子能自由或定向膨胀。

(3) 当为弹簧吊架时,吊杆应无弯曲现象,弹簧的变形长度不得超过允许数值,弹簧和弹簧盒应无倾斜或被压缩而无层间间隙的现象。

(4) 所有固定支架和活动支架的构件内不得有任何杂物。

1212. 管道支架制作的基本要求是什么?

答: 管道支架制作的基本要求如下:

(1) 保证管道支吊架形式、材质、加工尺寸、加工准确度和焊接工艺等符合设计或规范的要求。

(2) 支架底板以及支吊架弹簧盒的工作面应保持平整。

(3) 管道支吊架的焊缝应进行外观检查,不得存留漏焊、欠焊、裂纹、咬边等焊接缺陷。

(4) 制作完成并检验合格的支吊架应进行防腐处理,对合金钢制作的支吊架应留有材质标记并应妥善保护。

1213. 管道支吊架弹簧的检验原则是什么?

答: 管道支吊架弹簧除了应有的合格证明外,其外观、几何尺寸也应符合下列规定：

（1）弹簧表面不应有裂纹、折皱、分层、锈蚀等缺陷。

（2）加工尺寸的偏差不超过图纸或设计的要求。

（3）工作圈数偏差不应超过半圈。

（4）在自由状态时弹簧各圈的节距应均匀，其偏差不得超过平均节距的 10%。

（5）弹簧两端支撑面应与弹簧轴线相垂直，其偏差不得超过自由高度的 2%。

（6）对工作压力大于 10MPa 或工作温度超过 450℃ 的管道支吊架弹簧，应进行全压缩变形试验、工作载荷压缩试验并保证合格。

1）全压缩变形试验。是将弹簧压缩到各圈互相接触并保持 5min，泄载后的永久变形不应超过弹簧自由高度的 2%；若超过此偏差值则应重复进行试验，应确保连续两次试验的永久变形总和不超过弹簧自由高度的 3%。

2）工作载荷变形试验。是在工作载荷下将弹簧进行压缩，测取弹簧的压缩量应符合设计要求。其允许的偏差为：对于有效圈数为 2～4 圈的弹簧，允许压缩量偏差为设计值的 ±12%；对于有效圈数为 5～10 的弹簧，允许压缩量偏差为设计值的 ±10%；对于有效圈数为 10 圈以上的弹簧，允许压缩量偏差为设计值的 ±8%。

1214. 管道支架安装的一般要求是什么？

答：管道支架安装的一般要求如下：

（1）支架横梁应牢固地固定在墙壁、梁柱或其他结构物上，如图 8-19 所示，横梁长度方向应水平，顶面应与管子中心线平行。

（2）无热位移的管道吊架的吊杆应垂直于管子，吊杆的长度应能够调节；对于有热位移的管道，吊杆应在位移相反方向、按位移值的 1/2 的位置来倾斜安装，若是两根热位移方向相反或位移值不等的管道，除了设计特殊要求或特殊规定外，一般不得使用同一根杆件。

（3）由于固定支架同时承受着管道的压力和补偿器的反作用力，所以固定支架必须严格安装在设计规定的位置，并应确保管

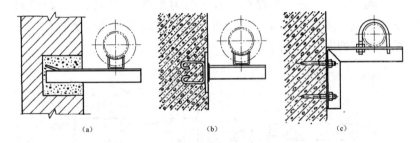

图 8-19　管道支架的安装方法

（a）埋入墙内的支架；（b）焊接到预埋钢板上的支架；（c）用射钉安装的支架

子牢固地固定在支架上。对于无补偿装置但有位移的直管段，不得同时安装两个固定支架。

（4）活动支架不应妨碍管道由于热膨胀所引起的移动，其安装位置应从支撑面中心向位移的反方向偏移、偏移值应取位移值的 1/2。管道在支架横梁或支座的金属垫块上滑动时，支架不应偏斜或将滑托卡住，保温层也不应妨碍管道的热位移。

（5）在补偿器的两侧应安装 1～2 个导向支架，以保证管道在支架上伸缩时不会偏离中心线。在保温管道中不宜于采用过多的导向支架，以免影响管道的自由伸缩。

（6）支架的受力部件，如横梁、吊杆、螺栓等的加工、选配和使用一定要符合设计或相关标准的规定。

（7）各种支架应保证管道中心距离墙壁的尺寸符合设计的要求，一般保温管道的保温层表面离开墙壁或梁柱表面的净距离不应小于 60mm。

（8）对于铸铁、铝等铸造加工以及大口径管道上的阀门，应设置专门的支架，不得采用管道来承重。

1215. 简述常见标准法兰的种类及用途。

答：常见的法兰是根据介质的性质（如介质的腐蚀性、易燃易爆性、渗透性等）、温度和压力参数来选定的标准系列的法兰。对于非标准系列的法兰，一般需要根据要求自行设计和计算。

第二篇　检修技术篇

通常，按照法兰的结构形式可分为光滑面平焊法兰、凹凸面平焊法兰、光滑面对焊法兰、凹凸面对焊法兰和梯形槽面对焊法兰五种，如图 8-20 所示。

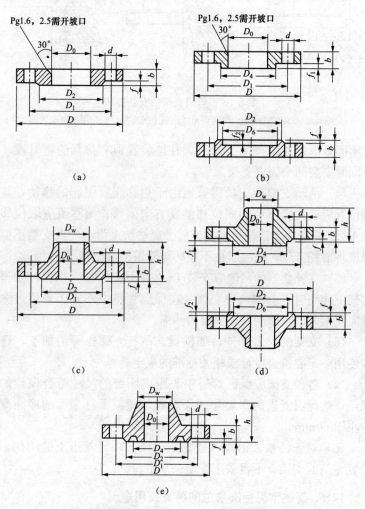

图 8-20　常见标准法兰结构

(a) 光滑面平焊钢法兰；(b) 凹凸面平焊钢法兰；(c) 光滑面对焊钢法兰；
(d) 凹凸面对焊钢法兰；(e) 梯形槽面对焊钢法兰

对光滑面平焊法兰来说，它主要适用于工作压力 PN≤

390

2.5MPa、温度 $t \leqslant 300℃$ 的一般介质；而凹凸面平焊法兰则适宜于工作压力 PN $\leqslant$ 2.5MPa、温度 $t \leqslant 300℃$ 的易燃易爆、有毒性和刺激性或要求密封比较严格的介质。

对光滑面对焊法兰而言，它主要适用于工作压力 PN $\leqslant$ 4.0MPa、温度 $t \geqslant 300℃$ 的一般介质；而凹凸面对焊法兰则适宜于中、高压的一般介质以及工作压力 PN $\leqslant$ 6.4MPa、温度 $t \geqslant 300℃$ 的易燃易爆、有毒性和刺激性或要求密封比较严格的介质。

梯形槽面对焊法兰则主要用于工作压力在 6.4MPa $\leqslant$ PN $\leqslant$ 16MPa，有特殊要求的汽水管道或中、高压油品及类似的介质。

1216. 选择法兰时的注意事项有哪些？

答：当配置与设备或阀件相连接的法兰时，应按照设备或阀件的公称压力等级来进行选择，否则就会造成所选择的法兰与设备或阀件上的法兰尺寸不能配套的情况。当选用凹凸面、榫槽式法兰连接时，一般无特殊规定的情况下，应将设备或阀件上的法兰制作成凹面或槽面，而配制的法兰则加工成凸面或榫面。

(1) 对于气体介质管道上的法兰，当其公称压力不超过 0.25MPa 时，一般也应按照 0.25MPa 的等级来选配。

(2) 对于液体介质管道上的法兰，当其公称压力不超过 0.60MPa 时，一般也应按照 0.60MPa 的等级来选配。

(3) 对于真空管道上的法兰，一般应按照不低于 1.0MPa 的等级来选配凹凸面形式的法兰。

(4) 对于输送易燃、易爆、有毒性或刺激性介质的管道上的法兰，无论其工作压力为多少，至少应选配 1.0MPa 等级以上的。

1217. 选配法兰紧固的基本原则是什么？

答：选配法兰紧固的基本原则如下：

(1) 法兰用的紧固件是指法兰的螺栓、螺母和垫圈，其材质和类型的选择主要取决于法兰的公称压力和工作温度。

(2) 法兰螺栓的加工准确度需要参照其工作条件确定，当配用法兰的公称压力 PN $\leqslant$ 2.5MPa、工作温度 $t \leqslant 350℃$ 时，可选用半精制的六角螺栓和 A 型半精制六角螺母；当配用法兰的公称压力 4.0MPa≤PN≤20MPa 或工作温度 t>350℃时，则应当选用精制的等长螺纹双头螺栓和 A 型精制六角螺母。

(3) 法兰螺栓的数目和尺寸主要取决于法兰的直径和公称压力，可参照相应的法兰技术标准选配。通常法兰螺栓的数目均为 4 的倍数，以便于采用"十字法"对称地进行紧固。

(4) 在选择螺栓长度时，应保证法兰拉紧后保持螺栓突出螺母外部尺寸为 5mm 左右，且不应少于 2 个螺纹丝扣的高度。

(5) 在选择螺栓和螺母的材料时，选配螺母材料的硬度不得高于螺栓的硬度（一般原则为降低一个硬度等级），以保护螺栓不至于受到螺母的损伤，避免螺母破坏螺栓上的螺纹。

(6) 通常，无特殊要求的情况下在螺母下面不设垫片。若螺杆上加工的螺纹长度稍短、无法保证拧紧螺栓时可加装一个钢制平垫；但不得采用叠加垫片的方法来补偿螺纹的长度，确实不合适时应重新选择螺纹加工长度恰当的新螺栓。

1218. 管道法兰冷紧或热紧的原则是什么？

答： 管道法兰冷紧或热紧的原则如下：

(1) 对于工作温度高于 200℃或在 0℃以下的管道，除了连接管道过程中对螺栓的紧固之外，在管道投运初期（保持工作温度 24h 之后）还应立即进行管道的热紧和冷紧。

(2) 在管道的热紧过程中，紧固螺栓时管道内存留的压力应符合以下的规定：

1) 当管道设计压力小于 6MPa 时，允许热紧管道内存压不超过 0.3 MPa；

2) 当管道设计压力大于 6MPa 时，允许热紧管道内存压不超过 0.5MPa。

(3) 在对低温管道进行冷紧时，一般应先将管道泄压之后再完成。

(4) 在对管道螺栓进行热紧、冷紧时紧固的力度应适当，且应有一定的技术措施和安全保障措施，必须保证操作人员的安全。

(5) 对管道螺栓进行冷紧或热紧时的温度要求可参考表 8-19。

表 8-19　　　　　　管道热紧、冷紧参考温度

管道的工作温度（℃）	第一次热紧、冷紧温度（℃）	第二次热紧、冷紧温度（℃）
250≤t≤350	工作温度	—
t>350	350	工作温度
−70≤t≤−20	工作温度	—
t<−70	−70	工作温度

1219. 连接螺栓使用的基本原则是什么？

答：连接螺栓使用的基本原则如下：

（1）对于压力小于或等于 2.5MPa 的管道法兰采用粗制六角头螺栓及六角螺母连接。

（2）对于压力为 4.0～20MPa 的管道法兰采用精制双头螺栓、螺母及垫圈连接。

（3）对于压力为 20～100MPa 的管道法兰连接件采用特制双头螺栓、螺母及垫圈连接。

（4）对于在有振动等工作条件下运行的管道法兰件，应加装弹簧垫圈。

（5）对于高温、高压条件下工作的管道法兰连接件，应按照其相应的要求选配适当的螺栓和螺母连接。

1220. 对高温螺栓材料的要求有哪些？

答：对高温螺栓材料的要求如下：

（1）应具有较高的抗松弛性能，以确保施加较小的初紧应力也可保证在一个大修周期内不低于密封应力（我国对螺栓的设计工作期限为 2×10^4 h，最小密封应力为 $147MN/m^2$）。

（2）应具有足够高的强度，以便于加大螺栓的初紧力，这点对于抗松弛性能较差的材料尤为重要。

（3）对细小缺口的敏感性应较低，以减小可能在螺纹损伤、产生应力集中处的破坏。

（4）由于热脆原因而发生破坏的倾向应很小，并应具有良好的抗氧化性能和耐腐蚀性能。

（5）为了避免发生螺母与螺栓"咬死"的现象，应选择螺母的材料硬度比螺栓的降低 20～40HB。

此外，还应考虑螺栓材料的线膨胀系数和导热系数同被固定金属的线膨胀系数和导热系数应尽量接近，以减小由此带来的不必要的应力产生。

1221. 如何选用法兰与紧固件的材料？

答： 通常根据管道的工作压力和工作温度选取配套使用的法兰与紧固件的材料，且一般要求螺母和垫圈的材料等级或硬度要比螺栓、双头螺柱降低一挡。具体选取时，可参照表 8-20 考虑。

表 8-20　　　　　　　　推荐选用的法兰与紧固件的材料

名称	公称压力（MPa）	介质在下列工作温度 t（℃）时应选用的钢号		
		$t \leqslant 325$	$325 < t < 425$	$t \geqslant 450$
螺栓或双头螺柱	0.25、0.60、1.0、1.6、1.0、2.0、2.5	25、35 或 Q215、Q235	30CrMoA、35CrMoA	25Cr2Mo
	4.0、6.4、10.0	35、45	30CrMoA、35CrMoA	25Cr2Mo
	$\geqslant 16.0$	30CrMoA、35CrMoA	25Cr2Mo	25Cr2Mo
螺母	0.25、0.60、1.0、3.6、1.0、4.0、2.5	25、35 或 Q215、Q235	35、45 或 30CrMoA	30CrMoA、35CrMoA
	4.0、6.4、10.0	35、45	30CrMoA、35CrMoA	25Cr2Mo
	$\geqslant 16.0$	30CrMoA、35CrMoA	30CrMoA、35CrMoA	25Cr2Mo
垫圈		25、35	25、35	12CrMo、15CrMo
法兰	0.25、0.60、1.0、5.6、1.0、6.0、2.5	A₃	20、25	20、25
	4.0、6.4、10.0	20、25	20、25	12CrMo、15CrMo
	$\geqslant 16.0$	20、25	20、25	12CrMo、15CrMo

第三节 压力容器检修工艺

1222. 汽轮机辅机一般包括哪些设备？

答：汽轮机辅机一般包括如下设备：

（1）凝汽器和保证凝汽器正确工作的抽气器、管束清洗装置、水位自动调节器。

（2）低压加热器。

（3）除氧器。

（4）高压加热器。

（5）轴封冷却器。

（6）冷油器。

（7）疏水扩容器。

（8）各种水泵。

（9）冷却汽轮发电机组的冷却设备。

1223. 在什么情况下，压力容器要进行强度校核？

答：压力容器要进行强度校核的情况有：

（1）材料牌号不明、强度计算资料不全或强度计算参数与实际情况不符。

（2）受汽水冲刷，局部出现明显减薄。

（3）结构不合理且已发现严重缺陷。

（4）修理中更换过受压元件。

（5）检验员对强度有怀疑时。

1224. 简述除氧器的作用。

答：除氧器是一种混合式加热器，它的作用如下：

（1）除去锅炉给水中溶解的氧等气体。

（2）加热给水，提高循环热效率。

（3）收集高压加热器的疏水，减少汽水损失，回收热量。

1225. 除氧器的除氧原理是什么？

答：热电厂主要采用热力除氧的方法来除去给水中所有的气

体。热力除氧的原理就是将水回热到饱和温度时，水蒸气的分压力就会接近100％，则其他气体的分压力就将降到零，于是这些溶解于水中的气体将被全部排除。

1226. 除氧器能够除氧的基本条件是什么？

答： 给水在除氧器中由蒸汽加热到除氧器压力下的饱和温度，在加热过程中被除氧的水必须保证与加热蒸汽有足够的接触面积，并将从水中分离逸出的氧及游离气体及时排走。

1227. 火力发电厂除氧器有哪些类型？

答： 根据水在除氧器内流动的形式不同，除氧器的形式可分为水膜式、淋水盘式、喷雾式、喷雾填料式、旋膜式等。水膜式除氧器由于处理水质效果较差，目前电厂内已基本不再采用，这里不再介绍。现将使用较为普遍的淋水盘式、喷雾式、喷雾填料式三种类型除氧器的构造及工作原理介绍如下。

1228. 简述喷雾填料式除氧器的构造及工作原理。

答： 目前，喷雾填料式除氧器还被广泛地应用于大中型机组中。除氧水首先进入中心管，再由中心管流入环形配水管，环形配水管上装有若干喷嘴，经向上的双流程喷嘴把水喷成雾状。加热蒸汽管由除氧塔顶部进入喷雾层，喷出的蒸汽对雾状水珠进行第一次加热，由于汽水间传热表面积增大，所以水可以很快被加热到除氧器压力下的饱和温度，于是水中溶解的气体有80％～90％就以小气泡逸出，进行第一阶段除氧。

在喷雾层除氧之后，采用辅助除氧措施，增加填料层进行第二阶段除氧。即在喷雾层下边装置一些固定填料如Ω形不锈钢片、塑料波纹板等，使经过一次除氧的水在填料层上形成水膜，水的表面张力减小，于是残留的10％～20％气体便扩散到水的表面，然后被除氧塔下部向上流动的二次加热蒸汽带走。分离出来的气体与少量蒸汽（加热蒸汽量的3％～5％）由塔顶排气管排出。

1229. 除氧器常见的故障有哪几种？应该如何处理？

答： 除氧器的常见故障主要有两种：

（1）喷嘴板与喷嘴座卡死，造成喷嘴失效，影响除氧性能。

处理时应将喷嘴拆开、排除夹缝内的异物，检查阀杆移动情况，如无其他异常，重新将喷嘴就位即可。如发现固定喷嘴的螺栓有脱落或松动，重新进行紧固即可。

（2）淋水损坏。在除氧器异常工况下可能造成对淋水盘的汽水冲击，造成淋水盘损坏。

处理方法：如发生损坏，必须对损坏部分进行修复或更换。

1230. 滑压运行时，如何使除氧器喷嘴达到最佳的雾化效果？

答：除氧器喷嘴运行时流量的大小是由水侧压力（凝结水侧压力）与汽侧压力（除氧器工作压力）之间的压差来决定的，即压差大，喷嘴的流量大；压差小，喷嘴的流量小。因此，在滑压运行时，要求除氧器系统能保证除氧器水、汽侧的压力差与机组所需凝结水量（即喷嘴流量的大小）相匹配，才能使喷嘴达到最佳的雾化效果，从而保证凝结水在喷雾除氧段空间的除氧效果。

1231. 除氧器接入高中压主蒸汽门杆漏汽时有什么危害？如何保证安全运行？

答：在卧式除氧器喷雾除氧段空间接入有高压或中压主蒸汽门门杆溢汽管时，若除氧器发生断水，则主蒸汽门门杆漏汽得不到降温。此时，门杆漏汽温度多为 400℃ 以上，远远超过除氧器设计壁温 350℃，给除氧器带来极大的危害。因此，为了保证除氧器的安全运行，要求除氧器断水时，应能立即自动切断门杆漏汽进入除氧器。

1232. 如何实现除氧器水位保护？

答：除氧器水位保护是由除氧水箱电极点液位发信器发出信号给自动控制系统来实现以下保护的。

（1）高水位信号分三挡，应满足第一高水位报警；第二高水位自动打开高水位溢流阀，当水位降至正常水位时，高水位溢流阀应自动关闭；第三高水位（即危险水位），应强行关闭高压加热器进汽门。

（2）正常水位信号一挡。

（3）低水位信号分两挡，应满足第一低水位报警，第二低水位危险水位报警。

1233. 除氧器如何将不凝结气体排出？

答：除氧器通过排气管将不凝结气体排出。排气管由不同数量的排气管汇集在一根排气总管道上。排气总管内应设有限流孔板，限流孔的直径为 6～10mm。正常运行时总保证除氧器有一定排气量，以确保除氧器的除氧效果。

1234. 在除氧器投运前应进行哪些检查和试验？

答：在除氧器投运前进行以下检查和试验：

（1）在除氧器安装完毕投运前或 A/B 级检修完毕投运前，应进行安全阀开启试验。

（2）在除氧器启动前（安装后投运、级检修或长期停机后投运），应对除氧系统进行冲洗（采用冷冲洗还是热冲洗，应视具体除铁效果而定）。除氧系统冲洗合格指标是含铁量小于或等于 50μg/L，悬浮物小于或等于 10μg/L。在凝汽器未投真空前，冲洗用水应用化学除盐补给水箱来水而不应从凝汽器来水。

1235. 如何在机组长期停运中对除氧器进行化学保护？

答：在机组长期停运中，应对除氧器进行充氮保护，并维持充氮压力在 0.029～0.049MPa，或用其他防腐保护措施，以防除氧器水箱内壁产生锈蚀。

1236. 除氧器在长期运行情况下，应进行哪些金相监督？

答：除氧器在长期运行情况下，应进行如下金相监督：

（1）所有接入除氧器的接管，对接焊缝应进行 X 射线探伤检查，检查长度为焊缝总长的 100%，如发现缺陷并处理后，接管对接焊缝应进行局部热处理。

（2）凡是与除氧器和除氧水箱上管座对接的除氧系统管道，其公称直径大于或等于 250mm 时，对接焊缝应进行 X 射线探伤检查，检查长度为焊缝总长的 100%。

1237. 除氧器的 AB 级、C 级检修应安排哪些项目？

答：除氧器的 AB 级检修一般随机组 AB 级检修时进行，除氧器的 AB 级检修项目如下：

（1）分解除氧头，检查落水盘、填料及喷水头，淋水盘刷漆，焊口检查，筒体测厚，水压试验。

（2）水箱清理、除锈、刷漆。

（3）安全阀检修、调试。

（4）各汽水阀门、自动调整门检查。

（5）就地水位计检修。

（6）消除缺陷。

除氧器的 C 级检修也是随机组 C 级检修进行，其项目如下：

（1）安全阀检查消缺。

（2）检修就地水位计。

（3）管道、阀门消除缺陷。

1238. 除氧器的除氧头及水箱外部检修后达到什么要求？

答：除氧器的除氧头及水箱外部检修后应达到下列要求：

（1）防腐层、保温层及设备铭牌完好。

（2）外表无裂纹、变形、局部过热等不正常现象。

（3）接管焊缝受压元件无渗漏。

（4）紧固螺栓完好。

（5）基础无下沉、倾斜、裂纹等现象，水箱底座完好。

（6）水位计玻璃完好、透明。

1239. 高、低压除氧器检修后应满足什么要求？

答：高、低压除氧器检修后应满足的要求如下：

（1）喷嘴应畅通、牢固、齐全、无缺损。

（2）淋水盘应完整无损，淋水孔应畅通。

（3）淋水盘组装时，水平最大偏差不超过 5mm。

（4）除氧器内部刷漆均匀。

（5）水位计玻璃管应干净、无泄漏。

（6）调整门指示应干净、无泄漏。

（7）检修过的截门应严密不漏，开关灵活。

（8）除氧头法兰面应水平、无沟道。

（9）填料层内的 Ω 填料应为自由容积的 95%。

（10）法兰结合面严密不漏。

1240. 除氧器如何进行解体检修？

答： 在除氧器发生故障后或机组大小修期间应对除氧器进行解体检修。解体前应将除氧器水箱内存水放尽，再对主要除氧元件进行检查。

（1）除氧器喷嘴应从进水室上拆下，并移至除氧器本体外（按顺序编号）。

（2）对淋水盘进行检查、修复或更换损坏的部件。如淋水盘需要解体时，应进行以下步骤：

1）打开除氧器人孔门。

2）打开除氧器内隔板上的人孔门。

3）松开布水槽钢的连接螺栓并把布水槽钢按顺序编号（解体后再回装布水槽钢时按所编序号装配），拆下布水槽钢。

4）把上层淋水盘（按顺序编号）拿出除氧器筒体外（解体后回装上层淋水盘时按所编序号装配）。

5）把下层淋水盘（按顺序编号）拿出除氧器筒体外（解体后回装下层淋水盘时按所编序号装配）。

6）检查放置淋水盘的钢结构架上是否有杂物及是否平整。

7）回装淋水盘前应清除钢结构架上的氧化物和杂物，保持钢结构架清洁、平整。

8）用与上述相反步骤装配淋水盘与布水槽钢。

（3）按所编序号把喷嘴在进水室上装配完成。

（4）关闭所有人孔门。

（5）除氧器解体后还应对除氧水箱的焊缝进行逐项检查。

（6）除氧器及除氧水箱在检修后进行防腐处理。

1241. 凝汽器的作用是什么？

答： 凝汽器的作用如下：

（1）冷却汽轮机的排汽，使之凝结为水后重新送入锅炉使用。

（2）在汽轮机的排汽口建立并维持高度的真空，使蒸汽所含的热量尽可能多地转变为机械能，以提高汽轮机的效率。

（3）在正常的运行中，凝汽器还可以起到一级真空除氧的作用，从而提高水的质量，防止设备腐蚀。

1242. 简述凝汽器的工作流程。

答：正常运行时，循环水泵将冷却水从进水管打入前水室下半部，流经下半部换热管，在后水室转向，再流经上半部换热管，回到前水室上部，从出水管排出。汽轮机的排汽经喉部进入凝汽器的蒸汽空间（换热管外的空间），流过换热管外表面与冷却水进行热交换后被凝结；部分蒸汽由中间通道和两侧通道进入热井对凝结水进行加热，以消除过冷度，起到除氧作用；剩余的汽气混合物，经抽汽口由抽气器抽出。

1243. 对凝汽器有何要求？

答：对凝汽器的要求如下：

（1）有较高的传热系数和合理的管束布置。

（2）凝汽器本体及真空系统要有高度的严密性。

（3）汽阻及凝结水过冷度要小。

（4）水阻要小。

（5）凝结水的含氧量要小。

（6）便于清洗冷却水管。

（7）便于安装和运输。

1244. 火力发电厂的凝汽器采用什么样的基本构造？

答：目前大多采用如图 8-21 所示的表面式凝汽器。该凝汽器的外壳大多是用钢板焊接的，两端有水室，水室和蒸汽空间用管板隔开，管板上装有许多换热管（铜管、不锈钢管、钛合金管）并与水室相通。换热管两端胀接在管板上，两端的管板焊接在壳体上。水室上装有外盖，需要进行捅刷凝汽器或更换凝汽器换热管等工作时，可将外盖打开。壳体下部为凝汽器热水井（简称为热井），凝结水出口管位于热井底部。

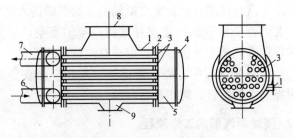

图 8-21　表面式凝汽器简图
1—外壳；2—管板；3—铜管；4—水室盖；5—水室；6—进水管；
7—出水管；8—凝汽器喉部；9—热水井

1245. 凝汽器端部管板有什么作用？

答： 凝汽器端部管板主要用来安装并固定换热管，并把凝汽器分为汽侧和水侧。端部管板需有一定的厚度，以保证不变形及换热管胀接的严密和牢固。

1246. 凝汽器中间管板有什么作用？

答： 凝汽器中间管板主要用来减小换热管的挠度，并改善运行中换热管的振动特性。通常中间管板被设计成支持管板，使换热管中间高于两端，这样可减小换热管的热胀应力。

1247. 为什么凝汽器底部使用弹簧支承？

答： 凝汽器底部支承弹簧除了承受凝汽器质量以外，还需要随排汽缸和凝汽器受热膨胀时被压缩来补偿其位移量，否则排汽缸受热膨胀时只能向上移动，使低压缸的中心被破坏，造成机组径向间隙变化而产生振动。

1248. 汽轮机排汽缸的受热膨胀一般用何种方法进行补偿？

答： 大型机组的凝汽器用弹簧支持在基础上，借助弹簧来补偿排汽缸的膨胀。凝汽器喉部与汽轮机排汽口采用焊接形式（即刚性连接），底部支撑在若干组弹簧支座上（即弹性支撑）。在机组运行中，凝汽器的自重由弹簧支座承受，而凝汽器内水侧凝结水重则由汽缸传给低压缸基础框架承受。运行时，凝汽器自上而下的热膨胀由弹簧来补偿。小型机组用波形伸缩节把排汽口与凝汽器连接起来，借助波形伸缩节来补偿。

1249. 空气漏入对凝汽器工作有什么影响？

答：空气漏入对凝汽器工作的影响如下：

（1）空气漏入凝汽器后，使凝汽器压力升高，引起汽轮机排汽压力和排汽温度升高，从而降低了汽轮机设备运行的经济性并威胁汽轮机及凝汽器的安全。

（2）空气是热的不良导体，凝汽器内漏入空气后，将使蒸汽与冷却水的传热系数降低，导致排汽与冷却水出口温度差增大，使凝汽器真空下降。

（3）空气漏入凝汽器后，凝汽器内空气的分压力增大，带来两方面的影响：一方面因为液体中溶解的气体与液面上该气体分压力成正比，造成凝结水的含氧量增加，不利于设备的安全运行；另一方面蒸汽是在蒸汽分压力下凝结的，空气分压力增大必然使蒸汽的分压力相对降低，导致凝结水的过冷度加大。

1250. 凝汽器常见的运行故障有哪些？应如何进行处理？

答：凝汽器常见的运行故障主要是凝汽器真空度下降（排汽压力的升高）。凝汽器真空度下降不但影响整个机组的经济性，而且还会影响机组的寿命和安全性。发现凝汽器真空度下降应查明原因，设法拆除。

在发现凝汽器真空度下降后应从以下几个方面进行检查处理：

（1）检查低压汽缸的排汽温度、凝结水温度，检查负荷有否变动。

（2）当时如有其他操作应暂时停止，立即恢复原状。

（3）检查循环水进、出口压力和流量及温度是否变化。

（4）检查真空泵或抽真空设备工作是否正常。

（5）检查凝汽器沙拉及凝结水泵工作是否正常。

（6）检查其他对真空有影响的因素的情况。

在查明原因的同时，若凝汽器压力升到 15kPa，应发出警报。若继续下降，汽轮机负荷也应作相应减少，凝汽器压力升至 35kPa 时，应打开真空破坏阀。且不允许向凝汽器排放蒸汽或疏水。若保护未动作，应进行故障停机。

紧急停机时，应打开真空破坏阀，且不允许向凝汽器排放蒸汽或疏水。

1251. 凝汽器铜管损伤大致有哪几种类型？

答：凝汽器铜管损伤大致有如下几种类型：

（1）电化学腐蚀。因冷却水中含有强腐蚀性杂质，造成铜管的局部电位不同。

（2）冲击腐蚀。发生在冷却水进入铜管的最初时间，因磨粒性杂质或气泡在水流冲击下，形成的腐蚀。

（3）机械损伤。包括振动疲劳损伤、汽水冲刷和异物撞击磨损等。

1252. 凝汽器铜管产生化学腐蚀的原因是什么？

答：由于铜管本身材质含有机械杂质，在冷却水中机械杂质的电位低成为阳极，铜管金属成为阴极，此时就产生电化学腐蚀，使铜管产生穿孔。另外，铜管中的锌离子比铜离子的性能活泼而成为阳极，铜成为阴极，于是产生电化学作用，造成脱锌腐蚀。

1253. 如何进行凝汽器不停汽侧的找漏工作？

答：机组运行中，如果出现凝结水硬度增大而超标，则可能是凝汽器铜管破裂或胀口渗漏所致。因此如果机组不允许停止凝汽器汽侧，则可采取火焰找漏法或塑料薄膜找漏法进行找漏，将破裂或胀口渗漏的管子找出。若是管子破裂，可在其两端打入锥形塞子将其堵住；若是胀口渗漏，则可以重新胀管；若管口损坏严重不能再胀管，则可将该铜管抽出，然后在其两端管板上各插入一小截短铜管，将其胀口后用铜管塞子堵死。

火焰找漏法和塑料薄膜找漏法都是基于同样的原理，都是在水侧停止运行并将水放尽后而汽侧继续保持运行时进行的。由于汽侧处于真空状态运行，如果有铜管破裂或铜管胀口渗漏，则这根铜管管口就会发生向里吸空气的现象。

这两种方法只需打开水侧人孔盖，人员进入凝汽器水侧水室内即可找漏。火焰找漏法是用蜡烛火焰逐一靠近管板处的每根铜管管口，如果有破裂或胀口不严的铜管，则当蜡烛火焰靠近这根钢管管口时，火焰就会被吸进去。而塑料薄膜找漏法是用极薄的塑料膜贴在两侧管板上，如果有泄漏的铜管，则该铜管两端管口处的薄膜将被吸破或被吸成凹窝，可非常直观地看到。

1254. 在机组各级检修中，如何进行凝汽器的灌水找漏工作？

答： 在机组检修后未投运时，或可以停止凝汽器汽侧而对凝汽器进行找漏时，可以采用灌水找漏法。

灌水找漏是凝汽器找漏中最为有效的方法，它不仅能找出破裂的铜管和渗漏的胀口，而且还可找出真空空气系统及凝汽器汽侧附件是否有泄漏。对凝汽器进行灌水找漏必须在汽侧和水侧均停止运行，并将水侧存水放尽后进行。具体方法如下：

（1）打开水侧人孔盖或将大盖拆去，用压缩空气将铜管内的存水吹干净，并用棉纱将水室管板及管孔擦干，以便于检查不明显的泄漏。

（2）为了保证凝汽器的安全运行，防止灌水后凝汽器的支撑弹簧受力过大而损坏，在灌水前必须用千斤顶或简易的铁管将各支撑弹簧处进行辅助支撑，防止注水后弹簧超载。

（3）打开位于凝汽器喉部的水位监视门，即可联系运行人员向凝汽器汽侧灌水。灌水过程中，必须时刻注意水位监视门，一旦水位到达该处而有水从监视门流出时，应立即停止灌水。也可装设临时水位计监视水位。检查铜管是否漏水、胀口是否渗水，胀口渗水时应进行补胀。

（4）在凝汽器灌水过程中，应随着灌水高度的上升，随时监督铜管及胀口是否泄漏。如有泄漏应做记号，采取堵管或补胀措施；如需换管，则应在放水后进行。

（5）灌满水后，还应检查真空系统、汽侧放水门、水位凝汽器水位计等处是否泄漏。如有泄漏，则应在凝汽器放水后彻底消除。

（6）找漏完毕后，把水放掉，拆除千斤顶，关闭水位监视门或拆除临时水位计，并关严接临时水位计的阀门。

1255. 凝汽器侧疏水扩容器焊缝开裂的原因是什么？如何防范？

答： 凝汽器侧疏水扩容器焊缝开裂的主要原因如下：

（1）运行中热胀差大，造成此处热应力增大，以致焊缝开裂。

（2）管道热应力过大，造成局部焊缝拉裂。

（3）原焊缝存在缺陷。

针对以上原因，可采取在与凝汽器有关的管道上安装管道膨胀补偿器（伸缩节）来解决，同时在管道焊接过程中加强对焊接工艺和热处理工艺的控制。

1256. 冷水塔具有什么优、缺点？

答： 自然通风冷水塔的优点是占地面积不大，水被吹走的损失小，水蒸气从很高的高度排出，因此冷却设备可以直接安装在发电厂设备或建筑物等附近，冷却效果比较稳定；自然通风冷水塔的缺点是造价较高（与喷水池比较），运行维护较复杂，特别是在冬季运动条件下容易结冰，冷却水温度较高。

间接空气冷水塔的优点是节水效果显著，循环水系统基本无需补水，冷却管路布置紧凑，冷却效果很好（与其他形式的冷却设备比较），而且冷却效果稳定；间接空气冷水塔的缺点是主要材料使用量大，对循环水的水质要求相对较高，运行比自然通风冷水塔更复杂。

1257. 在冷水塔运行过程中，如何对其进行维护和监督？

答： 在冷水塔运行过程中，对其进行维护和监督方法如下：

（1）在发现配水管有漏水、溢水现象时，应立即采取措施加以消除。

（2）根据脏污及结垢情况，及时清理喷嘴和填料格栅。为了及时地更换损坏的喷嘴和填料格栅，必须备有一定数量的备品。

（3）所有水塔的进水管道和出水管道上的阀门不应有任何漏水现象。

（4）定期检查金属构件，且每两年涂漆 1 次。

（5）注意集水池的严密情况。在冷水塔停止运行时，监视池内水位一昼夜的变化；在冷水塔运行中，可根据蒸发损失、风吹损失和补给水量间接地判断循环水系统漏水情况。如发现水池漏水，应将池水全部放出，仔细检查混凝土池底及池壁情况。如发现水泥壁或支柱有钢筋露出，应在损坏处重浇混凝土；如混凝土经常遭受破坏，则需查明原因并制定防止对策。

（6）保持池水清洁，应定期将淤泥和脏物清除出去。

（7）保持回水井滤水网清洁，脏污时应及时清洗。

（8）冬季不应将水池的水长期放空（包括喷水池）。有特殊需要时，应对水池底部池边采取保温措施，以防冻坏。

（9）冷水塔四周邻近的地区必须保持清洁，不应堆积障碍物。

（10）对冷水塔的运行进行监督，每年至少试验 1 次。在试验时，应测量循环水和补充水的流量、冷却前后的水温、大气的干湿球温度、风速和风向等，上述数据应每小时记录 1 次。

1258. 运行中影响冷水塔冷却效果的常见缺陷有哪些？

答： 运行中影响冷水塔冷却效果的缺陷一般有：

（1）分配水管及喷嘴没有达到水平。

（2）分配水管及喷嘴有很明显的漏水现象。

（3）塔筒有严重的不严密现象及塔筒过低。

（4）由于淋水装置布置不合理，增大了淋水装置的阻力，或者是填料格栅局部倒塌、填料格栅结构不良等。

1259. 如何对循环水进行化学处理？

答： 如果循环水水质不好，会造成凝汽器铜管内部表面有有机黏质的附着物，对汽轮机凝汽器的运行具有很大的影响。这种附着会使热传导剧烈地恶化，并降低冷却水流量。

当凝汽器铜管壁附有有机污物时，虽经每次清洗后传热效果有所恢复，但时隔不久凝汽器运行仍会迅速恶化。防止有机污物附着的根本办法，就是对循环水进行氯处理。

在进行氯处理时，一般都采用漂白粉；也可在进行氯处理时，直接把液体氯气加到循环水中去。

为了保证循环水氯处理取得良好的效果，必须正确地规定氯处理的方式、加药的延续时间和相隔时间，以及汽轮机凝汽器出口水中的余氯量（一般为 0.1～0.3mg/L）。

氯处理方式的选择，随冷却水质、有机脏污程度、温度条件及季节而有所不同，故应结合各厂的具体条件来进行。

1260. 为什么要对循环水进行排污？

答：用冷水塔时，必须定期进行循环水系统的排污，以避免凝汽器表面结垢，从而破坏凝汽器的正常运行。排污的经济数值取决于补偿不可回收的水所需要的水量及其价值。如果为了稳定循环水的暂时硬度，而排污水的费用超过循环水化学处理的费用时，则应进行化学水处理。凝汽器铜管结垢时，一方面使换热效果不良；另一方面由于凝汽器管阻力增大，使冷却水流量减少，从而使凝汽器的冷却倍率降低，使汽轮机的真空降低。

为防止汽轮机凝汽器铜管结垢，所需要的排污水量取决于水的蒸发损失量、排污水的碳酸盐硬度、水温和游离二氧化碳量。

1261. 更换凝汽器管束时，新管束两端管口胀口处应怎样处理？

答：更换凝汽器管束时，新管束两端管口胀口处应打磨光亮，无油垢、氧化层、尘土、腐蚀及纵向沟槽，管头加工长度应比管板厚度长出 10～15mm。

1262. 更换凝汽器铜管时，管板管孔应怎样检查处理？

答：更换凝汽器铜管时，内壁光滑无毛刺，不应有锈垢、油污及纵向沟槽，用试棒检查管孔与管的间隙应为 0.20～0.50mm。

1263. 凝汽器检修后，应如何验收？

答：凝汽器检修后，主要验收：

（1）水室及管板清洁、无泥垢；管板、水室大盖平整无变形，密封面无缺陷，橡皮密封条不老化且完好无损。

（2）人孔门平面平整、无贯穿槽痕或腐蚀，橡皮垫完好；人孔盖铰链连接牢固、不松动。

（3）铜管内壁清洁无泥垢、杂物；在隔板管孔部位无振动、磨损痕迹，表面应无锈蚀、严重脱锌、开裂及凹痕。

（4）内部支撑及管道支吊架无脱落及脱焊现象。

（5）汽侧内部杂物、落物清理干净。

（6）凝汽器灌水查漏，铜管及胀口无泄漏、渗漏现象。

（7）检修技术记录正确、齐全。

1264. 凝汽器水侧清理检查过程中应注意哪些问题？

答：凝汽器的水侧指运行中充满循环水的一侧，包括循环水进出口水室、循环水滤网及收球网、凝汽器铜管内部等。只有在停止循环水运行，并将凝汽器进出口水室内的存水放净以后，方可开始凝汽器水室的检查和清理工作。在端盖拆下以后，首先检查铜管的结垢情况。如有结垢，将影响铜管的换热效率，因此必须视具体情况，制定好清洗铜管的措施。然后检查水室、管板的泥垢和铁锈情况，检查滤网、收球网是否清洁和完好等。如有泥垢、铁锈等，应进行清理；如网子破损，则应进行修补或更换。

对于管系中含钛管的凝汽器，在检修中一定要做好防火措施，因为钛的燃点仅为 600℃ 左右，易引发火灾。

1265. 凝汽器水侧如何进行清理？

答：凝汽器水侧清理分为凝汽器换热管清理和水室清理两部分。凝汽器水侧是由于长期运行，循环水中带入一些杂物泥沙，沉积在水室内，有的堵塞在换热管内，有的在管口上，这样就影响了凝汽器的冷却效果，应在检修中进行清扫，用高压水冲洗，或用清洗机进行捅刷。

1266. 凝汽器汽侧检查清理应如何进行？

答：凝汽器汽侧是指低压缸排汽通过并在其中补凝结成凝结水的一侧，包括凝汽器喉部、两侧管板以内、换热管外侧及凝结水热水井。

凝汽器汽侧的检查需在机组停机后方可进行。如机组进行 A 级检修时，可从下汽缸进入凝汽器汽侧进行检查；机组进行 B、C 级检修时，可打开汽侧人孔盖进入进行检查。

1267. 凝汽器更换新管时两端胀口及管板处应怎样处理?

答: 新换热管的胀口应打磨光亮,无油污、氧化层、尘土、腐蚀及纵向沟槽,管头加工长度应比管板厚度长出 10~15mm。

管板处则应保护内壁光滑、无毛刺,不应有锈垢、油污及纵向沟槽;用试验棒检查管板孔应比新换热管的外径大 0.20~0.50mm。

1268. 凝汽器汽侧检查包括哪些项目?

答: 凝汽器汽侧检查包括如下项目:

(1) 检查凝汽器管板壁及铜管表面是否有锈垢,若有锈垢,应制定措施进行处理。

(2) 检查铜管表面,监督铜管是否有垢下腐蚀、是否有落物掉下所造成的伤痕等。对于腐蚀或伤痕严重的铜管,应采取堵管或换管的措施。

1269. 对凝汽器附件的检修工作应如何进行?

答: 每次凝汽器检修时,除对凝汽器汽侧和水侧进行检查和清理外,还要对凝汽器的其他附件进行检查。重点是对汽侧附件的检修,但为保证凝汽器正常运行,水侧附件也应进行检修。

检查汽侧放水门、喉部人孔盖、水位计及其考壳门的法兰垫、人孔盖垫及盘根处应严密不漏。一般情况下,每次 A、B 级检修均应对这些附件进行彻底检修,更换新垫片和盘根。

在检修时,还应对水侧放水门进行检修,组装时保证法兰及盘根处不得泄漏。

另外,还应对凝汽器喉部、热水井等部件进行彻底检查,看有无裂纹、砂眼等缺陷,如有应及时拆除。

1270. 如何在换管前对凝汽器铜管进行质量检查及热处理?

答: 加强凝汽器铜管在穿管前的质量检查试验和提高安装工艺水平,是为了减少凝汽器铜管因损坏而泄漏、延长使用寿命、确保凝汽器安全经济运行的重要措施。

(1) 准备好需要的管子,进行宏观检查。从外部检查每根铜管应无裂纹、槽沟、弯折、麻点、毛刺及压扁等缺陷,并无其他局部机械损伤。如果管子不直,则需要校直。

(2) 进行内部检查时，应先抽出 0.1% 的铜管，在不同长度的几个地方切开。铜管应无拉延痕迹、裂纹、砂眼等，管内表面光洁，剖面的金属结构应无分层出现。

(3) 取总数 5% 的铜管做水压试验，试验压力为 0.3MPa。如质量不好，且泄漏数量大，必须每根进行水压试验。

(4) 水压试验完毕后，再取总数的 1%～2% 的铜管截成长约 150mm。每根 3～4 段做化学氨熏试验，如剩余应力大于允许值，必须进行整体回火处理。回火处理后，应对金相进行质量检查，确定应力已经消除，否则应根据金相要求对铜管两端进行回火处理。

对铜管应进行剩余应力的检查试验和退火热处理。铜管剩余应力的试验有 3 种方法，即氨熏法、硝酸亚汞法和切开法。前两种方法可在化验室进行，切开法可在现场进行。在使用前两种方法试验时，若发现铜管有纵、横向裂纹，则认为不合格。如果用切开法试验，剩余应力最好小于 0.05MPa。若剩余应力大于 0.20MPa，必须进行退火处理。剩余应力小于 0.05MPa，只对铜管胀口进行退火，其温度在 400～450℃ 之间。

1271. 试述胀管法及其特点。

答：将管子插入管板孔后利用胀管器把管端直径胀大，使管子产生塑性变形，从而和管板紧密接触，并在接触表面形成弹性应力，保证连接强度和严密性。此法安装方便，若在胀口处加涂料，其严密性可进一步提高。

1272. 凝汽器更换新管前，应进行哪些检查项目？

答：凝汽器换管前进行检查时，应保证管孔内壁光洁，管板内管孔不应有锈蚀、油垢，顺管孔中心线的沟槽管孔两端应有 1mm 左右、45° 的坡口，且坡口应圆滑、无毛刺。对铜管的管头除进行内、外观检查外，还应将管壁内、外打磨光滑、清除锈蚀。

1273. 凝汽器换热管更换时，如何进行固定？有哪些要求？

答：凝汽器内换热管的固定一般都是采用胀管连接。其方法是用扩管器将管子直径扩大，使管子产生塑性变形，由此在管子与管板的连接表面形成弹性应力，保证连接的强度和严密。管板上孔径一般较换热管外径大 0.20～0.30mm。胀管的长度为管板厚的 80%～90%，不能超过管板厚度。胀完后的铜管应露出管板，胀口要求平滑、光亮，管子不得有裂纹或明显切痕。胀口处铜管壁减薄 4%～6%，或测量胀口内径应符合胀管后铜管内径，即

$$D_2 = D_1 + d + C$$

式中　D_1——胀管前铜管内径；

$\quad\quad D_2$——胀管后铜管内径；

$\quad\quad d$——内径与胀管前铜管外径之差；

$\quad\quad C$——管子的扩张率，即 4%～6% 管壁厚度。

1274. 在凝汽器铜管胀管过程中，应如何选用胀管工具？

答：胀管是凝汽器检修中比较复杂的工艺，因此在胀管过程中应细致、耐心，选择适当的胀管器，不应产生过胀、欠胀或紧松不匀的现象。胀管机等设备应检查、试验完好，防止漏电伤人。胀杆可选用 T₈ 工具钢（含碳量 0.8%）。胀杆必须淬火加热到红热状态（约 800℃），然后放在水或油中进行冷却回火，其工作表面应磨光，方头不需要淬火，锥度一般为 1/20。胀架可选用 T₈ 工具钢制作并经热处理，锥度为 1/40，也可选用 50 号钢制作。

剔管前，应准备好淬火的鸭嘴扁錾子。錾子一面是与管孔相符的圆弧，另一面是三角形，其长度在 40～50mm。此外，还要准备能穿进管孔、大小适中的直冲子或管子，长 300～500mm，用以冲旧铜管。

1275. 简述凝汽器铜管常用的热处理方法。

答：把铜管放在回火专用工具内，通入蒸汽，按 20～30℃升温至 300～350℃，保持 1h 左右，打开疏水门自然冷却。待温度下降至 250℃，打开堵板冷却到 100℃以下时即可取出。

回火处理后的铜管，如果需要两端退火，可用氧气-乙炔焰把铜管两端加热至暗红后使之自然冷却，用砂布沿圆周打磨干净后方可使用，加热长度约 100mm。

1276. 凝汽器铜管泄漏后，如何进行抽管和穿管?

答：当决定对凝汽器铜管进行更换后，首先把要换的管子做上记号，然后一根一根地将管子抽出。抽铜管的方法：先用不淬火的鸭嘴扁錾在铜管两端胀口处把铜管挤在一起，然后用大样冲从铜管的一端向另一端冲出，将铜管冲出管板一定距离后，再用手拉出。如果用手拉出有困难，可把挤扁的管头锯掉，塞进一节钢棍，用如图 8-22 所示的夹子夹好，再把管子用手或卷扬机拉出来。然后用砂布把管孔和已退好火的铜管头打磨光，再将新铜管穿入管板孔内。注意穿管时应将铜管穿入各管板的相对应孔内，以免造成错位返工或损坏铜管。在进行全部换铜管工作时，铜管可由下至上一排接一排、一根接一根地穿入，并且每一管板处留一个人负

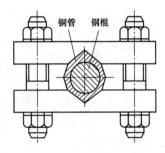

图 8-22　拔铜管用的夹子

责每一根铜管在该管板处顺利地穿入和穿过管板孔。当有的铜管穿入费力时，可将铜管拔出，用圆挫对该管板孔进行挫削，直到铜管能顺利穿入为止，不可强行打入，以免损坏铜管。为了防止铜管由于管板之间有一定跨距而造成将来投运后的弯曲变形，每穿三四排铜管，就应插入一定厚度的竹签子。穿完铜管后，再用胀管器胀好铜管。如果在部分更换铜管时，有的铜管抽出后却无法穿入新铜管，则必须先在最外边两管板的管板孔上胀一节短铜管，然后用堵头堵塞，或直接用紫铜堵头堵塞该管板孔，以防损坏管板孔。

1277. 简述凝汽器胀管的工艺要求。

答：凝汽器胀管的工艺要求如下：

（1）对于 $\phi 25$ 的管子，铜管与管板孔之间的间隙一般应在 0.20～0.30mm 之内。

（2）管头与管孔应用砂布等打磨干净，不允许在纵向有 0.10mm 以上的槽道。

（3）胀管时，胀口深度一般为管板厚度的 80%～90%，但不

应小于 16mm。管壁的减薄量应为管壁厚度的 4%～6%。

1278. 凝汽器铜管胀管中常见的缺陷有哪些？如何处理？

答：凝汽器铜管胀管中，常见的缺陷及处理方法如下：

（1）胀管不牢。这是因为胀管结束得太早，或因胀杆细、滚柱短所造成。此时必须重胀。

（2）管壁金属表面出现重皮、疤痕、凹坑及裂纹等现象。产生此缺陷的原因是铜管退火不够或翻边角度太大。此时应抽出并更换新管后重新胀管。

（3）管头偏歪两边，松紧不均匀。这主要是孔板不圆或不正所致。此时必须将孔板用绞刀绞正后再胀。

（4）过胀。这主要表现在管子胀紧部分的尺寸太大或有明显的圈槽。产生的原因是胀管器的装置距离太大、胀杆的锥度太大或使用没有止推盘的胀盘胀管器的时间太长。

（5）胀管的过胀或欠胀。

1279. 加热器如何分类？

答：加热器按汽水传热方式的不同，可分为表面式和混合式两种。目前在火力发电厂中，除了除氧器采用混合式加热器外，其余高、低压加热器均为表面式加热器。现代电厂中普遍采用表面式（或叫管壳式）加热器。

（1）按使用压力分有高压加热器和低压加热器。

（2）按结构形式又可分成联箱式和管板式两大类。

（3）按布置方式可分为立式和卧式加热器。

（4）按其内部不同性质传热区域的设置，分成一段式、两段式、三段式加热器。

1280. 高、低压加热器为什么要装空气管？

答：因为高、低压加热器蒸汽侧聚集着空气并在管束表面形成空气膜，严重地阻碍了传热效果，从而降低了热经济性，所以必须安装空气管路以抽走这部分空气。高压加热器空气管接到低压加热器上以回收部分热量。低压加热器空气管通往凝汽器，利用凝汽器的真空，将低压加热器内积存的空气吸入凝汽器，最后经抽气器抽出。

1281. 简述排污扩容器分类及工作原理。

答：排污扩容器有定期排污扩容器和连续排污扩容器。

连续排污扩容器是利用锅炉连续排污水排至扩容器（分为Ⅰ、Ⅱ级扩容器），排污水进入扩容器后降低压力、容积扩大而汽化，将汽化的蒸汽分离回收，在Ⅰ级扩容器中留下的排污水再流入下级扩容器中进一步降低压力、扩容后再收回一部分蒸汽，余下的压力较低的排污水再进入排污冷却器用以加热化学补充水，最后将已浓缩、水质差的部分排入地沟不再利用。一般如果Ⅰ级排污水由压力 9.8MPa 扩容至 0.59MPa，可回收的蒸汽量约占排污水量的 35.07%，为了能回收蒸汽和热量，扩容器应保持有水位运行。

1282. 加热器疏水装置的作用是什么？

答：通过滑阀或调节阀，使加热器的疏水有一定水位，水位达到一定值后，自动打开滑阀或调节阀时，防止蒸汽随之漏出。

1283. 加热器疏水系统的连接方式有哪几种？

答：加热器疏水系统的连接方式如下：

（1）混合式加热器。这种加热器没有端差，热经济性好，但每台加热器必须配置专门的汽水混合装置，使热力系统复杂化，运行可靠性下降，只在低压加热器系统中采用。

（2）疏水泵连接系统。要将疏水直接送入到给水管道中，必须用疏水泵，因为给水管道中的压力比疏水的压力高，所以热效率仅次于混合式加热器系统。这是由于疏水和给水混合后，可以减少该级加热器的给水端差。采用这类系统，增加了疏水泵使系统相对变得复杂，投资也增加，多在高参数大容量机组局部采用，而且多用在低压加热器系统中。

（3）疏水逐级自流系统。这种系统比较简单，运行维护方便，安全性较高，用得较多，它是依靠上、下两级加热器汽侧的压力差，将疏水自动导入压力较低的下一级加热器的汽侧，最后一级加热器的疏水则自流入除氧器或凝汽器。但这一系统经济性最差。

尤其是最后一级加热器的疏水自流入凝汽器将造成较大的冷源损失。一般采用下面三种措施来改善这一系统：

1）最后一级加热器疏水采用疏水泵打入凝结水管路。

2）采用疏水冷却器，在进入下一级加热器之前用一部分主凝结水在疏水冷却器中将疏水冷却，以减少低压抽汽量造成的损失。

3）采用带疏水扩容器的疏水逐渐自流。

1284. 加热器管子的破裂是由哪些原因引起的？

答：加热器管子的破裂是由下列原因引起的：

（1）管子振动。当管子隔板安装不正确以及管子与管子隔板之间有较大间隙时，在运行中会发生振动。

（2）管子锈蚀。给水的除氧不足、蒸汽空间的空气排除不良等原因引起。

（3）水冲击损坏。在给水管道和加热器投用时，切换过快会使系统中部件受热不均而发生水冲击，给水管道与加热器内有空气阻塞时，也能发生水冲击。

（4）管子质量不好。管子热处理不正确造成管子质量不好。管子上的伤痕、沟槽是质量不良的标志，使用时应进行严格选择。

1285. 高压加热器有哪些常见故障？

答：高压加热器有如下常见故障：

（1）管口焊缝泄漏及管子本身破裂。

（2）高压加热器传热严重恶化。

（3）螺旋管等集箱式高压加热器的管系泄漏。

（4）高压加热器大法兰泄漏。

（5）水室隔板密封泄漏或受冲击损坏。

（6）出水温度下降等。

1286. 高压加热器运行中管口和管子泄漏表现出的征象有哪些？

答：高压加热器在运行中管口和管子泄漏表现出的征象有以下几种：

（1）保护装置动作，高压加热器自动解列，并且高压给水侧压力可能下降。

（2）高压加热器汽侧安全阀动作。

（3）疏水水位持续上升，疏水调节阀开至最大仍不能维持正常水位。

1287．为什么高压加热器经常在管子与管板连接处发生泄漏？

答：火力发电厂中高压加热器常常会在管子端处发生泄漏，这主要是由于以下几个原因：

（1）热应力过大，造成管板处泄漏。

高压加热器在与机组正常启、停过程中，或在机组发生故障而高压加热器停运时，或在汽轮机正常运行中因高压加热器故障而使高压加热器停运及再启动时，高压加热器的温升率、温降率超过规定，使高压加热器的管子和管板受到较大的热应力，使管子和管板相连接的焊缝或胀接处发生损坏，引起端口泄漏。

汽轮机或高压加热器故障而骤然停运高压加热器时，如果汽侧停止供汽过快，或者汽侧停止供汽后，水侧仍继续进入给水，在这两种情况下，因为管子的管壁薄，所以在管板管孔内的那段管子收缩很快。而管板的厚度大，收缩慢，常导致管子与管板的焊缝或胀接处损坏。这就是规定的高压加热器温降率允许值只有 $1.7\sim2.0℃/min$，比温升率允许值 $2\sim5℃/min$ 要严格的原因。

不少发电厂常常发生下述情况，汽轮机运行中高压加热器运行是正常的，但在停机后或停高压加热器后再开机或再投运高压加热器时，却发现高压加热器管系泄漏。实际上，泄漏不是在停机后，也不是在开机或正确投运高压加热器时引起，而是在停机或停运高压加热器过程中，由于高压加热器温降率过快导致管子和管板连接焊缝或胀接处发生损坏而造成的泄漏。

（2）管板变形，造成管板处泄漏。

管子与管板相连，管板变形会使管子的端口发生漏泄。高压加热器管板水侧压力高、温度低，汽侧则压力低、温度高，尤其有内置式疏水冷却段的加热器，温差更大。如果管板的厚度不够，则管板会有一定的变形，管板中心会向压力低、温度高的汽侧鼓凸，在水侧，管板发生中心凹陷。在汽轮机负荷变化时，高压加热器汽侧压力和温度相应变化。尤其在调峰幅度大、调峰速度过快或负荷突变时，在使用定速给水泵的条件下，水侧压力也会发生较大的变化，甚至可能超过高压加热器给水的额定压力。这些变化会使管板发生变形，导致管子端口泄漏或管板发生永久变形。如果高压加热器的进汽门内漏，则在汽轮机运行中停运高压加热器后，会使高压加热器水侧被加热而定容升压，如水侧没有安全阀或安全阀失灵，压力可能升得很高，也会使管板变形。

（3）堵管工艺不当，也会造成管板泄漏。

堵管是 U 形管高压加热器管系漏泄时最常见的处理手段。但如果采用的堵管方法和工艺不当，不仅不能解决管系的漏泄，反而会引起更严重的损坏，形成越堵越漏的情况。

一般常用锥形塞焊接堵管。打入锥形堵头时用力要适度；锤击力量太大，将引起管孔变形，影响邻近管子与管板连接处，会造成损坏而，出现新的泄漏。焊接过程中，如预热、焊缝位置及尺寸不合适，会造成邻近管子与管板连接处的损坏。采用其他堵管方法，如胀管堵管、爆炸堵管等，如工艺不当，也会引起邻近管口的泄漏。因此，应遵循严格的堵管工艺。无论采用何种堵管方式，被堵管的端头部位一定要经过很好的处理，使管板孔圆整、清洁，与堵头有良好的接触面。在管子与管板连接处有裂纹或冲刷腐蚀的情况下，一定要去除端部原管子材料及焊缝金属，使堵头与管板紧密接触。

（4）制造厂高压加热器质量不良，也会造成管板泄漏。

在高压加热器的制造过程中，管子与管板之间的焊接和胀接技术要求很高。高压加热器的管板材质是合金钢，高压加热器的管子材质是低碳钢，焊接前需要在管板上堆焊一层低碳钢。往往由于堆焊技术不过关，以致留有焊接缺陷。在胀接上，有用爆炸胀接的，也有用机械胀接的，均有许多工艺技术问题，很容易留有胀接缺陷。对留下的这些焊接或胀接缺陷，有的经过挖补重焊后，还可勉强运行。近来各制造厂质量比过去大大提高，运行可靠性也增加了。

防止高压加热器管子端口漏泄，除了高压加热器制造上应有足够厚度的管板，有良好的管孔加工、堆焊、管子胀接、焊接工艺外，运行上要使高压加热器在启停时的温升率、温降率不超过规定，水侧要有安全阀防止超压，检修时要有正确的堵管工艺。

1288. 试述高压加热器汽水侵蚀损坏的主要部位及原因是什么?

答：（1）过热蒸汽冷却段及其出口处管束容易受到湿蒸汽的侵蚀。蒸汽冷却段内汽流速度较高，如果蒸汽中含有一定水分，那么在蒸冷段内部就会出现侵蚀损坏。

1）在蒸汽中含有水分的可能原因有：

a. 进入高压加热器的蒸汽过热度低，在蒸汽冷却段内就出现了部分凝结。

b. 由于机组蒸汽参数的变化，进入高压加热器的蒸汽中就已有一定的水分。

c. 当蒸汽冷却段中有管子泄漏时，漏出的给水会随蒸汽流动，冲蚀管束。

d. 对倒立式高压加热器，如蒸汽冷却段下面留有不参与传热的无效区，那么若无效区凝结水位过高就会进入到蒸汽冷却段。

2）蒸汽冷却段出口处附近的管束有更多的机会受到汽水侵蚀，其原因有：

a. 设计的蒸汽冷却段出口蒸汽剩余过热度太低，或者运行中参数变化使得出口蒸汽温度下降，在出口处已不能保证管束表面干燥，如因过热蒸汽冷却段的传热面积设计过大，运行中进入该高压加热器的给水流量超过设计值，或者因前一级高压加热器停运或除氧器降压运行而使入口给水温度低于设计值等。

b. 倒立式高压加热器的壳侧水位过高，淹没蒸汽冷却段出口，凝结水在那时蒸发并随高速蒸汽冲击管束表面。

c. 倒立式高压加热器凝结段隔板管孔间隙太大或隔板外围没有挡水板，使凝结水沿管束下流到蒸汽冷却段顶部。

（2）疏水冷却段入口附近管束受汽水侵蚀的情况比较普遍。这与高压加热器设计及运行因素有关。对一台设计和运行都良好的高压加热器来说，在任何工况下疏水冷却段入口均应浸没在水中，整个疏水冷却段壳侧通道都是按流过水来设计的，但是当出现汽水两相流动时，流速就会大大增加，从而使管束受到侵蚀。在疏水冷却段内出现两相流动的可能原因有：

1）入口通道设计面积太小，在流动过程中由于压损较大使原处于饱和状态的疏水闪蒸。

2）低水位运行。疏水不能浸没疏水冷却段入口，尤其对要靠虹吸作用维持疏水流动的立式高压加热器长程部分通道疏水冷却段和卧式高压加热器短程全通道疏水冷却段，一旦虹吸作用被破坏，疏水就和未凝结的蒸汽一起进入疏水冷却段，会严重侵蚀疏水冷却段入口处管束。

3）无水位运行。未凝结的蒸汽夹带凝结水高速流经整个疏水冷却段。

4）其他可能引起疏水冷却段内闪蒸的因素，如抽汽压力突然降低等。

（3）受到蒸汽或疏水直接冲击的部位。虽然在蒸汽或疏水入口处一般都设置了防冲刷板，但这些区域管束受到侵蚀损坏的现象仍比较普遍。主要原因有：

1）因防冲板的固定方式不合理，在运行中破碎或脱落，撞击防冲刷保护作用。

2）防冲板面积不够大，水滴随高速汽流运动，撞击防冲板以外的管束。尤其在疏水入口处，上级疏水进入到压力较低的一级高压加热器中会迅速汽化，水滴随汽流运动，会侵蚀较大面积的管束。

3）壳体与管束间的距离太小，使入口处的汽流速度很高。

4）当管束因其他原因泄漏时，漏出的高压给水以极大的速度冲击邻近管子，造成这些管子侵蚀损坏。

1289. 如何从金属监督角度来分析管束振动对加热器造成的损坏？

答：管束振动是管壳式热交换器中普遍存在的一个问题，U形管高压加热器也不例外。具有一定弹性的管束在汽侧流体扰动力的作用下会产生振动，当激振力频率与管束自然振动频率或其倍数相吻合时，将引起管束共振，使振幅大大增加，就会造成管束的损坏。

管束振动损坏的原因一般有：

（1）由于振动而使管子或管子与管板连接处的应力超过材料的疲劳持久极限，使管子疲劳断裂。

（2）振动的管子在支撑隔板的管孔中与隔板金属发生摩擦，使管壁变薄，最后导致破裂。

（3）当振动幅度较大时，在跨度的中间位置上相邻的管子会互相碰撞、摩擦，使管子磨损或疲劳断裂。所以，当发现管束在支撑隔板的管孔处发生磨损或在跨度中间位置处磨损或断裂时，应考虑到管束振动损坏的可能性。

1290. 如何进行高压加热器壳体的解体？

答：对于高压加热器壳体的拆卸，首先应制造 3 个定位架，然后：

（1）使加热器停运，排除水侧和汽侧的水。

（2）拆除所有可能妨碍壳体的管道，焊接的管道在现场切割时应先用气弧刨切割至管子内壁留下 1.5mm 左右厚度，再用切割砂轮割断。

（3）定出新的切割中心线，划出一条连续的圆周线。

（4）3 个定位支架沿着壳体周围用大致间隔 120℃骑跨在切割线上，定位焊接区域应预热，用分段焊方法焊满角焊缝。

（5）用不锈钢制防护环，放在现场切割的环形区域上，当切割和重新焊接时，可保护管束。壳体的切割只能用气弧刨，不能采用氧乙炔切割。

（6）壳体切割时应在热切割区域预热，采用步骤（2）方法进行切割。

（7）拉壳体必须小心操作，以防壳体与管束隔板支撑板之间发生卡住或擦伤。

（8）拆卸壳体时，沿着壳体长度，在每个隔板支撑部位都要把管束支撑好，置于隔板下的斜楔、垫块用可调节的管式支撑，都应很好支撑。

（9）壳体要安放适当，以便重新焊接前整修端部表面。

1291. 对自压密封式高压加热器应进行哪些检查？

答：对自压密封式高压加热器应进行如下检查：

（1）自压密封座压垫片的平面应光洁、无毛刺。

（2）钢制密封环应光亮、无毛刺。

（3）压垫片的垫圈要求厚度均匀、几何尺寸符合要求，软质非金属垫片应质地均匀，材质和尺寸应符合规定。

（4）对支撑压力的均压四合圈，外观检查应无缺陷，且拼接密合，进行光谱检验，其材质符合要求。

（5）止脱箍应安装正确，与四合圈吻合。

1292. 如何拆除和回装高压加热器自密封人孔？

答：当高压加热器发生故障后，应首先放尽高压加热器汽侧和水侧的积水，保证加热器内无压力，方可拆除人孔盖。拆前需要在配合位置打下记号，拆除的主要步骤如下：

（1）拆除固定人孔盖的双头螺栓和压板。

（2）用倒链或滑轮等吊装工具支吊拆卸装置和人孔盖。

（3）松开人孔盖，将其推入水室，将自密封块从人孔中取出。然后采取适当的保护以免损坏人孔盖自密封垫（可用木头保护水室人孔盖）。

（4）将人孔盖沿任何一个方向旋转90°。留出空隙以便从椭圆口中取出人孔盖。

（5）小心地（用倒链或其他吊装）退回人孔盖，并经人孔拉出。

（6）凡是有垫圈的接合面拆开后，均要换上新的垫圈（包括自密封垫），这是因为垫圈在使用受压后，弹性丧失，导致密封失效。

回装过程与拆除步骤相反，在回装前必须检查清理人孔盖、自密封块和所有紧固螺栓有无突起和毛刺，主要步骤有：

（1）人孔盖放入人孔前应更换新的自密封垫圈。

（2）用倒链或其他吊装工具将人孔盖吊好，推入水室中。

（3）旋转人孔盖，使其穿过椭圆形人孔口。

（4）装好自密封块后，装好拆卸装置的螺杆。

（5）通过拆装工具将人孔盖就位后紧固至自密封块压紧。

（6）装上压板和双头螺栓，并进行紧固。

（7）必须交叉旋紧螺栓，每次旋紧都要保持密封垫的平服。

（8）进行泄漏试验，检查结合面的密封。

1293. 简述高压加热器水室隔板焊缝出现裂缝或破漏后的处理方法。

答： 高压加热器水室隔板焊缝出现裂缝或破漏后的处理方法如下：

（1）用角向磨光机对出现缺陷的地方进行打磨，并用适当的工具（如旋转锉）打磨出一个 V 形坡口。注意必须除去所有的裂缝。

（2）对该区域用丙酮进行清洗。

（3）使用直径为 3.2mm 的结 507 焊条进行电弧焊修复，使用电压为 20～24V、电流为 100～130A 的交流电或反极直流电。焊接过程中必须使用干燥的焊条及保持短弧，以免焊接材料中出现气孔。

（4）当采用多层焊时，在焊下道焊缝前必须清洁前道焊缝的焊渣。焊第一道即根部焊缝时不要中断，并用肉眼检查根部焊缝的裂缝或缺陷，按需要进行多层堆焊一般不超过 3 层。

1294. 高压加热器水室隔板密封泄漏或受冲击损坏后应如何处理？

答： 在 U 形管管板式高压加热器的水室内，分程隔板常用螺栓、螺母连接。在螺母松弛或损坏、隔板受给水的冲击而变形损坏或垫片损坏时，均会造成一部分给水泄漏，通过隔板未经加热直接进入加热器的出口处，从而降低了给水出口温度。这些缺陷，应视具体情况予以消除。若是隔板损坏，应更换为不锈钢制造的分程隔板，并适当增加厚度，使其具备足够的刚性，或采用增强刚性的结构。

423

1295. 低压加热器泄漏后如何查找？

答： 低压加热器的一个主要故障是管口的泄漏的管子本身的损坏。这一故障可由主凝结水漏入汽侧引起水位升高等现象而发现。寻找泄漏的管子，可在汽侧进行水压试验；也可以用启动抽气器在低压加热器的汽侧抽真空，用火焰在管板上移动发现漏管；还可以在全部管子内装满水，如果哪根管子泄漏，这根管内就没有水。

1296. 低压加热器泄漏后应怎样处理？

答： 发现低压加热器泄漏后，胀接的管子，如果胀口漏了，可以重胀；但如果胀口裂了，则应换管；换热管本身损坏，可以换管。在破裂的管端标上记号，把管系吊出，管板面着地成倒置垂直地竖立，或者正立着悬挂在专用架子上，把破管割去，留下不大的一段直管，使用有凸肩的圆棒，顶着这段直管向管口方向打出去，如管子的管板中胀得不紧，可用工具夹住管端将管子拉出来；如胀得很紧，可用比管子外径略小的铰刀将管板中的管段铰去，然后把管子打出去。对胀接的钢管，可用上述最后一种方法换管。如换热管不能更换，则可用锥形钢塞堵焊住。对铜管低压加热器，则可使用锥形钢塞打进管端内，把坏管暂时堵住。焊接管口的钢管，如管口泄漏可用凿子凿去缺陷部位，注意凿去的面积不要扩大，用小直径低碳钢焊条补焊。如管口本身损坏，只能堵管，用锥形塞堵后焊上。

1297. 加热器处理完泄漏缺陷后的水压试验压力为多少？

答： 凡检修后的高压加热器和低压加热器均需进行水压试验。试验压力为工作压力的 1.25 倍，最小不低于工作压力。

1298. 加热器等压力容器的活动支座检修应符合什么要求？

答： 加热器等压力容器的活动支座检修后应符合下列要求：

（1）支座滚子应灵活、无卡涩现象。

（2）滚柱应平直、无弯曲，滚柱表面以及与其接触的底座和支座的表面都应光洁、无焊瘤和毛刺。

（3）底座应平整，安装时用水平仪测量应保持水平。

（4）滚柱与底座和支座间应清洁并应接触密实，无间隙。

（5）滚动支座安装时，支座滚柱与底座应按容器膨胀方向留有膨胀余地。

1299. 低压加热器泄漏时，如何进行堵管工作？

答：打开低压加热器发现管子和管子胀口泄漏时，都应采用堵管方法处理，具体步骤如下：

（1）确定受损管子的数量，并测定该管子的内径，采用紫铜等与管材相适应的材料的加工堵头。堵头长约 50mm，锥度为 1：20，大端比管孔大 0.025～0.05mm。堵头应塞紧，可用工具将堵头敲入管子中，把 U 形管两管口堵住。

（2）低压加热器检修后，应对壳侧进行水压试验，水压试验压力不大于设计压力的 1.5 倍。检查堵管后是否还有泄漏。

（3）打开过的人孔等处法兰结合处垫片必须更换，并在紧固好后检查其严密性。

（4）检修完毕，应做详细记录。

另外，低压加热器水位突然升高也不一定是管子破损引起的，有时候疏水调节阀运行不正常或有故障，也会造成水位升高。

1300. 在高压加热器堵管过程中，焊接工作应注意哪些方面？

答：（1）在管板上焊接时，必须注意以下各点：

1）不要烧到附近管子的焊缝和管孔带。

2）不要使管板过分受热。

3）不要使附近的管子与管板密封焊缝过分受热。

4）不要使电弧碰到附近的管端。

5）不要使电弧碰到临近的管子与管板密封焊缝。

6）不要使机械工具损害密封焊缝。

（2）对碳钢管板上的碳钢堵头，要使用直径为 2.5mm 的 J-507 焊条，也可使用交流或反直流电的低氢焊条。

（3）起弧和停弧都应使用起弧板，保持短弧并使用完全干燥的焊条，以免焊缝中出现气孔。这对 J-507 焊条是十分重要的，焊接前焊条都应进行烘干，并使用手提式焊条保温筒保存。如需多层焊时，在焊下道前必须彻底清洁上道焊缝的焊药，并使其起点和终点错开。管板的平均温度上升应保持在 65℃左右。

1301. 高压加热器发生泄漏后，如何进行堵管工作？

答： 高压加热器发生泄漏一般分为两种情况：一种是管子与管板焊缝泄漏，由于泄漏较小，而且时间很短，仅影响紧靠管孔表面的区域；另一种是同样类型的长时间泄漏，其影响区域较大并冲刷管板表面，造成凹坑。

对这两种情况，基本上进行同样的修补，只是重新焊接的宽度和工作量有所不同。堵管方法如下：

（1）用与损坏的管子标称外径相同直径的风钻，将该管子的两个管口钻深 60mm。

（2）用直槽扩孔铰刀清除残留的管壁。

（3）铲除或磨削除去先前的焊接金属，使之与管板齐平。

（4）清除和抛光管孔后，用千分卡尺精确测定管子两端管孔的确切内径。

（5）用与管子相同的材料制作堵封用的焊接堵头。堵头的外形尺寸可依据长 50mm、锥度为 1/500 加工，以便与管孔配合并能打进管孔。

（6）清理管孔和堵头，清除所有氧化层、水分、潮气、油脂和油污，最后用纯丙酮洗净。

（7）将堵头打进管孔内。打入时，至少应打进管板平面里面 3.2mm，但不超过 4.8mm。

（8）焊接工作必须在管板平面以下的管口上进行，不要因焊接而损伤其邻近的焊缝。

（9）用直径为 2.5mm 或 3mm 的低氢焊条（要经过干燥）将堵头密封焊接到管板上，电源用交流电或反极性直流电。

（10）对堵头和管孔带的顶部进行焊接，使用起弧板起弧和停弧，并注意及时除去焊渣。

（11）惰性气体保护钨极焊法只用于将堵头焊到管板堆焊层上。

（12）焊接后，要用着色法或射线检查焊接质量。

（13）当某根管子损坏时，要适当考虑封堵其邻近的管子。虽然尚未泄漏但可能已被冲刷损坏的管子，即紧靠已破坏的管子周围的和漏水直冲道上的某些管子，以防止再发生泄漏。

（14）对管道有冲刷的部位，应按焊大范围的切割面积的要求打磨成焊角凹坑。

（15）修理工作全部完成后，应在汽侧用允许的最高试验压力进行一次水压试验（最低要达到运行压力，但不得高于设计压力的 1.5 倍）；水压试验的温度，应按制造厂说明书的规定。水压试验前，可以先用压缩空气做气压试验，其压力不得大于汽侧设计压力的 1/2，或不大于 0.8MPa。

1302. 简述加热器补焊后检漏的重要性。检漏应注意什么？

答：焊补后的检漏，是很重要的一环，特别是当漏量大、漏点多时更显得有必要。有些微小的泄漏点只有在大漏处焊好后才能检查出来，检修时千万不要忽视这一点。许多发电厂都有过这样的教训，由于检修人员过分相信自己的焊接水平，又嫌麻烦，补焊后不再仔细打气压检漏就将加热器投入运行，结果仍发现泄漏，只好再停机处理。

焊补后的检漏，一般在汽侧打压缩空气至 0.6～08MPa，在水室侧可用肥皂液或洗衣粉液涂抹、检查。确认不存在任何漏泄后，才可投入运行。

1303. 进行加热器内部检修时，应采取哪些安全措施？

答：在进行加热器内部检修时，除一般安全措施外，还需要下列的特殊安全措施：

（1）在加热器的施工部位，应当进行适当的通风，可用胶皮管通人压缩空气。

（2）工作中不应使用氯化物溶剂或其他类似的溶剂，如四氯化碳等。

（3）在使用电气设备，包括电弧切割设备或电弧焊接设备、照明灯等时，必须先把加热器内所有积水处理干燥，并使用行灯变压器。

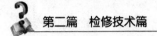

（4）工作前，要确定所有有关阀门均已关闭并挂警示牌上锁。

（5）工作前，要确定加热器所有有压力的介质都已释放掉压力，有关的阀门均无漏泄。

（6）加热器加压前，确信所有密封都安全可靠，任何安全阀均未停用。

1304. 高压加热器在进行堵管工艺操作时应遵循哪些原则？

答： 高压加热器在进行堵管工艺操作时应遵循如下原则：

（1）应根据高压加热器的结构、材料、管子管板连接工艺特点等，提供完整的堵管方法和工艺要求。

（2）被堵管的端头部位一定要经过良好处理，使管板孔圆整、清洁，与堵头有良好的接触面。

（3）在管子与管板连接处有裂纹或冲蚀的情况下，一定要去除端部原管子材料及焊缝金属，使堵头与管板紧密接触。

参 考 文 献

[1] 国家电力公司华东公司. 汽轮机检修技术问答. 北京：中国电力出版社，2008.

[2] 电力行业职业技能鉴定指导中心. 汽轮机本体检修. 北京：中国电力出版社，2008.

[3] 望亭发电厂. 660MW超超临界火力发电机组培训教材 汽轮机分册. 北京：中国电力出版社，2011.

[4] 许世诚. 火力发电设备检修实用丛书 汽轮机. 北京：中国电力出版社，2015.

[5] 曾衍锋，韩志成，刘树华. 汽轮机运行技术问答. 北京：中国电力出版社，2013.

[6] 广东电网公司电力科学研究院. 1000MW超超临界火电机组技术丛书 汽轮机设备及系统. 北京：中国电力出版社，2011.

[7] 电力行业职业技能鉴定指导中心. 汽轮机水泵检修. 北京：中国电力出版社，2008.

[8] 电力行业职业技能鉴定指导中心. 汽轮机运行值班员. 北京：中国电力出版社，2002.

[9] 普通高等教育"十一五"国家级规划教材. 水泵与水泵站. 北京：中国建筑工业出版，2008.